MySQL8 数据库原理与实战

主　编　麻进玲　陈　婷　陈昌平
副主编　古　波　罗文佳　李　化
参　编　徐鸿雁　陈小宁　刘　丹　张　良

机械工业出版社

MySQL是目前比较流行的关系型数据库管理系统之一，由于其具有开放源码的特点而深受用户喜爱。本书采用项目驱动的方式，详细讲述了MySQL的相关概念与应用。本书分为8个项目，共有29个任务，包括学生体能健康数据库设计、MySQL数据库相关知识、创建学生体能健康数据库、创建学生体能健康数据库中的表、学生体能健康数据库表数据的操作、程序化操作学生体能健康数据库的表数据、学生体能健康数据库的安全管理以及多种方式实现可视化操作学生体能健康数据库。

本书既可以作为高等学校计算机专业的教材，也可以作为计算机教育培训机构的培训用书，还可以作为相关开发人员学习数据库知识与技术的参考资料。

图书在版编目（CIP）数据

MySQL8 数据库原理与实战 / 麻进玲，陈婷，陈昌平主编 .—北京：机械工业出版社，2023.4（2025.1 重印）
ISBN 978-7-111-72363-9

Ⅰ.①M… Ⅱ.①麻… ②陈… ③陈… Ⅲ.①SQL 语言—程序设计 Ⅳ.① TP311.138

中国国家版本馆 CIP 数据核字（2023）第 025694 号

机械工业出版社（北京市百万庄大街 22 号 邮政编码 100037）
策划编辑：张雁茹 责任编辑：张雁茹 王振国
责任校对：张昕妍 张 薇 封面设计：张 静
责任印制：张 博
北京建宏印刷有限公司印刷
2025 年 1 月第 1 版第 3 次印刷
184mm × 260mm · 12.75 印张 · 335 千字
标准书号：ISBN 978-7-111-72363-9
定价：45.00 元

电话服务 网络服务
客服电话：010-88361066 机 工 官 网：www.cmpbook.com
010-88379833 机 工 官 博：weibo.com/cmp1952
010-68326294 金 书 网：www.golden-book.com
封底无防伪标均为盗版 机工教育服务网：www.cmpedu.com

前言

Preface

MySQL 是目前比较流行的关系型数据库管理系统之一，具有体积小、速度快、开放源码等特点。尤其是其开放源码的特点，深受中小型网站用户的欢迎。

本书采用项目驱动的方式，把一个完整的项目分解成多个通俗易懂且丰富多彩的案例，详细讲述了 MySQL 的相关概念与技术。每个项目中的任务均涵盖了相关理论与实践，既有助于读者理解掌握理论知识，又具有实用操作性，读者可通过项目操作强化理论知识的掌握。

本书具有由浅入深、循序渐进、结构新颖、轻松易学、案例丰富、实用性强等特点，包含 8 个项目，共计 29 个任务。项目一是学生体能健康数据库设计，共分 4 个任务；项目二是 MySQL 数据库相关知识，共分 3 个任务；项目三是创建学生体能健康数据库，共分 3 个任务；项目四是创建学生体能健康数据库中的表，共分 4 个任务；项目五是学生体能健康数据库表数据的操作，共分 5 个任务；项目六是程序化操作学生体能健康数据库的表数据，共分 3 个任务；项目七是学生体能健康数据库的安全管理，共分 5 个任务；项目八是多种方式实现可视化操作学生体能健康数据库，共分 2 个任务。本书提供电子课件，读者可在机械工业出版社教育服务网（http：//www.cmpedu.com）下载。

本书既可以作为高等学校计算机专业的教材，也可以作为计算机教育培训机构的培训用书，还可以作为相关开发人员学习数据库知识与技术的参考资料。建议授课学时 48 小时，实验学时 32 小时。

本书由麻进玲、陈婷、陈昌平任主编，古波、罗文佳、李化任副主编，徐鸿雁、陈小宁、刘丹、张良参与了编写。其中，麻进玲负责编写项目一与项目六，陈婷负责编写项目四与项目七，陈昌平负责编写项目三与项目五，古波负责编写项目二与项目八，罗文佳、李化、刘丹负责统稿，徐鸿雁、陈小宁、张良对本书提出了许多中肯有益的建议。在本书编写过程中参考了很多专家学者的文献资料，在此表示衷心感谢。

由于编者水平有限，编写时间仓促，书中难免存在疏漏和不足之处，恳请读者批评指正。

编　者

目录 Contents

项目一 学生体能健康数据库设计

Project 1

项目描述

随着信息技术的发展和人们对信息需求的增加，数据库技术作为计算机应用领域中的重要技术，具有科学地组织和管理数据，提供可共享、安全可靠的数据等作用。本项目通过学生体能健康数据库设计，完整地阐述数据库系统设计的几个过程，并通过本项目介绍数据库的基本概念。

学习目标

知识目标：

1. 了解体能健康数据库的需求。
2. 掌握体能健康数据库的概念设计。
3. 掌握体能健康数据库的逻辑结构设计。
4. 掌握体能健康数据库的物理结构设计。
5. 掌握数据库的基本概念和原理。

能力目标：

1. 能掌握数据库的基本概念和原理。
2. 能实现数据库的需求分析、概念设计、逻辑结构设计和物理结构设计。

素质目标：

1. 培养学生独立分析问题的能力。
2. 提高学生的业务素质。

任务一　体能健康项目需求分析

体测系统是以智能化、信息化的方式，实现学生体测数据的搜集、存储和管理，通过系统终端、微信小程序、服务器、测试设备之间的互联和通信，可以将学生的体测数据信息存储在关系数据库服务器中，测试用户可以根据需要实时进行存取，数据冗余度低且一致性高。使用学生体测系统的过程如下：首先，用户可以先通过微信小程序进行注册，上传个人图像信息进行实名认证，认证成功后，注册信息通过网络传送至服务器，服务器在本地保存用户注册的所有信息；然后用户在系统终端刷卡，系统终端读取证件信息，提取证件图像数据，上传至服务器，调取服务器保存的图像信息进行身份验证，如果刷卡信息与微信注册信息一致，身份验证成功，可进入下一步操作；使用测试设备进行选择测试，测试设备将测试数据实时传送到服务器，服务器进行保存；最后，用户可以通过微信操作或者测试结束实时收到测试数据。综上所述，通过学生体测系统，用户可以实时获取测试数据，服务器实时记录测试信息并上传至其他平台，这可以提高后续的数据统计分析处理、快速分类管理等的效率与正确性。

学生体测系统包括用户注册、身份验证、身份识别、查询测试数据、存储测试信息、上报数据到国家体育测试平台、数据分析统计等功能。

学生体测系统的数据信息存储在关系数据库服务器中，在整个系统中，数据库起到核心作用，为测试相关的数据存储和数据管理提供了平台和管理手段。采用科学的管理方法对测试数据进行搜集、存储和管理，开发一个结构良好的数据库非常重要，这要求数据库开发工程师要充分理解系统需求，还需要充分掌握数据库的相关理论知识和设计理念方法。

任务描述

本任务将分析学生体测系统的需求情况，然后依据需求情况进行数据库设计，为学生体测系统设计科学、合理、高效的数据库系统。

任务分析

信息是对各种事物的存在方式、运动状态和相互联系特征的一种表达和陈述，是自然界、人类社会和人类思维活动普遍存在的一切物质和事务的属性，存在于人们的周围。例如打电话时对方的声音、看到的图片、看到的文字都是信息。

数据（Data）是用来记录信息的可识别的符号，是信息的具体表现形式。数据用型和值来表示，型是指数据内容在媒体上的具体形式；值是指所描述的客观事物的具体特性。例如，一个人的跳远成绩可以表示为“1.20”或“1 米 2”，其中“1.20”和“1 米 2”是值，但两者的型是不一样的，其中一个是数字，一个是字符。

数据描述是数据处理中的一个重要环节。人们把客观存在的事物以数据的形式存储到计算机中经历了 3 个领域：现实世界（存在于人们头脑之外的客观世界），例如学校中有教师、学生、课程，这些事物之间存在着联系，这些联系由事物本身的性质决定；信息世界（现实世界在人们头脑中的反映）；数据世界（又称为机器世界），信息世界的信息在机器世界中以数据形式存储。

数据库（Database，DB）是按照一定的数据结构对数据进行组织、存储和管理的容器，是存储和管理数据的仓库。数据库中存储着数据库的对象，包括数据表、索引、视图、存储过程、函数等。

数据库管理系统（Database Management System，DBMS）是安装在操作系统之上的，用来管理、控制数据库中各种数据库对象的系统。用户不直接通过操作系统存取数据库中的数据，而是通过数据库管理系统调用操作系统的进程来管理和控制数据库对象。

数据库系统（Database System）是由数据库及其管理软件组成的系统。常见的数据库系统有 MySQL（快速的、多线程、多用户和健壮的 SQL 数据库服务器）、SQL Server（提供了众多的 Web 和电子商务功能，具有强大的、灵活的、基于 Web 的和安全的应用程序管理等）、Oracle（产品系列齐全，几乎囊括所有应用领域，大型、完善、安全，可以支持多个实例同时运行，功能强，能在所有主流平台上运行）。

数据模型用来描述数据、组织数据和对数据进行操作，是对现实世界数据特征的描述。建立数据模型的目的：计算机不能直接处理现实的事物，所以，人们只有将现实事物转成数字化的数据，才能让计算机识别处理。数据模型分为概念数据模型，逻辑数据模型和物理数据模型 3 种。

关系数据库管理系统（Relational Database Management System，RDBMS）是管理关系数据库的系统。关系模型是数据模型的一种，是较为常见的数据模型。本书中用到的 MySQL 就是一种关系型数据库系统。

关系数据库管理系统的特征有如下几点：

1）数据以数据表的形式存放在数据库中。

2）数据表中的每行称为记录，用于记录一个实体的各项属性。

3）数据表中的每列称为字段，用于记录实体的一个属性。

4）一张数据表是由许多的行和列组成的，一张数据表记录一个实体集。

5）若干数据表组成数据库，数据库中的数据表与数据表之间存在一定的联系。

体能健康数据库用来存储和管理用户、测试数据等信息。具体数据涉及用户信息、管理员信息、测试设备信息、测试成绩信息等。这些数据信息按照一定的规则存储在数据库中的各张数据表内，数据表和数据表之间存在着一定的联系。例如，对于多个用户、多个设备，一个用户可以使用多个设备进行测试，一个设备也可以被多个用户使用，这些关联关系需要通过分析处理进行统计分析，要想科学地管理这些数据，表和表之间的关系需要非常清晰，这就需要通过设计结构合理、高效运作的数据库进行实现。

数据库设计是整个系统开发的重要环节之一，数据库设计的好坏直接关系到系统使用的高效及用户体验等。在设计数据库时，可以先对数据库的功能模块进行划分，借助 ER 等数据库设计工具软件提高数据库设计效率。

数据库设计的 6 个阶段如图 1-1 所示。首先是对系统进行需求分析，分析系统需要存储哪些数据，数据之间存在哪些关系，需要建立哪些应用，对数据有哪些常用的操作，需要操作的对象有哪些等。这些需求整理清楚之后，再进行数据库概念设计，对需求分析所得到的数据进行数据抽象。然后进行数据库逻辑结构设计，主要是将概念数据模型所描述的数据转换为特定的数据库管理系统模式下的数据。接下来是对数据库进行物理结构设计，确定数据库中有哪些数据表。最后是数据库实施、数据库运行与维护。

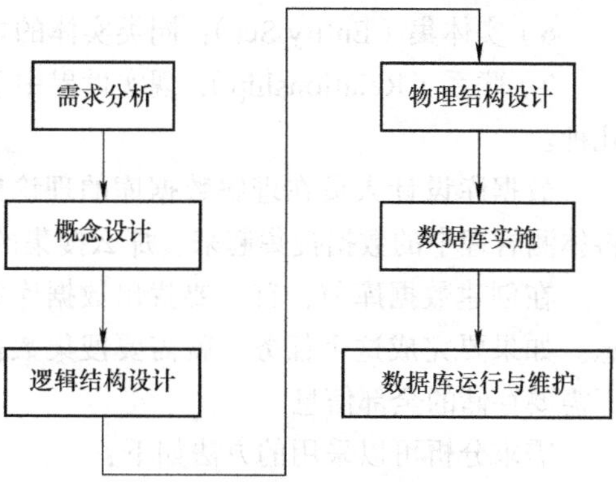

图 1-1 数据库设计的 6 个阶段

需求分析是数据库设计的第一步，也是最困难、最耗时间的一步。需求分析的任务是准确了解并分析用户对系统的需要和要求，弄清系统要达到的目标和实现的功能。需求分析是否做得充分与准确，决定着在其上构建数据库的速度与质量。如果需求分析做不好，会影响整个系统的性能，甚至会导致整个数据库设计返工。

数据库在设计汇总过程中也需要遵循一定的原则，如数据冗余度的控制、存储空间的不浪费、数据的完整性等。如果在数据库设计时考虑得不完整，设计的数据库可能会有缺陷，造成数据冗余度较低，浪费存储空间。

表 1-1 中给出了学生实体，其包括学号、姓名、性别、专业、班级名和所在院系等属性。学生实体中出现了表中套表的现象。因为班级名和所在院系联系紧密，所以应该将班级名、所在院系属性抽取出来，分别放入班级实体、院系实体中。

数据库在设计过程中需要根据用户需求将信息挖掘出来，用户需求信息显示的是世界客观存在的事物，事物之间有联系也有区别。需要将这些客观存在的事物之间的联系转化为信息世界的模型，这就是概念数据模型。概念数据模型用于信息世界的建模，可以很好地表达事物，也能够方便、直接地表达应用中的各种知识，简单、清晰、易于用户理解。信息建模是现实世界到机器世界的一个转换层次，是数据库设计的有力工具，概念数据模型也是数据库设计人员和用户之间进行交流的语言。

表 1-1 学生表

学号	姓名	性别	专业	班级名	所在院系
20210001	刘梅	女	计算机	计 1 班	信息工程学院
20210002	陈玲	女	计算机	计 2 班	信息工程学院
20210003	马东	男	计算机	计 1 班	信息工程学院
20210004	赵采	男	计算机	计 3 班	信息工程学院
20210005	张三党	男	计算机	计 1 班	信息工程学院

数据库的相关术语如下：

1）实体（Entity）：客观存在并且可以相互区别的事物。

2）属性（Attribute）：描述实体的特性，一个实体可以有多个属性。

3）码（Key）：唯一标识实体的属性或属性的组合。

4）域（Domain）：属性的取值范围。

5）实体型（Entity Type）：具有相同属性的实体具有共同的特征和性质，用实体名及其属性名的集合来抽象和刻画同类实体。

6）实体集（Entity Set）：同类实体的集合。

7）联系（Relationship）：现实世界中事物内部及事物之间的联系，包括 1∶1、1∶n、m∶n 几种。

数据库设计人员在理解数据库的理论概念后，开始进行体能健康数据库设计的第一步，即将体测管理中的数据搜集起来。那么搜集的步骤和方法是什么呢？

在创建数据库前，首先要找出数据库系统中必须保存的信息，确定用什么方式保存哪些信息。如果要完成这个任务，就需要搜集数据，需求分析的任务就是搜集数据，确保搜集到数据库需要存储的全部信息。

需求分析可以采用的方法如下：

1）跟班作业：通过亲身参加业务工作了解业务活动及用户需求。

2）开调查会：通过与用户座谈了解业务活动及用户需求。

3）请专人介绍。

4）询问：对于特定问题，可以找专人询问。

5）问卷调查：设计调查表请用户填写。

6）查阅记录：查阅与系统有关的数据记录。

任务实现

在数据库需求分析阶段，通过开调查会、询问、问卷调查等方式获取体能健康数据库需要的数据，形成需求规格说明书。在说明书中，完整地描述系统需求，把用户需求整理为几大功能模块，通过反复讨论制定最终的用户需求说明书。

例如在体能健康数据库需求分析阶段，团队调研了国内外体测设备的功能，用户测试的需求，包括防作弊的设计等，在需求制定完善后，可以更好地为下一步的数据库概念设计打下基础。根据需求分析，体能健康数据库主要模块如图 1-2 所示。

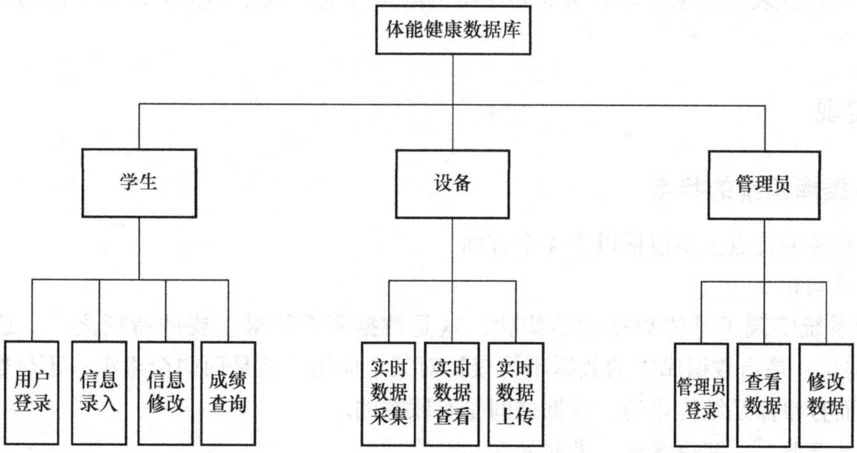

图 1-2 体能健康数据库主要模块

在体能健康数据库中，主要包含学生（用户）信息、设备信息、管理员信息等几个主要模块，其中学生（用户）使用设备进行测试，管理员可以管理设备和学生（用户）信息。

任务总结

需求分析阶段收集到的基础数据一般用数据字典和一组数据流图（Data Flow Diagram, DFD）表达，它们是进行下一步概念设计的基础。数据字典能够对系统数据的各个层次和各个方面进行精确和详尽的描述，并且把数据和处理有机地结合起来，可以使概念结构的设计变得相对容易。

训练任务

1. 请分析体测系统的用户需求还有哪些？
2. 需求分析阶段可以采用的方法有哪些？

任务二 数据库概念设计

任务描述

为了使用数据库对学生体测系统的数据进行管理，提高管理的效率，需要对数据进行流程化设计，即将数据从抽象的实体数据转换为计算机能执行的数据。数据库概念设计就是通过对用户要求描述的现实世界（学生体测系统）中的信息进行分类、聚集和概括，建立抽象的概念数据模型。

任务分析

在进行数据库设计时，需要由上到下进行设计，先进行概念设计，接着进行逻辑结构设计，再是物理结构设计。概念设计是前提，它是设计数据库的基础。在概念设计阶段需要抽象出概念数据模型，这个概念数据模型反映的是信息结构、信息流动情况、信息间的互相制约关系以及对信息储存、查询和加工的要求等。所建立的模型应避开数据库在计算机上的具体实现细节，用一种抽象的形式表示出来。本任务将以 E-R 模型（实体 - 联系模型）设计方法为例进行概念设计。

任务实现

一、数据库系统的特点

数据库系统的特点主要包括以下 4 个方面：

1. 数据结构化

数据库系统实现了整体数据的结构化，这是数据库系统最主要的特征之一。这里所说的“整体”结构化，是指数据库中的数据不再仅针对某个应用，而是面向全组织；不仅数据内部是结构化的，而且整体是结构化的，数据之间是有联系的。

2. 数据共享性高，冗余度低，易扩充

因为数据是面向整体的，所以数据可以被多个用户、多个应用程序共享使用，可以大大减少数据冗余，节约存储空间，避免数据之间的不相容性与不一致性。

3. 数据独立性高

数据独立性包括数据的物理独立性和逻辑独立性。

物理独立性是指用户的应用程序与存储在磁盘上的数据库中的数据是相互独立的，即数据在磁盘上如何存储是由 DBMS 管理的，用户程序不需要了解，应用程序要处理的只是数据的逻辑结构，这样当数据的物理存储结构改变时，用户程序不用改变。

逻辑独立性是指用户的应用程序与数据库的逻辑结构是相互独立的，也就是说，当数据的逻辑结构改变时，用户程序也可以不改变。

数据与程序的独立，把数据的定义从程序中分离出去，加上存取数据的方法又由 DBMS 负责提供，从而简化了应用程序的编制，大大减少了应用程序的维护和修改。

4. 数据由 DBMS 统一管理和控制

数据库的共享是并发的（Concurrency）共享，即多个用户可以同时存取数据库中的数据，甚至可以同时存取数据库中的同一个数据。

DBMS 必须提供以下几个方面的数据控制功能：

1）数据的安全性保护（Security）。

2）数据的完整性检查（Integrity）。

3）数据库的并发访问控制（Concurrency）。

4）数据库的故障恢复（Recovery）。

二、概念设计过程及常见冲突

概念设计阶段的目标是通过对用户需求进行综合、归纳与抽象，形成一个独立于具体 DBMS 的概念数据模型。常见的概念设计方法有两种：

1）集中式模式设计法：这种方法是根据需求由一个统一机构或人员设计一个综合的全局模式。这种方法简单方便，适用于小型或不复杂的系统设计。由于该方法很难描述复杂的语义关联，所以不适用于大型或复杂的系统设计。

2）视图集成设计法：这种方法是将一个系统分解成若干个子系统，首先对每一个子系统进行模式设计，建立各个局部视图，然后将这些局部视图进行集成，最终形成整个系统的全局模式。

数据库概念设计是使用 E-R 模型和视图集成设计法进行设计的。它的设计过程是：首先设计局部应用，再进行局部视图（局部 E-R 图）设计，然后进行视图集成得到概念数据模型（全局 E-R 图）。视图设计一般有 3 种方法：

1）自顶向下。这种方法是从总体概念结构开始逐层细化。例如，学生（用户）视图可以从一般学生（用户）开始，分解成在校学生（用户）、非在校学生（用户）等，进一步再由在校学生（用户）细化为参加测试的学生（用户）与未参加测试的学生（用户）等。

2）自底向上。这种方法是从具体的对象逐层抽象，最后形成总体概念结构。

3）由内向外。这种方法是从核心对象着手，然后向四周逐步扩充，直到最终形成总体概念结构。例如，学生（用户）视图可从学生（用户）开始扩展至学生（用户）所在的班级、测试的设备与成绩等。

视图集成的实质是将所有的局部视图合并，形成一个完整的数据概念结构。在这一过程中最重要的任务是解决各个 E-R 图设计中的冲突。

常见的冲突有以下几类：

1）命名冲突。命名冲突有同名异义和同义异名两种。例如教师属性何时参加工作与参加工作时间属于同义异名。

2）概念冲突。同一概念在一处为实体而在另一处为属性或联系。

3）域冲突。相同属性在不同视图中有不同的域。

4）约束冲突。不同的视图可能有不同的约束。

三、E-R 模型

E-R 模型，全称为实体 - 联系模型、实体关系模型或实体 - 联系图（Entity-relationship Diagram，ERD），由美籍华裔计算机科学家陈品山发明，是概念数据模型的高层描述所使用的数据模型或模式图。

E-R 模型常用于信息系统设计中，例如它们在概念设计阶段用来描述信息需求和 / 或要存储在数据库中的信息的类型。但是数据建模技术可以用来描述特定论域（即感兴趣的区域）的任何本体（即对使用的术语和它们的联系的概述和分类）。在数据库设计时，概念数据模型要映射到逻辑模型上。

E-R 模型的构成成分是实体集、属性和联系集，其表示方法如下：

1）实体集用矩形框表示，矩形框内写上实体名。

2）实体的属性用椭圆形框表示，框内写上属性名，并用无向边与其实体集相连。

3）实体间的联系用菱形框表示，联系以适当的含义命名，名字写在菱形框中，用无向边将参加联系的实体矩形框分别与菱形框相连，并在连线上标明联系的类型，即 1∶1、1∶n 或 m∶n。所以，E-R 模型也称为 E-R 图。

E-R 图由实体、属性和联系组成。其中实体是一个数据的使用者，其代表软件系统中客观存在的实物，如人、动物、物体、列表、部门和项目等，而同一类实体就构成了一个实体集。实体的内涵用实体类型来表示。实体类型是对实体集中实体的定义。实体中的所有特性称为属性，如用户有姓名、性别、住址、电话等属性。实体标识符是在一个实体中能够唯一标识实体的属性和属性集的标识符，但针对一个实体只能使用一个实体标识符来标明。实体标识符也就是实体的主键。在 E-R 图中，实体所对应的属性用椭圆形框表示，添加了下划线的名字就是我们所说的标识符。在我们生活的世界中，实体不会是单独存在的，实体和其他实体之间是有着千丝万缕的联系的。以体测系统为例，其中的实体有“学生（用户）”和“设备”等，它们之间有着很多联系。

概念设计的方法有很多，在此不再赘述，但概念设计遵循以下步骤：

1）进行局部数据抽象，设计局部概念模式。

2）将局部概念模式综合成为全局概念模式。

3）评审。

采用 E-R 模型设计方法进行数据库的概念设计可以分成以下 3 步：

1）设计局部 E-R 图。

2）设计全局 E-R 图。

3）优化全局 E-R 图。

例 1-1 设计学生体测系统。学生体测系统包括学生端、用户端、设备端、管理员端几个实体。这些实体之间的联系有：一个学生对应一个用户端信息；一个学生可以用多个设备测试，一个设备可以被多个学生使用；一个管理员可以管理多个设备。

根据分析先抽象各个实体的属性如下（包括但不限于）：

学生：学号，姓名，性别，电话，学生状态。

用户：信息 ID，学号。

设备：设备号，名称，状态码。

管理员：管理员 ID，密码，姓名，手机号。

对应实体的局部 E-R 图如图 1-3~ 图 1-6 所示。

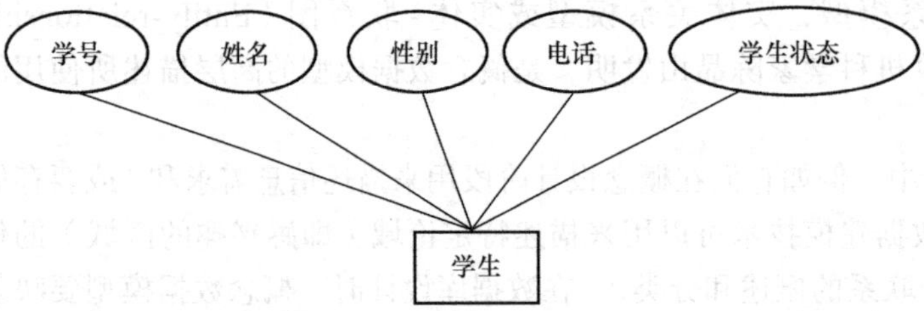

图 1-3 学生 E-R 图

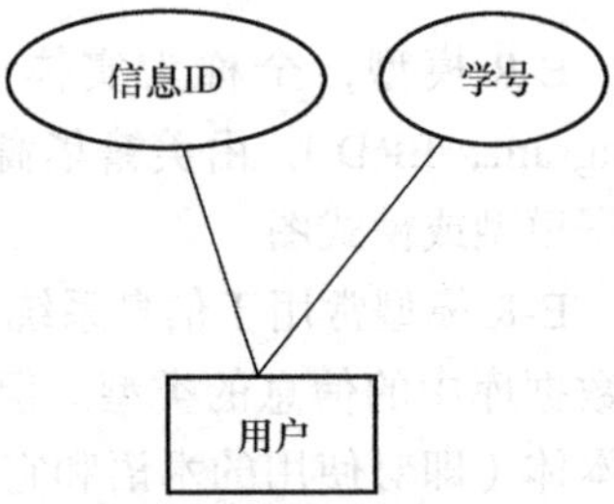

图 1-4 用户 E-R 图

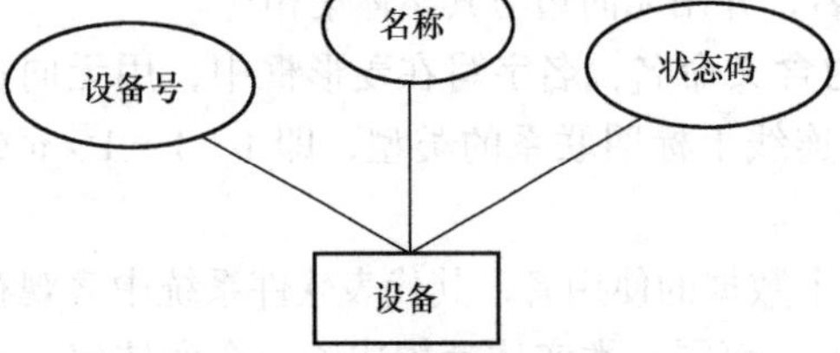

图 1-5 设备 E-R 图

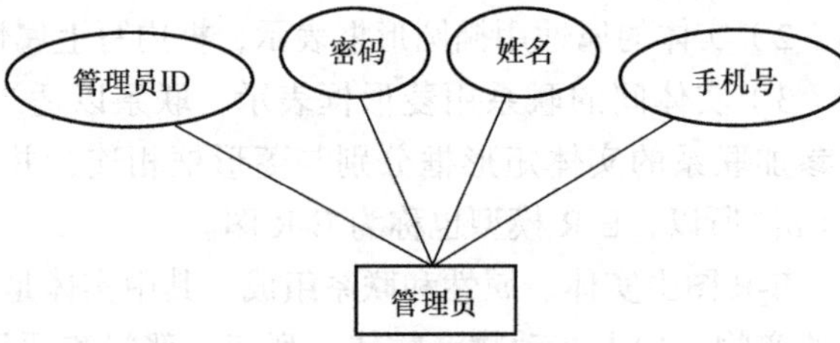

图 1-6 管理员 E-R 图

下面根据局部 E-R 图绘制全局 E-R 图。将局部 E-R 图集成为全局 E-R 图的方法有两种：一种是将多个局部 E-R 图一次集成，通常在局部视图比较简单时使用；另一种是逐步集成，用累加的方式一次集成两个局部 E-R 图，从而降低复杂程度。

全局 E-R 图的设计流程如图 1-7 所示。

根据本例中的局部 E-R 图绘制出全局 E-R 图，如图 1-8 所示。

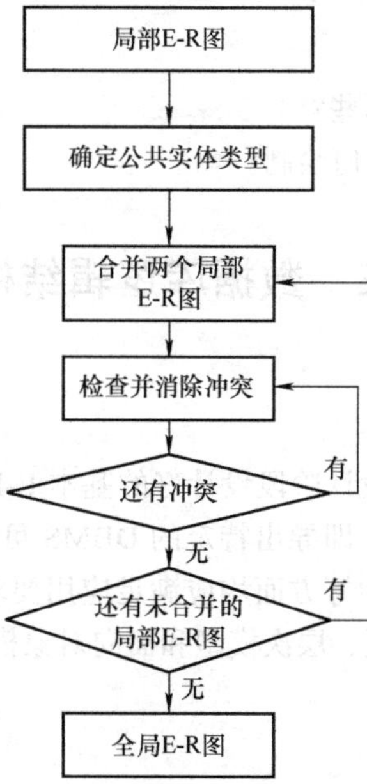

图 1-7 全局 E-R 图的设计流程

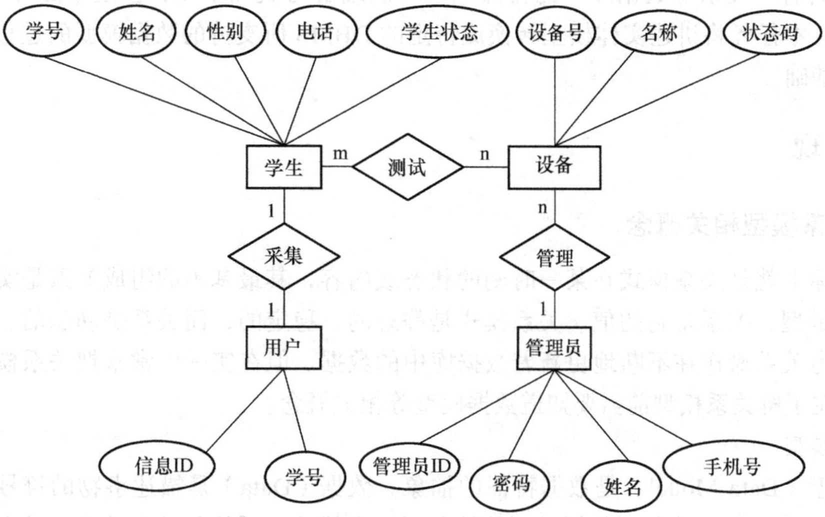

图 1-8 全局 E-R 图

任务总结

将需求分析得到的用户需求抽象为信息结构（即概念数据模型）的过程就是概念设计。概念数据模型是对现实世界的抽象和概括，应真实、充分地反映现实世界中事物和事物之间的联系，它有丰富的语义表达能力，能表达用户的各种需求，是现实世界的一个抽象模型。概念设计是整个数据库设计的关键。概念数据模型独立于计算机硬件结构，独立于数据库的 DBMS。概念数据模型转换示意图如图 1-9 所示。

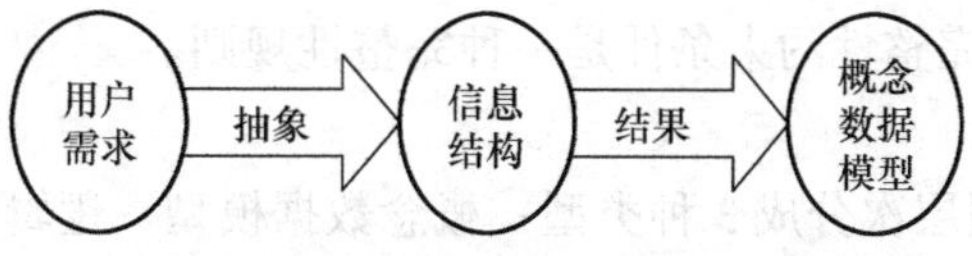

图 1-9 概念数据模型转换示意图

训练任务

1. 请分析体测系统的实体还有哪些?
2. E-R 图绘制的要点有哪些?如何绘制?

任务三　数据库逻辑结构设计

任务描述

逻辑结构设计的任务是把概念设计阶段设计好的基本 E-R 图转换为与选用的 DBMS 产品所支持的数据模型相符合的逻辑结构,即导出特定的 DBMS 可以处理的数据库的逻辑结构,这些模式在功能、性能、完整性和一致性等方面均应满足应用要求。特定的 DBMS 可以支持的组织层数据模型包括关系模型、网状模型、层次模型和面向对象模型等。

任务分析

逻辑结构转化的实质是将 E-R 图中的实体、属性和联系转换为“关系模式”。所谓关系模式,指的是具有“关系型数据库”的特点——可以理解为表和字段,但是不必考虑数据类型、索引等细节。本任务将讲述实体模型转换成特定的 DBMS 所支持的数据模型的过程,为设计物理结构打下基础。

任务实现

一、关系模型相关概念

关系实际上就是关系模式在某一时刻的状态或内容,其最基本的组成要素是实体,也就是说关系模式是型,关系是它的值。关系模式是静态的、稳定的,而关系是动态的、随时间不断变化的,因为关系操作在不断地更新着数据库中的数据。但在实际中常常把关系模式和关系统称为关系。在了解关系模型前需要知道数据模型等相关概念。

1. 数据模型

数据模型(Data Model)是数据特征的抽象。数据(Data)是描述事物的符号记录,模型(Model)是现实世界的抽象。数据模型从抽象层次上描述了系统的静态特征、动态行为和约束条件,为数据库系统的信息表示与操作提供了一个抽象的框架。数据模型所描述的内容有 3 部分:数据结构、数据操作和数据约束。

1)数据结构:数据结构描述数据库的组成对象以及对象之间的联系,如表与表之间的关系。数据结构是刻画一个数据模型性质最重要的方面,是对系统静态特性的描述。人们通常按照数据结构的类型来命名数据模型,如层次结构、网状结构、关系结构的数据模型分别命名为层次模型、网状模型、关系模型。

2)数据操作:数据操作是指对数据库里的各种对象的实例、型的值允许执行的操作的集合,包括操作及有关的操作规则。

3)数据约束:数据的完整性约束条件是一种完整性规则。

2. 数据模型的分类

数据模型按不同的应用层次分成 3 种类型:概念数据模型、逻辑数据模型、物理数据模型。

1)概念数据模型:它是一种面向用户、面向客观世界的模型,主要用来描述世界的概念化结构，它使数据库设计人员在设计的初始阶段摆脱计算机系统及DBMS的具体技术问题，集中精力分析数据以及数据之间的联系等，与具体的DBMS无关。概念数据模型用于信息世界的建模，一方面应该具有较强的语义表达能力，能够方便直接表达应用中的各种语义知识，另一方面它还应该简单、清晰、易于用户理解。

2）逻辑数据模型：包括层次模型、网状模型和关系模型。

① 层次模型：层次模型将数据组织成一对多关系的结构，层次结构采用关键字来访问其中每一层次的每一部分。层次模型发展最早，它以树结构为基本结构，典型代表是IMS模型。它的优点是存取方便且速度快；结构清晰，容易理解；数据修改和数据库扩展容易实现；检索关键属性十分方便。

② 网状模型：网状模型用连接指令或指针来确定数据间的显式连接关系，是具有多对多类型的数据组织方式。网状模型通过网状结构表示数据间的联系，开发较早且有一定优点，目前使用仍较多，典型代表是DBTG模型。它的优点是能明确而方便地表示数据间的复杂关系。

③ 关系模型：关系模型以记录组或数据表的形式组织数据，以便于利用各种地理实体与属性之间的关系进行存储和变换，不分层也无指针，是建立空间数据和属性数据之间关系的一种非常有效的数据组织方法。它的优点在于结构特别灵活，概念单一，满足所有布尔逻辑运算和数学运算规则形成的查询要求；能搜索、组合和比较不同类型的数据；增加和删除数据非常方便。

3）物理数据模型：物理数据模型是对真实数据库的描述。如关系数据库中的一些对象为表、视图、字段、数据类型、长度、主键、外键等。简单地概括，物理数据模型就是“怎么做”。

3. 关系模型

关系模型是以集合论中的关系概念为基础发展起来的。换句话说，在关系模型中，数据被组织成关系，在SQL中被称为表，其中每个关系都是元组的无序集合，在SQL中被称为行。关系模型没有复杂的嵌套结构。关系模型中无论是实体还是实体间的联系均由单一的结构类型——关系来表示。在实际的关系数据库中的关系也称为表。一个关系数据库就是由若干个表组成的。关系模型是指用二维表的形式表示实体和实体间联系的数据模型。

关系模式（Relation Schema）是对关系的描述，它可以形式化地表示为R（U, D, dom, F）。其中R为关系名，U为组成该关系的属性名集合，D为属性组U中属性所来自的域，dom为属性向域的映象集合，F为属性间数据的依赖关系集合。通常简记为R（U）或R（A1，A2，…，An），其中R为关系名，U为属性名集合，A1，A2，…，An为各属性名。

二、逻辑结构设计的步骤

逻辑结构设计是将概念结构转化为一般的关系、网状、层次模型，再将转化来的关系、网状、层次模型向特定DBMS支持下的数据模型转换。

E-R图向关系模型的转换要解决的问题是如何将实体型和实体间的联系转换为关系模式，如何确定这些关系模式的属性和码，即将实体、实体的属性和实体之间的联系转换为关系模式。

E-R图转换为关系模型的规则如下：

1. 实体集转换为关系

一个实体集对应于一个关系。

关系名：与实体集同名。

属性：实体集的所有属性。

主码：实体集的主码。

2. 联系转换为关系

联系转换为关系模式时，要根据联系方式的不同采用不同的转换方式。

（1）1∶1 联系的转换方法　将 1∶1 联系转换为一个独立的关系，则与该联系相连的各实体的码以及联系本身的属性均转换为关系的属性，且每个实体的码均是该关系的候选码。

将 1∶1 联系与某一端实体集所对应的关系合并，则需要在被合并关系中增加属性，其新增的属性为联系本身的属性和与联系相关的另一个实体集的码。

（2）1∶n 联系的转换方法　一种方法是将联系转换为一个独立的关系，其关系的属性由与该联系相连的各实体集的码以及联系本身的属性组成，而该关系的码为 n 端实体集的码；另一种方法是在 n 端实体集中增加新属性，新属性由联系对应的 1 端实体集的码和联系自身的属性构成，新增属性后原关系的码不变。

（3）m∶n 联系的转换方法　在向关系模型转换时，一个 m∶n 联系转换为一个关系。转换方法为：与该联系相连的各实体集的码以及联系本身的属性均转换为关系的属性，新关系的码为两个相连实体码的组合（该码为多属性构成的组合码）。

例 1-2　请根据 E-R 图转换为关系模式的规则，将例 1-1 的学生体测系统 E-R 图的关系模式写出来。

1∶1 联系的转换

学生实体和用户实体之间的 1∶1 联系如图 1-10 所示，转换过程如下：

方案 1——联系独立转成一个新的关系模式。

学生（学号，姓名，性别，电话，学生状态）主码：学号

用户（信息 ID，用户 ID）主码：信息 ID

采集（信息 ID，用户 ID，学号，采集时间）主码：信息 ID 或学号

方案 2——联系不独立转成新的关系模式，联系和实体进行合并。

学生（学号，姓名，性别，电话，学生状态）主码：学号

用户（信息 ID，用户 ID，学号，采集时间）主码：信息 ID

或

学生（学号，姓名，性别，电话，学生状态，信息 ID，采集时间）主码：学号

用户（信息 ID，用户 ID）主码：信息 ID

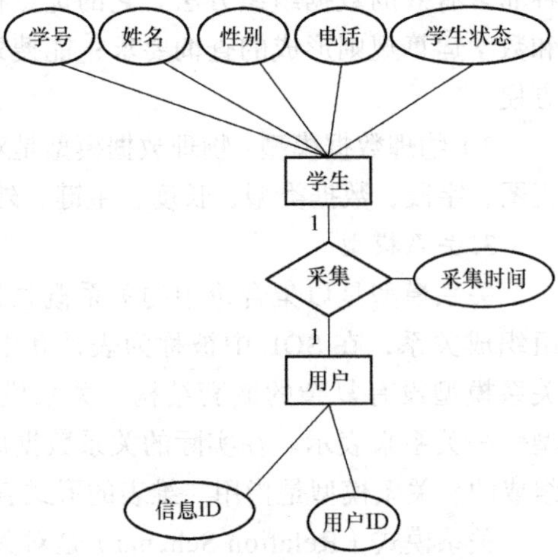

图 1-10　1∶1 联系

1∶n 联系的转换

管理员实体和设备实体之间的 1∶n 联系如图 1-11 所示，转换步骤如下：

联系形成的关系独立存在。

设备（设备号，名称，状态码）主码：设备号

管理员（管理员 ID，密码，姓名，手机号）主码：管理员 ID

管理（设备号，管理员 ID，管理日期）主码：设备号

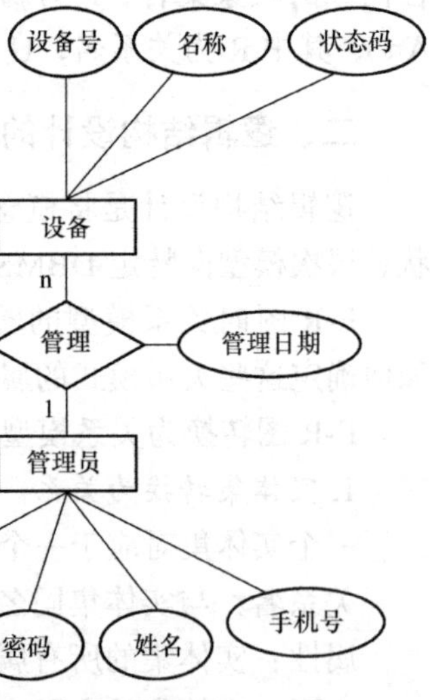

图 1-11　1∶n 联系

合并方案——联系形成的关系与 n 端对象合并：

设备（设备号，名称，状态码，管理员 ID）

m：n 联系的转换

学生实体和设备实体之间的 m：n 联系如图 1-12 所示，转换步骤如下：

该模型包含两个实体集（学生，设备）和一个 m：n 联系。

该模型可转换为 3 个关系模式：

学生表（学号，姓名，性别，电话，学生状态） 主码：学号

设备（设备号，名称，状态码） 主码：设备号

测试（学号，设备号，成绩，测试时间） 主码：学号，设备号

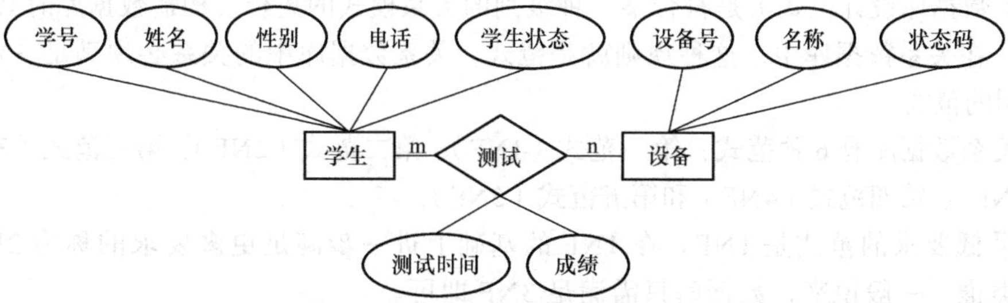

图 1-12 m：n 联系

三、优化设计

1. 规范化

数据库设计是应用程序设计的基础，其性能直接影响应用程序的性能。数据库性能包括存储空间需求量的大小和查询响应时间的长短两个方面。为了优化数据库性能，需要对数据库中的表进行规范化。规范化的范式可分为第一范式、第二范式、第三范式、BC 范式、第四范式和第五范式。一般来说，逻辑数据库设计会满足规范化的前三级标准，但由于满足第三范式的表结构容易维护且基本满足实际应用的要求，因此实际应用中一般都按照第三范式的标准进行规范化。但是，规范化也有缺点，由于将一个表拆分成了多个表，在查询时需要多表连接，因而降低了查询速度。

规范化（Normalization）是数据库系统设计中非常重要的一项技术。数据库规范化能够让数据库设计者更好地了解组织内部当前的数据结构，最终得到一系列的数据实体。数据库规范化通过对数据库表的设计，可以有效降低数据库冗余程度。

在进行数据库规范化时，有一系列的步骤需要遵循。我们把这些步骤称为范式，即 Normal Form（NF），其中包括第一范式、第二范式、第三范式、第四范式以及第五范式（即 1NF、2NF、3NF、4NF、5NF）。通常情况下，我们通过 3NF 就能够满足大部分的数据库表的规范化，但有些时候我们需要更高的范式。

优化通常以规范化理论为指导，优化的方法通常是：

1）确定数据依赖。

2）对各个关系模式之间的数据依赖进行极小化处理，消除冗余。

3）按照数据依赖的理论对关系模式逐一分析，确定各关系模式属于第几范式。

4）按用户需求分析这些模式是否合适，是否合并或分解。

5）对关系模式进行必要的分解，提高数据操作效率和存储空间利用率。

进行数据库规范化时应遵循的步骤如下：

第一步：将数据源转化为未规范化范式（UNF）。

第二步：将未规范化的数据转化为 1NF。

第三步：将 1NF 转化为 2NF。

第四步：将 2NF 转化为 3NF。

在完成 3NF 之后，如果数据源仍然处于未规范化状态，那么还需要进行以下几步：

第五步：将 3NF 转化为 BC 范式（BCNF）。

第六步：将 BCNF 转化为 4NF。

第七步：将 4NF 转化为 5NF。

数据库规范化是一个自下而上的数据库设计技术，它通常应用于现有系统当中。

2. 范式

范式（数据库设计范式）是符合某一种级别的关系模式的集合。构造数据库时必须遵循一定的规则，在关系数据库中，这种规则就是范式。关系数据库中的关系必须满足一定的要求，即满足不同的范式。

目前关系数据库有 6 种范式：第一范式（1NF）、第二范式（2NF）、第三范式（3NF）、BC 范式（BCNF）、第四范式（4NF）和第五范式（5NF）。

满足最低要求的范式是 1NF。在 1NF 的基础上进一步满足更多要求的称为 2NF，其余范式依此类推。一般说来，数据库只需满足 3NF 即可。

（1）1NF　在任何一个关系数据库中，1NF 是对关系模式的基本要求，不满足 1NF 的数据库不是关系数据库。

所谓 1NF 是指数据库表的每一列都是不可分割的基本数据项，同一列中不能有多个值，即实体中的某个属性不能有多个值或者不能有重复的属性。如果出现重复的属性，就可能需要定义一个新的实体，新的实体由重复的属性构成，新实体与原实体之间为一对多关系。在 1NF 中表的每一行只包含一个实例的信息。

简而言之，1NF 就是无重复的列。

数据库表中的字段都是单一属性的，不可再分。这个单一属性由基本类型构成，包括整型、实数、字符型、逻辑型和日期型等。

如果一个关系模式 R 的所有属性都是不可分的基本数据项，则 R 属于 1NF。

例如，下面的数据库表是符合 1NF 的：

字段 1 字段 2 字段 3 字段 4

而下面的数据库表是不符合 1NF 的：

字段 1 字段 2 字段 3 字段 4

字段 3.1 字段 3.2

很显然，在当前的任何 DBMS 中，谁也不可能做出不符合 1NF 的数据库，因为这些 DBMS 不允许用户把数据库表的一列再分成两列或多列。因此，想在现有的 DBMS 中设计出不符合 1NF 的数据库是不可能的。

（2）2NF　2NF 是在 1NF 的基础上建立起来的，即满足 2NF 必须先满足 1NF。2NF 要求数据库表中的每个实例或行必须可以被唯一地区分。为实现区分通常需要为表加上一个列，以存储各个实例的唯一标识。这个唯一属性列被称为主关键字、主键或主码。

2NF 要求实体的属性完全依赖于主关键字。所谓完全依赖是指不能存在仅依赖主关键字一部分的属性。如果存在，那么这个属性和主关键字的这一部分应该分离出来形成一个新的实体，新实体与原实体之间是一对多的关系。

简而言之，2NF 就是非主属性完全依赖于主关键字。

数据库表中不存在非关键字段对任一候选关键字段的部分函数依赖（部分函数依赖指的是

存在组合关键字中的某些字段决定非关键字段的情况），即所有非关键字段都完全依赖于任意一组候选关键字。

假定选课关系表为 SelectCourse（学号，姓名，年龄，课程名称，成绩，学分），关键字为组合关键字（学号，课程名称），其存在如下决定关系：

（学号，课程名称）→（姓名，年龄，成绩，学分）

这个数据库表不满足 2NF，因为存在如下决定关系：

（课程名称）→（学分）

（学号）→（姓名，年龄）

即存在组合关键字中的字段决定非关键字的情况。

由于不符合 2NF，这个选课关系表会存在如下问题：

1）数据冗余：同一门课程由 n 个学生选修，“学分”就重复 n−1 次；同一个学生选修了 m 门课程，姓名和年龄就重复了 m−1 次。

2）更新异常：若调整了某门课程的学分，数据库表中所有行的“学分”值都要更新，否则会出现同一门课程学分不同的情况。

3）插入异常：假设要开设一门新的课程，暂时还没有人选修。这样，由于还没有“学号”关键字，课程名称和学分也无法录入数据库。

4）删除异常：假设一批学生已经完成课程的选修，这些选修记录就应该从数据库表中删除。但是，与此同时，课程名称和学分信息也被删除了。很显然，这也会导致插入异常。

将选课关系表 SelectCourse 改为如下 3 个表：

学生：Student（学号，姓名，年龄）

课程：Course（课程名称，学分）

选课关系：SelectCourse（学号，课程名称，成绩）

这样的数据库表是符合 2NF 的，消除了数据冗余、更新异常、插入异常和删除异常。另外，所有单关键字的数据库表都符合 2NF，因为不可能存在组合关键字。

（3）3NF　满足 3NF 必须先满足 2NF。简而言之，3NF 要求一个数据库表中不包含已在其他表中包含的非主关键字信息。

例如，存在一个部门信息表，其中每个部门有部门编号（dept_id）、部门名称、部门简介等信息，那么员工信息表中列出部门编号后就不能再将部门名称、部门简介等与部门有关的信息再加入员工信息表中。如果不存在部门信息表，则应根据 3NF 进行构建，否则会有大量的数据冗余。

简而言之，3NF 就是属性不依赖于其他非主属性。

在 2NF 的基础上，数据库表中如果不存在非关键字段对任一候选关键字段的传递函数依赖则符合 3NF。所谓传递函数依赖，指的是如果存在“A → B → C”的决定关系，则 C 传递函数依赖于 A。因此，满足 3NF 的数据库表应该不存在如下依赖关系：

关键字段→非关键字段 x →非关键字段 y

假定学生关系表为 Student（学号，姓名，年龄，所在学院，学院地点，学院电话），关键字为单一关键字“学号”，因为存在如下决定关系：

（学号）→（姓名，年龄，所在学院，学院地点，学院电话）

这个数据库是符合 2NF 的，但是不符合 3NF，因为存在如下决定关系：

（学号）→（所在学院）→（学院地点，学院电话）

即存在非关键字段“学院地点”“学院电话”对关键字段“学号”的传递函数依赖。它也会存在数据冗余、更新异常、插入异常和删除异常等情况。

将学生关系表分解为如下两个表：

学生（学号，姓名，年龄，所在学院）

学院（学院，地点，电话）

这样的数据库表是符合 3NF 的，消除了数据冗余、更新异常、插入异常和删除异常。

（4）BCNF　在 3NF 的基础上，数据库表中如果不存在任何字段对任一候选关键字段的传递函数依赖则符合 BCNF。

假设仓库管理关系表为 StorehouseManage（仓库 ID，存储物品 ID，管理员 ID，数量），且一个管理员只在一个仓库工作，一个仓库可以存储多种物品。这个数据库表中存在如下决定关系：

（仓库 ID，存储物品 ID）→（管理员 ID，数量）

（管理员 ID，存储物品 ID）→（仓库 ID，数量）

所以（仓库 ID，存储物品 ID）和（管理员 ID，存储物品 ID）都是 StorehouseManage 的候选关键字，表中的唯一非关键字段为数量，它是符合 3NF 的。但是，由于存在如下决定关系：

（仓库 ID）→（管理员 ID）

（管理员 ID）→（仓库 ID）

即存在关键字段决定关键字段的情况，所以其不符合 BCNF。它会出现如下异常情况：

1）删除异常：当仓库被清空后，所有“存储物品 ID”和“数量”信息被删除的同时，“仓库 ID”和“管理员 ID”信息也被删除了。

2）插入异常：当仓库没有存储任何物品时，无法给仓库分配管理员。

3）更新异常：如果仓库更换了管理员，则表中所有行的管理员 ID 都要修改。

将仓库管理关系表分解为如下两个表：

仓库管理：StorehouseManage（仓库 ID，管理员 ID）

仓库：Storehouse（仓库 ID，存储物品 ID，数量）

这样的数据库表是符合 BCNF 的，消除了删除异常、插入异常和更新异常。

（5）4NF　设 R 是一个关系模型，D 是 R 上的多值依赖集合。如果 D 中存在多值依赖 X → Y，X 必是 R 的超键，那么称 R 是 4NF 的模式。

例如职工表（职工编号，职工孩子姓名，职工选修课程），在这个表中，同一个职工可能会有多个职工孩子姓名，同样，同一个职工也可能会有多个职工选修课程，即这里存在着多值事实，不符合 4NF。如果要符合 4NF，只需要将上表分为两个表，使它们只有一个多值事实，例如职工表一（职工编号，职工孩子姓名），职工表二（职工编号，职工选修课程），两个表都只有一个多值事实，所以符合 4NF。

（6）5NF　消除了 4NF 中的连接依赖。

数据库的设计范式是数据库设计所需要满足的规范，满足这些规范的数据库是简洁的、结构明晰的；同时，不会发生插入、删除和更新操作异常。反之则是杂乱的，不仅会给数据库的编程人员带来麻烦，可能也存储了大量不需要的冗余信息。

3. 完整性

数据库的完整性包括数据库的正确性与数据库的相容性。

完整性检查和控制的防范对象主要是不合语义、不正确的数据，防止它们进入数据库。完全性控制的防范对象是非法用户和非法操作，防止它们对数据库中的数据进行非法的获取。完整性通常包括以下几种：

（1）实体完整性　一个实体就是指表中的一条记录。实体完整性是指在表中不能存在完全相同的记录，且每条记录都要具有一个非空且不重复的主键值。

实现实体完整性的方法：设置主键、唯一索引、唯一约束。

（2）域完整性　域完整性是指向表中添加的数据必须与数据类型、格式及有效的数据长度相匹配。

实现域完整性的方法：检查约束、外键约束、默认约束、非空约束、规则以及在建表时设置的数据类型。

（3）参照完整性　又称为引用完整性，是指通过主键与外键相联系的两个表或两个以上的表，相关字段的值要保持一致。

实现参照完整性的方法：外键约束。

（4）用户定义的完整性　用户定义的完整性是根据具体的应用领域所要遵循的约束条件由用户自己定义的特定的规则。

约束是数据库提供的自动强制数据完整性的一种方法。它通过定义列的取值规则来维护数据的完整性。实现数据的完整性需要了解约束的类型，常用约束有 PRIMARY KEY、UNIQUE、NOT NULL、CHECK、DEFAULT、FOREIGN KEY。

1）PRIMARY KEY 约束（主键约束）：在表中定义一个主键来唯一标识表中的每行记录。

特点：每个表中只能有一个主键，主键可以是一列，也可以是多列；主键不能为空；主键值不能重复。

2）UNIQUE 约束（唯一约束）：它主要用来限制表的非主键列中的值不能重复。

特点：一个表中可以定义多个唯一约束。

3）NOT NULL 约束（非空约束）：它用来设定某列值不能为空。

特点：如果设定某列为 NOT NULL，则在添加记录时，此列必须插入数据。

4）CHECK 约束（检查约束）：它使用逻辑表达式来限制表中的列可以接受哪些数据值。例如，成绩值的范围应为 0~100，则可以为成绩字段创建 CHECK 约束，使取值在正常范围内。

5）DEFAULT 约束（默认约束）：它为表中某列建立一个默认值，当在表中添加记录时，如果没有提供输入值，则自动以默认值赋给该列。

特点：默认值可以为常量、函数或表达式。使用默认值可以提高数据输入的速度。

6）FOREIGN KEY 约束（外键约束）：外键是指一个表中的一列或列组合，它虽不是该表的主键，但是另一个表的主键。

特点：实现两表之间相关数据的一致性。

更新数据库时，表中不能出现不符合完整性要求的记录，以保证为用户提供正确、有效的数据。实现该目的最直接的方法是，在编写数据库应用程序时，对每个更新操作都进行完整性检查。但这种检查往往是复杂、重复和低效的。

SQL 把各种完整性约束作为数据库模式定义的一部分，由数据库管理系统维护，这样既可有效防止对数据库的意外破坏，提高了完整性检测的效率，又减轻了编程人员的负担。

实体完整性是通过主键（PRIMARY KEY）的定义来实现的。一旦某个属性或属性组被定义为主键，该主键的每个属性就不能为空值，并且在表中不能出现主键值完全相同的两个记录。

主键可以在 CREATE TABLE 语句中使用 PRIMARY KEY 定义。定义主键的方法有两种：一种是在属性后增加关键字；另一种是在属性表中加入额外的定义主键的子句 PRIMARY KEY（主键属性名表）。

任务总结

本任务主要是将 E-R 图转换为关系模式，为设计物理结构做准备。转换的规则总结如下：

1）一个 1：1 联系可以转换为一个独立的关系模式，也可以与任意一端对应的关系模式合并。如果转换为一个独立的关系模式，则与该联系相连的各实体的码以及联系本身的属性均转换为关系的属性，每个实体的码均是该关系的候选码。如果与某一端实体对应的关系模式合并，则需要在该关系模式的属性中加入另一个关系模式的码和联系本身的属性。

2）一个 1：n 联系可以转换为一个独立的关系模式，也可以与 n 端对应的关系模式合并。如果转换为一个独立的关系模式，则与该联系相连的各实体的码以及联系本身的属性均转换为关系的属性，而关系的码为 n 端实体的码。

3）一个 m：n 联系转换为一个关系模式，则与该联系相连的各实体的码以及联系本身的属性均转换为关系的属性，各实体码的组合组成该关系的码，或码的一部分。

3 个或 3 个以上实体间的一个多元联系可以转换为一个关系模式，则与该多元联系相连的各实体的码以及联系本身的属性均转换为关系的属性，而关系的码为各实体码的组合。

具有相同码的关系模式可合并。

训练任务

1. 请根据 E-R 图转换为关系模式的规则对体测系统进行分析。
2. 数据模型的发展历史是什么？
3. 关系模式的特点有哪些？

任务四　数据库物理结构设计

任务描述

数据库的物理结构是指数据库在物理设备上的存储结构和存取方法，它依赖于具体的计算机系统。数据库的物理结构设计是利用数据库管理系统提供的方法、技术，对已经确定的数据库逻辑结构，以较优的存储结构、数据存取路径、合理的数据库存储位置及存储分配，设计出一个高效的、可实现的物理数据库结构。

任务分析

在学生体测系统中，如何规范化地设计出物理结构呢？若要设计满足体测要求的物理结构，需要根据逻辑结构设计的结果，设计逻辑结构的最佳存取方法、存取结构、存放位置以及合理选择存储介质等，从而设计出适合逻辑结构的最佳物理环境。本任务将讲解如何将逻辑结构转换为物理结构。

任务实现

一、物理结构设计

数据库在物理设备上的存储结构与存取方法称为数据库的物理结构，它依赖于选定的数据库管理系统。为一个给定的逻辑数据模型选取一个最合适的应用要求的物理结构的过程，就是数据库的物理结构设计。数据库的物理结构设计通常分为两步：

1）确定数据库的物理结构，在关系数据库中主要指存取方法和存储结构。

2）对物理结构进行评价，评价的重点是时间和空间效率。

不同的数据库产品所提供的物理环境和存取方法与存储结构有较大的差异，能供设计人员使用的设计变量、参数范围也是不相同的，因此没有通用的物理结构设计方法可遵循。

选择数据存取方法时，要对经常用到的查询和对数据进行更新的事务进行详细的分析，获得物理结构设计所需的各种参数；充分了解所用 DBMS 的内部特征，特别是系统提供的存取方法和存储结构；了解每个查询或事务在各关系上运行的频率和性能要求。

关系数据库物理结构设计的内容包括：

1）确定数据的存取方法，建立存取路径。存取方法是快速存取数据库中数据的技术。常用的存取方法有索引方法、聚簇方法和 HASH 方法。

2）确定数据的物理存储结构。确定数据的存放位置和存储结构，即确定关系、索引、聚簇、日志、备份等的存储安排和存储结构，确定系统配置。

确定数据存放位置和存储结构需要考虑的因素包括：存取时间、存储空间利用率和维护代价。

评价物理结构的方法完全依赖于所选用的 DBMS，主要考虑操作开销，即为使用户获得及时、准确的数据所需的开销和计算机资源的开销，可以分为：

1）查询和响应时间。

2）更新事务的开销。

3）生成报告的开销。

4）主存储空间的开销。

5）辅助存储空间的开销。

二、体测系统物理结构实现

根据物理结构设计的内容对体测系统的逻辑结构进行设计，形成数据库内模式。学生表（tb_stu）见表 1-2，设备表（tb_dev）见表 1-3，管理员表（tb_user）见表 1-4，信息采集表（tb_wechat_info）见表 1-5，成绩表（tb_grade）见表 1-6，成绩日志表（tb_grade_log）见表 1-7。

表 1-2 学生表（tb_stu）

列名	类型	长度	默认	主键	非空	自增	更新	注释
stu_id	VARCHAR	10	8 位	是	是			学生学号
stu_name	VARCHAR	20			是			学生姓名
stu_sex	TINYINT	1	1：男：0：女					学生性别
stu_phone	CHAR	11	11 位移动电话					学生电话
stu_class_name	VARCHAR	50	如 2018 级计科 01 班					班级名称
stu_grade	VARCHAR	10	如 2018					所在年级
stu_status	TINYINT	1	0：在校；1：未在校		是			学生状态

表 1-3 设备表（tb_dev）

列名	类型	长度	默认	主键	非空	自增	唯一	注释
dev_id	VARCHAR	16	设备号	是	是			设备 ID
dev_name	VARCHAR	20			是		是	设备名称
dev_status_code	TINYINT	1	1：在用；0：没有在用		是			状态码
user_id	TINYINT	4	如 101					外键

表 1-4 管理员表（tb_user）

列名	类型	长度	默认	主键	非空	自增	注释
user_id	TINYINT	4	如 101	是	是		管理员 ID
username	VARCHAR	20	如张三		是		管理员姓名
password	VARCHAR	10	如 M123456				密码
mobile	CHAR	11	11 位移动电话				手机号
status	TINYINT	1	0 或者 1		是		0：禁用；1：正常
create_time	DATETIME						创建时间

表 1-5 信息采集表（tb_wechat_info）

列名	类型	长度	默认	主键	非空	自增	更新	注释
Info_id	INT	500	如 1，2，3	是	是	是		信息 ID
stu_id	VARCHAR	10	8 位					学生学号（外键）
create_time	DATETIME		CURRENT_TIMESTAMP				是	创建时间

表 1-6 成绩表（tb_grade）

列名	类型	长度	主键	非空	自增	注释
stu_id	VARCHAR	10	是	是		学生学号（外键）
dev_id	VARCHAR	16				设备 ID（外键）
score	DECIMAL	10，2				成绩
test_time	DATETIME	如 2020：04：12				测试时间

表 1-7 成绩日志表（tb_grade_log）

列名	类型	长度	默认	主键	非空	自增	注释
Id	INT	8		是	是	是	Id
Info	TEXT		{stu_id，dev_id，score，test_time}				日志信息
stu_id	VARCHAR	10					学生学号
create_time	DATETIME		CURRENT_TIMESTAMP				创建时间

任务总结

本任务主要通过物理结构设计实现体测系统的表结构设计，主要包括数据库物理结构设计的定义、设计步骤、设计方法、设计内容，评价物理结构的方法和体测系统物理表结构的实现。物理结构表结构设计的好坏直接关系到数据库的使用与维护，以及整个数据库使用的效率。

拓展学习

1. 关系运算。
2. 理解选择、投影等内容。

实践训练

【实践项目】

请详细分析体能健康数据库的设计过程。

2 Project 项目二 MySQL 数据库相关知识

项目描述

针对不同的文件格式会有不同的存储方式和处理机制，本项目通过 MySQL 存储引擎和数据类型基础知识的讲解，使用户掌握对应处理机制的数据存储及数据定义。本项目要求下载完成 MySQL8，并在个人计算机上完成图形化安装及配置。

学习目标

知识目标：

1. 掌握 MySQL 存储引擎、数据类型。
2. 掌握 MySQL 的图形化安装及环境配置。
3. 掌握可视化图形管理工具操作数据库的方法。

能力目标：

1. 能完成数据库的安装与配置。
2. 能使用可视化图形管理工具操作 MySQL 数据库。

素质目标：

1. 培养学生的编程能力和职业素养。
2. 培养学生自我学习的习惯和认真做事的品格。

任务一　MySQL 工作原理

任务描述

MySQL 数据库管理系统中的数据类型包括定点数类型、位类型、日期类型、时间类型、浮点数类型、整数类型和字符串类型。在创建数据库表之前，需要掌握以上数据类型。

任务分析

数据表由多个字段构成，每个字段指定了不同的数据类型。指定字段的数据类型后，也就决定了向字段插入的数据内容。数据类型决定了 MySQL 存储内容的方式及运算符号。

任务实现

一、MySQL 概述

MySQL 是一款单进程、多线程、支持多用户、基于客户机 / 服务器（Client/Server，C/S）的关系型数据库管理系统。其成本低，开放源代码，社区版本可以免费；性能良好，执行速度快，功能强大；操作简单，安装方便快捷，有多个图形客户端管理工具（MySQL Workbench/Navicat、MySQL-Front、SQLyog 等客户端）和一些集成开发环境；兼容性好，可安装于多种操作系统，跨平台性好，不存在 32 位和 64 位机的兼容性问题。

二、MySQL 存储引擎

插件式存储引擎是 MySQL 数据库最重要的特性之一，用户可以根据应用需要选择如何存储和索引数据、是否使用事务等。MySQL 默认支持多种存储引擎，以适用于不同领域的数据库应用需要，用户可以通过选择使用不同的存储引擎提高应用的效率，提供灵活的存储。用户甚至可以按照自己的需要定制和使用自己的存储引擎，以实现最大程度的可定制性。

MySQL8 支持的存储引擎包括 MyISAM、InnoDB、MEMORY、MERGE、EXAMPLE、BDB、ARCHIVE、CSV、BLACKHOLE、FEDERATED 等，其中 InnoDB 和 BDB 提供事务安全表，其他存储引擎都是非事务安全表。默认情况下，若创建新表不指定表的存储引擎，则新表采用默认的存储引擎。如果需要修改默认的存储引擎，则可以在参数文件中设置 default-table-type。可以通过“SHOW ENGINES\G”命令查看数据库支持的存储引擎，如图 2-1 所示。

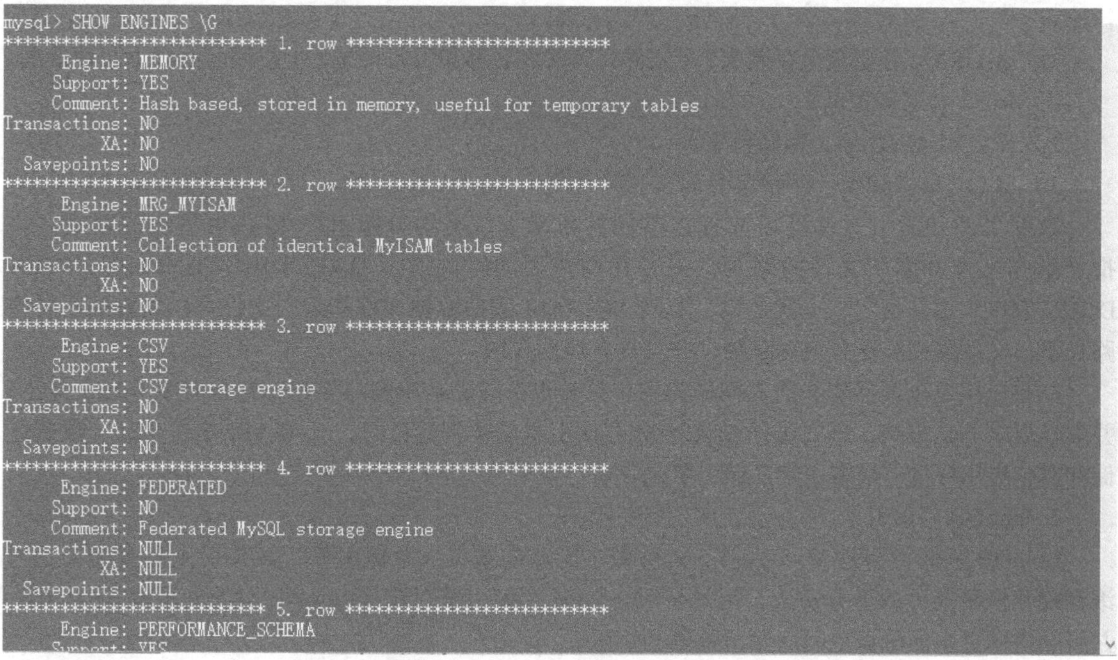

```
mysql> SHOW ENGINES \G
*************************** 1. row ***************************
      Engine: MEMORY
     Support: YES
     Comment: Hash based, stored in memory, useful for temporary tables
Transactions: NO
          XA: NO
  Savepoints: NO
*************************** 2. row ***************************
      Engine: MRG_MYISAM
     Support: YES
     Comment: Collection of identical MyISAM tables
Transactions: NO
          XA: NO
  Savepoints: NO
*************************** 3. row ***************************
      Engine: CSV
     Support: YES
     Comment: CSV storage engine
Transactions: NO
          XA: NO
  Savepoints: NO
*************************** 4. row ***************************
      Engine: FEDERATED
     Support: NO
     Comment: Federated MySQL storage engine
Transactions: NULL
          XA: NULL
  Savepoints: NULL
*************************** 5. row ***************************
      Engine: PERFORMANCE_SCHEMA
     Support: YES
```

图 2-1　数据库支持的存储引擎

下面重点介绍几种常用的存储引擎，并对比各个引擎之间的区别，见表 2-1，以帮助读者理解不同存储引擎的使用方式。

表 2-1 常用的存储引擎对比

特点	MyISAM	InnoDB	MEMORY	MERGE
存储限制	有	64TB	有	没有
事务安全		支持		
锁机制	表锁	行锁	表锁	表锁
B 树索引	支持	支持	支持	支持
哈希索引			支持	
全文索引	支持			
集群索引		支持		
数据缓存		支持	支持	
索引缓存	支持	支持	支持	支持
数据可压缩	支持			
空间使用	低	高	N/A	低
内存使用	低	高	中等	低
批量插入的速度	高	低	高	高
支持外键		支持		

1. MyISAM 存储引擎

MyISAM 是 MySQL 的默认存储引擎。MyISAM 不支持事务，也不支持外键，其主要优势是访问速度快。对事务完整性没有要求或者以 SELECT、INSERT 为主的应用可以使用该引擎进行建表。

每个 MyISAM 在磁盘上存储成 3 个文件，其文件名都和表名相同，但扩展名有以下几种格式：

1）.frm（存储表定义）。

2）.MYD（MYData，存储数据）。

3）.MYI（MYIndex，存储索引）。

数据文件和索引文件可以放置在不同的目录下，平均分布 IO，以获得更快的速度。要指定数据文件和索引文件的路径，需要在创建表的时候通过 DATA DIRECTORY 和 INDEX DIRECTORY 语句指定，也就是说，不同 MyISAM 表的数据文件和索引文件可以放置到不同的路径下。文件路径需要是绝对路径，并且具有访问权限。

如果应用是以读操作和插入操作为主，只有很少的更新和删除操作，并且对事务的完整性、并发性要求不是很高，那么选择 MyISAM 存储引擎是非常适合的。MyISAM 是在 Web、数据仓储和其他应用环境下最常用的存储引擎之一。

2. InnoDB 存储引擎

InnoDB 存储引擎是 MySQL 5.5 之后版本默认的数据库存储引擎，其提供了具有提交、回滚和崩溃恢复能力的事务安全。但是与 MyISAM 存储引擎对比，InnoDB 写的处理效率差一些，并且会占用更多的磁盘空间以保留数据和索引。

InnoDB 用于事务处理应用程序，支持外键。如果应用对事务的完整性有比较高的要求，在并发条件下要求数据的一致性，数据操作除了插入和查询以外还包括很多的更新、删除操作，那么 InnoDB 存储引擎应该是比较合适的选择。InnoDB 存储引擎除了可以有效地降低由于删除和更新导致的锁定，还可以确保事务的完整提交和回滚。对于类似计费系统或者财务系统等对数据准确性要求比较高的系统，InnoDB 都是合适的选择。

3. MEMORY 存储引擎

MEMORY 存储引擎使用内存中的内容来创建表。每个 MEMORY 表实际只对应一个 磁盘文件，格式是 .frm。MEMORY 类型的表访问非常快，因为它的数据是放在内存中的，并且默认使用 HASH 索引，但是一旦服务关闭，表中的数据就会丢失。

MEMORY 将所有数据保存在 RAM 中，在需要快速定位记录和其他类似数据的环境下，可提供极快的访问。MEMORY 的缺陷是对表的大小有限制，太大的表无法 CACHE 在内存中；其次是要确保表的数据可以恢复，数据库异常终止后表中的数据是可以恢复的。MEMORY 表通常用于更新不太频繁的小表，以快速得到访问结果。

综上所述，在选择数据库存储引擎时，应根据应用特点选择合适的存储引擎。对于复杂的应用系统需求，可以根据实际情况选择多种存储引擎进行组合。

三、数据类型

1. 整数类型

MySQL 支持所有标准 SQL 中的数值类型，其中包括严格数值类型（INTEGER、SMALLINT、DECIMAL 和 NUMERIC），以及近似数值数据类型（FLOAT、REAL 和 DOUBLE PRECISION），并在此基础上做了扩展。扩展后增加了 TINYINT、MEDIUMINT 和 BIGINT 这 3 种长度不同的整数类型，并增加了 BIT 类型，用来存放位数据。表 2-2 列出了不同的整数类型及其取值范围，其中 INT 与 INTEGER 这两个整数类型是相同的。

表 2-2　不同的整数类型及其取值范围

整数类型	字节	最小值	最大值
TINYINT	1	有符号 -128 无符号 0	有符号 127 无符号 255
SMALLINT	2	有符号 -32768 无符号 0	有符号 32767 无符号 65535
MEDIUMINT	3	有符号 -8388608 无符号 0	有符号 8388607 无符号 1677215
INT、INTEGER	4	有符号 -21474883648 无符号 0	有符号 2147483647 无符号 4294967295
BIGINT	8	有符号 -9223372036854775808 无符号 0	有符号 9223372036854775807 无符号 18446744073709551615

在整数类型中，按取值范围及存储方式的不同，可分为 TINYINT、SMALLINT、MEDIUMINT、INT、BIGINT 5 个类型。若超出类型范围的操作，会提示“Out of range”错误。为避免此类错误，在选择数据类型时需要根据实际情况确定其取值范围，最后再根据结果慎重选择数据类型。

对于 MySQL 整型数据，如果数值的位数大于显示宽度的值，只要该值不超过该类型的取值范围，数值是可以插入并显示出来的。例如，向整数类型 stuid 字段中插入一个数值 15555，再使用 SELECT 语句查询该字段的值，MySQL 会显示完整的数字，而不是 4 位数值。

对于其他整数类型，可以在表结构中指定其显示宽度，若不进行指定，系统将会使用默认宽度。

下面创建表 spt1，其中，字段 q、w、a、s、z 的数据类型依次为 TINYINT、SMALLINT、MEDIUMINT、INT、BIGINT，如图 2-2 所示。

```
CREATE TABLE spt1(q TINYINT,w SMALLINT, a MEDIUMINT, s INT, z BIGINT);
```

图 2-2　创建表 spt1

执行结果如图 2-3 所示。

```
mysql> CREATE TABLE spt1(q TINYINT, w SMALLINT, a MEDIUMINT, s INT, z BIGINT);
Query OK, 0 rows affected (0.20 sec)

mysql> desc spt1;
+-------+-----------+------+-----+---------+-------+
| Field | Type      | Null | Key | Default | Extra |
+-------+-----------+------+-----+---------+-------+
| q     | tinyint   | YES  |     | NULL    |       |
| w     | smallint  | YES  |     | NULL    |       |
| a     | mediumint | YES  |     | NULL    |       |
| s     | int       | YES  |     | NULL    |       |
| z     | bigint    | YES  |     | NULL    |       |
+-------+-----------+------+-----+---------+-------+
5 rows in set (0.03 sec)
```

图 2-3 执行结果

从图 2-3 可以看到，显示宽度只用于显示，并不能限制取值范围和存储空间，即 int（M）中，M 的值与 int（M）占用多少存储空间并无任何关系，如 int（3）、int（4）在磁盘上都占用 4 字节的存储空间。

不同的整数类型有不同的取值范围，并且占用不同的存储空间，因此，数据类型的选择需要根据实际情况做决定，这样有利于提高查询的效率，节省存储空间。

2. 日期和时间类型

MySQL 中有多种数据类型可以用于表示日期和时间，主要有 DATE、DATETIME、TIMESTAMP、TIME、YEAR，见表 2-3。

表 2-3 MySQL 中的日期和时间类型

日期和时间类型	字节	最小值	最大值
DATE	4	1000-01-01	9999-12-31
DATETIME	8	1000-01-01 00：00：00	9999-12-31 23：59：59
TIMESTAMP	4	1970-01-01 08：00：01	2038 年的某个时刻
TIME	3	-838：59：59	838：59：59
YEAR	1	1901	2155

这些数据类型的主要区别如下：

1）用来表示年月日时，通常用 DATE 来表示。

2）用来表示年月日时分秒时，通常用 DATETIME 来表示。

3）用来表示时分秒时，通常用 TIME 来表示。

4）需要经常插入或者更新日期为当前系统时间时，通常用 TIMESTAMP 来表示。

TIMESTAMP 值返回后显示为 YYYY-MM-DD HH：MM：SS 格式的字符串，显示宽度固定为 19 个字符。如果想要获得数字值，应在 TIMESTAMP 列添加 +0。

5）仅表示年份时，可以用 YEAR 来表示，它比 DATE 占用更少的空间。

每种类型有合法的取值范围，如果超出这个范围，在默认 SQLMode 下，系统会有错误提示，并将以零值插入数据库中，见表 2-4。

表 2-4　日期和时间类型的零值表示

日期和时间类型	零值表示
DATE	0000-00-00
DATETIME	0000-00-00 00：00：00
TIMESTAMP	0000-00-00 00：00：00
TIME	00：00：00
YEAR	0000

DATE、TIME 和 DATETIME 是最常用的 3 种日期和时间类型。下面在 3 种类型的字段中插入相同的日期，以对比 3 种类型的显示结果。

【第一步】创建表 te，字段分别是 TIME、DATE、DATETIME 日期和时间类型，如图 2-4 所示。

【第二步】使用 now（）函数插入当前的日期，如图 2-5 所示。

【第三步】使用 select 命令查看结果，如图 2-6 所示。

```
mysql> create table te(t TIME, d DATE, dm DATETIME);
Query OK, 0 rows affected (0.17 sec)

mysql> desc te;
+-------+----------+------+-----+---------+-------+
| Field | Type     | Null | Key | Default | Extra |
+-------+----------+------+-----+---------+-------+
| t     | time     | YES  |     | NULL    |       |
| d     | date     | YES  |     | NULL    |       |
| dm    | datetime | YES  |     | NULL    |       |
+-------+----------+------+-----+---------+-------+
3 rows in set (0.05 sec)
```

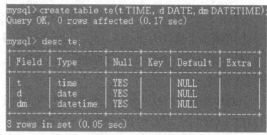

图 2-4　创建表 te

从图 2-6 可以看到，DATETIME 是 DATE 和 TIME 的组合结果。使用者可以根据不同的项目需求来选择不同的日期或时间类型。

```
mysql> insert into te values(now(),now(),now());
Query OK, 1 row affected, 1 warning (0.05 sec)

mysql> _
```

图 2-5　使用 now（）函数

```
mysql> select * from te;
+----------+------------+---------------------+
| t        | d          | dm                  |
+----------+------------+---------------------+
| 11:47:43 | 2022-03-22 | 2022-03-22 11:47:43 |
+----------+------------+---------------------+
1 row in set (0.01 sec)

mysql> _
```

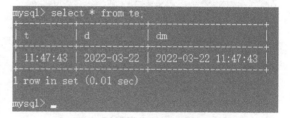

图 2-6　使用 select 命令查看结果

TIMESTAMP 也是用来表示日期类型的，其显示格式与 DATETIME 相同，显示宽度固定在 19 个字符，日期格式为 YYYY-MM-DD HH：MM：SS，在存储时占用 4 字节。但是，TIMESTAMP 的取值范围小于 DATETIME 的取值范围，为 1970-01-01 00：00：01 UTC ~ 2038-01-19 03：14：07 UTC，其中，UTC（Coordinated Universal Time）为世界标准时间，在插入数据时，要保证其在合法的取值范围内。

TIMESTAMP 还有一个重要特点，就是与时区相关。当插入日期时，会先转换为本地时区后再存放；而从数据库取出时，也是需要将日期转换为本地时区后再显示。如此，两个不同时区的用户在看到同一个日期时可能是不同的。下面用一个例子来演示。

【第一步】创建表 t1，包含字段 id1（TIMESTAMP）和 id2（DATETIME），如图 2-7 所示。

```
mysql> create table t1(id1 TIMESTAMP NOT NULL default CURRENT_TIMESTAMP, id2 DATETIME default NULL);
```

图 2-7　创建表 t1

【第二步】查看时区，如图 2-8 所示。时区显示结果为“SYSTEM”，该值默认与主机的时区值一致，所以这里的“SYSTEM”实际是东八区（+8：00）。

【第三步】使用 now（ ）函数插入当前日期，如图 2-9 所示。

```
mysql> show variables like 'time_zone';
+---------------+--------+
| Variable_name | Value  |
+---------------+--------+
| time_zone     | SYSTEM |
+---------------+--------+
1 row in set, 1 warning (0.11 sec)
```

图 2-8　查看时区

```
mysql> insert into t1 values(now(),now());
Query OK, 1 row affected (0.00 sec)

mysql> select * from t1;
+---------------------+---------------------+
| id1                 | id2                 |
+---------------------+---------------------+
| 2022-03-22 15:05:57 | 2022-03-22 15:05:57 |
+---------------------+---------------------+
1 row in set (0.00 sec)
```

图 2-9　使用 now（ ）函数

从图 2-9 可以看出，时区 id1 和 id2 的值完全相同。

【第四步】修改时区为东九区，再次查看日期，如图 2-10 所示。

结果显示 id1 比 id2 的日期快了 1 个小时，若还是以 2022-03-22 15：05：57 理解时间必然会导致误差。

TIMESTAMP 不适合存放久远日期，图 2-11 所示为正确的取值范围测试。若超出了 TIMESTAMP 的下限 1970-01-01 08：00：01，系统会出现错误提示。

如图 2-12 所示是 TIMESTAMP 的上限值测试。

```
mysql> set time_zone='+9:00';
Query OK, 0 rows affected (0.00 sec)

mysql> select * from t1;
+---------------------+---------------------+
| id1                 | id2                 |
+---------------------+---------------------+
| 2022-03-22 16:05:57 | 2022-03-22 15:05:57 |
+---------------------+---------------------+
1 row in set (0.00 sec)
```

图 2-10　查看日期

```
mysql> create table tm(id1 TIMESTAMP);
Query OK, 0 rows affected (0.06 sec)

mysql> insert into tm values(19700101080001);
Query OK, 1 row affected (0.06 sec)

mysql> select * from tm;
+---------------------+
| id1                 |
+---------------------+
| 1970-01-01 08:00:01 |
+---------------------+
1 row in set (0.00 sec)
```

图 2-11　正确的取值范围测试

```
mysql> insert into tm values('2038-01-19 11:14:07');
Query OK, 1 row affected (0.00 sec)

mysql> select * from tm;
+---------------------+
| id1                 |
+---------------------+
| 1970-01-01 08:00:01 |
| 1970-01-01 08:00:02 |
| 2038-01-19 11:14:07 |
+---------------------+
3 rows in set (0.00 sec)

mysql> insert into tm values('2038-01-19 11:14:08');
ERROR 1292 (22007): Incorrect datetime value: '2038-01-19 11:14:08' for column 'id1' at row 1
mysql> select * from tm;
+---------------------+
| id1                 |
+---------------------+
| 1970-01-01 08:00:01 |
| 1970-01-01 08:00:02 |
| 2038-01-19 11:14:07 |
+---------------------+
3 rows in set (0.00 sec)
```

图 2-12　TIMESTAMP 上限值测试

TIMESTAMP 和 DATETIME 主要有以下几个方面的不同：

1）TIMESTAMP 的时间范围较小，取值范围从 1970-01-01 08：00：01 到 2038 年的某个时刻；而 DATETIME 是从 1000-01-01 00：00：00 到 9999-12-31 23：59：59，范围更大。

2）表中的第一个 TIMESTAMP 列自动设置为系统时间。如果在一个 TIMESTAMP 列中插入 NULL，则该列值将自动设置为当前的日期和时间。在插入或更新一行但不明确给 TIMESTAMP 列赋值时，也会自动设置该列的值为当前的日期和时间。当插入的值超出取值范围时，MySQL 认为该值溢出，使用 0000-00-00 00：00：00 进行填补。

3）TIMESTAMP 的插入和查询都受当地时区的影响，能够反映出实际的日期；而 DATETIME 则只能反映出插入时当地的时区，其他时区的人查看数据必然会有误差。

4）TIMESTAMP 的属性受 MySQL 版本和服务器 SQLMode 的影响很大，这里都是以 MySQL8 为例进行介绍的，在不同的版本下可以参考相应的 MySQL 帮助文档。

YEAR 类型主要是表示年份，在存储时只占用 1 字节。若应用需要记录年份，使用 YEAR 比 DATE 将更节省存储空间。下面的例子定义了一个 YEAR 类型字段，并插入了一条记录，如图 2-13 所示。

```
mysql> desc ya;
+-------+------+------+-----+---------+-------+
| Field | Type | Null | Key | Default | Extra |
+-------+------+------+-----+---------+-------+
| y     | year | YES  |     | NULL    |       |
+-------+------+------+-----+---------+-------+
1 row in set (0.03 sec)

mysql> insert into ya values(2022);
Query OK, 1 row affected (0.02 sec)

mysql> select * from ya;
+------+
| y    |
+------+
| 2022 |
+------+
1 row in set (0.00 sec)
```

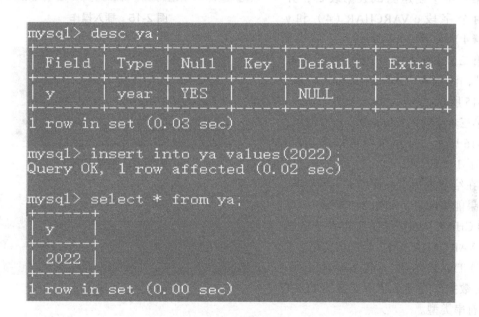

图 2-13　插入记录

MySQL 以 YYYY 格式检索和显示 YEAR 值，取值范围是 1901~2155。

2 位整数范围与 2 位字符串范围稍有不同。例如插入 2020 年，用户可能使用数字格式的 0 表示 YEAR，实际插入数据库中的值为 0000，而不是 2020。只有使用字符串的格式 0 或 00，才能被正确地解读为 2020。对于非法的 YEAR 值将被转换为 0000。

3. 字符串类型

字符串类型可以存储字符串数据，也可以存储其他数据。MySQL 中提供了多种对字符数据的存储类型，在不同的 MySQL 版本中有所差异。以 MySQL8 为例，其包括了 CHAR（M）、VARCHAR（M）、TINYTEXT、TEXT、MEDIUMTEXT、LONGTEXT、BINARY（M）、VARBINARY（M）、ENUM 和 SET 等多种字符串类型。

（1）CHAR（M）和 VARCHAR（M）类型　CHAR（M）和 VARCHAR（M）很类似，用

来保存 MySQL 中较短的字符串。表 2-5 列出了 MySQL 数据库管理系统所支持的 CHAR 系列字符串类型。

表 2-5 CHAR 系列字符串类型

字符串类型	字节	描述
CHAR（M）	M	M 为 0~255 之间的整数
VARCHAR（M）	M	M 为 0~65535 之间的整数

CHAR（M）的字节数是 M，例如，CHAR（6）的数据类型为 CHAR，最大长度为 6 字节，长度可以为 0~255 的任何值。VARCHAR（M）列中的值是可变长字符串，其长度范围为 0~65535。两者的区别在于，检索时，CHAR（M）列会删除尾部空格，而 VARCHAR（M）会保留空格。下面通过一个例子来演示两者的区别。

【第一步】创建测试数据表 ca，并定义两个字段 c VARCHAR（4）和 v CHAR（4），如图 2-14 所示。

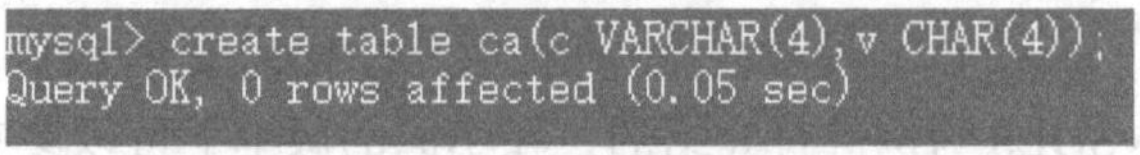

图 2-14 创建表 ca

【第二步】向 c 和 v 中插入字符串数据“zb”，注意在“zb”后面加入空格，如图 2-15 所示。

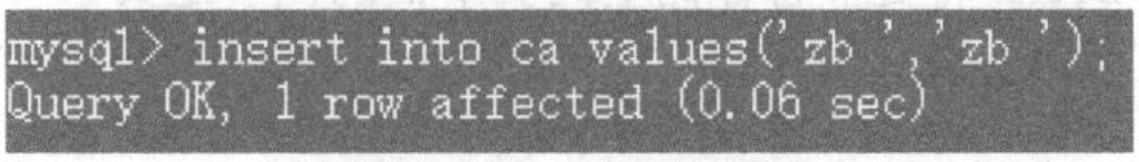

图 2-15 插入操作

【第三步】使用 select 命令查看结果，如图 2-16 所示。从结果中可以看到，c 比 v 多了 1 个长度。

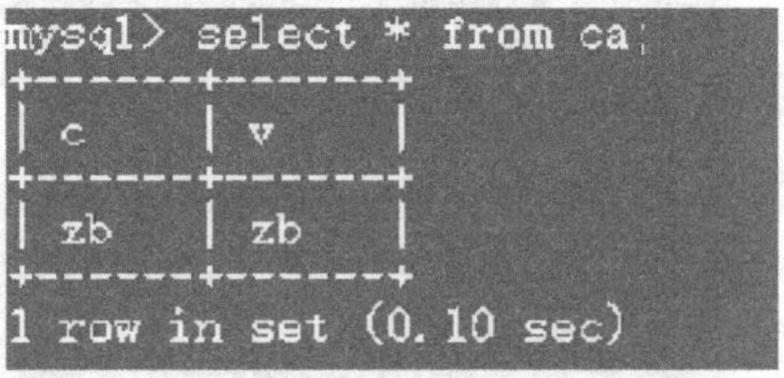

图 2-16 查看结果

现在给数据加上一个“+”字符串，这样结果能更明显，如图 2-17 所示。可以看到 CHAR（M）列会自动将空格删除，而 VARCAHR（M）会保留空格。

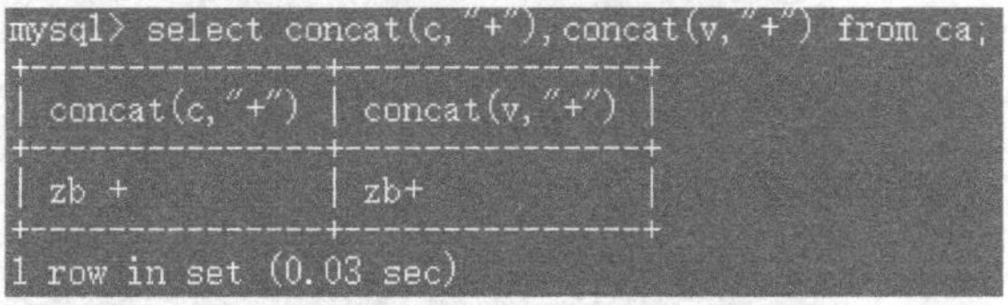

图 2-17 比较结果

（2）TEXT 类型　表 2-6 列出了 MySQL 数据库管理系统所支持的 TEXT 系列字符串类型。

表 2-6 TEXT 系列字符串类型

字符串类型	描　述
TINYTEXT	允许存储长度 0~255 字节，值长度 +2 个字节
TEXT	允许存储长度 0~65535 字节，值长度 +2 个字节
MEDIUMTEXT	允许存储长度 0~167772150 字节，值长度 +3 个字节
LONGTEXT	允许存储长度 0~4294967295 字节，值长度 +4 个字节

表 2-6 中，各种字符串类型允许的存储长度不同，TINYTEXT 字符串允许存储长度最小，LONGTEXT 字符串允许存储长度最大。

在实际运用中，如果要存储大量的字符串数据，可以选择 TEXT 系列字符串类型。

（3）BINARY（M）和 VARBINARY（M）类型　表 2-7 列出了 MySQL 数据库管理系统所支持的 BINARY 系列字符串类型。

表 2-7　BINARY 系列字符串类型

字符串类型	字节	描　述
BINARY（M）	M	允许长度 0~M 个字节的定长字节字符串
VARBINARY（M）	M	允许长度 0~M 个字节的变长字节字符串

BINARY（M）和 VARBINARY（M）与 CHAR（M）和 VARCHAR（M）相似，不同的是，前者可以存储二进制数据（如图片、音乐或视频文件），后者只能存储字符数据。

在使用时，如果只需要存储少量的二进制数据，可以选择 BINARY（M）和 VARBINARY（M）类型。在具体实践项目中，需要根据项目需求来制订具体的选择方案，如存储的二进制数据类型经常发生变化，可以选择 VARBINARY（M）类型。

（4）ENUM 类型　ENUM 称为枚举类型，它的范围需要在创建表时通过枚举方式显式指定。对 1~255 个成员的枚举，需要 1 个字节存储；对于 255~65535 个成员，则需要 2 个字节存储。最多可以运行 65535 个成员。下面通过一个测试来查看 ENUM 的使用方法。

【第一步】创建测试表 m，定义 gender 字段为 ENUM 类型，成员为“P”和“L”，如图 2-18 所示。

```
mysql> create table m(gender ENUM("P","L"));
Query OK, 0 rows affected (0.18 sec)
```

图 2-18　创建表 m

【第二步】往表中插入数据，如图 2-19 所示。查询结果如图 2-20 所示。

```
mysql> insert into m values("P"),("l");
Query OK, 2 rows affected (0.07 sec)
Records: 2  Duplicates: 0  Warnings: 0

mysql> select * from m;
+--------+
| gender |
+--------+
| P      |
| L      |
+--------+
2 rows in set (0.00 sec)
```

图 2-19　插入数据

```
mysql> insert into m values("P"),("l"),(NULL);
Query OK, 3 rows affected (0.01 sec)
Records: 3  Duplicates: 0  Warnings: 0

mysql> select * from m;
+--------+
| gender |
+--------+
| P      |
| L      |
| P      |
| L      |
| NULL   |
+--------+
5 rows in set (0.00 sec)
```

图 2-20　查询结果

从结果中可以看到，ENUM 类型是忽略大小写的，存储“l”的时候将它们都转为了大写。

（5）SET 类型　SET 和 ENUM 类型类似，是一个字符串对象，可以包含 0~64 个成员。其存储所占字节根据成员的不同而变化。

1）1~8 成员集合，占 1 个字节。

2）9~16 成员集合，占 2 个字节。

3）17~24 成员集合，占 3 个字节。

4）25~32 成员集合，占 4 个字节。

5）33~64 成员集合，占 8 个字节。

SET 类型一次可以选择多个成员，而 ENUM 只能选一个。下面通过一个例子进行数据的插入。

【第一步】创建表 se，设定字段 col 为 SET 类型，并设定成员，如图 2-21 所示。

【第二步】插入数据并查询结果，如图 2-22 所示。

SET 类型允许一个或多个成员的组合。从图 2-22 中可以看到，对于（“z，b，z”）这样包含重复数据的值，在取值的时候只取了一次，写入的结果为“z，b”。

```
mysql> create table se(col SET("z","c","v","b"));
Query OK, 0 rows affected (0.10 sec)
```

图 2-21　创建表 se

```
mysql> insert into se values("z,v"),("z,b"),("z"),("z,b,z");
Query OK, 4 rows affected (0.01 sec)
Records: 4  Duplicates: 0  Warnings: 0

mysql> select * from se;
+-------+
| col   |
+-------+
| z,v   |
| z,b   |
| z     |
| z,b   |
+-------+
4 rows in set (0.00 sec)
```

图 2-22　查询表 se

任务总结

本任务重点介绍了 MySQL 提供的几种主要的存储引擎及其使用、特性，以及如何根据应用的需要选择合适的存储引擎。这些提供的存储引擎有各自的优势和适用的场合，正确地选择存储引擎对改善应用的效率可以起到事半功倍的效果。正确地选择了存储引擎之后，还需要正确选择表中的数据类型，完成数据的存储。

任务二　MySQL 的安装

任务描述

下载 MySQL8 版本，并在个人计算机上进行安装。

任务分析

MySQL 是一个跨平台的开源关系型数据库管理系统，能够支持 Linux、Windows NT、UNIX 等多种平台。本任务将结合 Windows 10 操作系统，使用图形化的安装包方式，通过向导一步一步地完成 MySQL 的安装。

任务实现

一、下载 MySQL 安装文件

下载 MySQL 安装文件，具体操作步骤如下：

1）打开网页浏览器，在地址栏中输入网址 https://dev.mysql.com/downloads/mysql/，打开 MySQL Community Downloads 页面。选择“Microsoft Windows”平台，根据自己的操作系统选择 32 位或 64 位的图形化安装包。如图 2-23 所示，本书选择 32 位的“Windows（x86，32-bit），MSI Installer”，然后单击“Download”按钮。

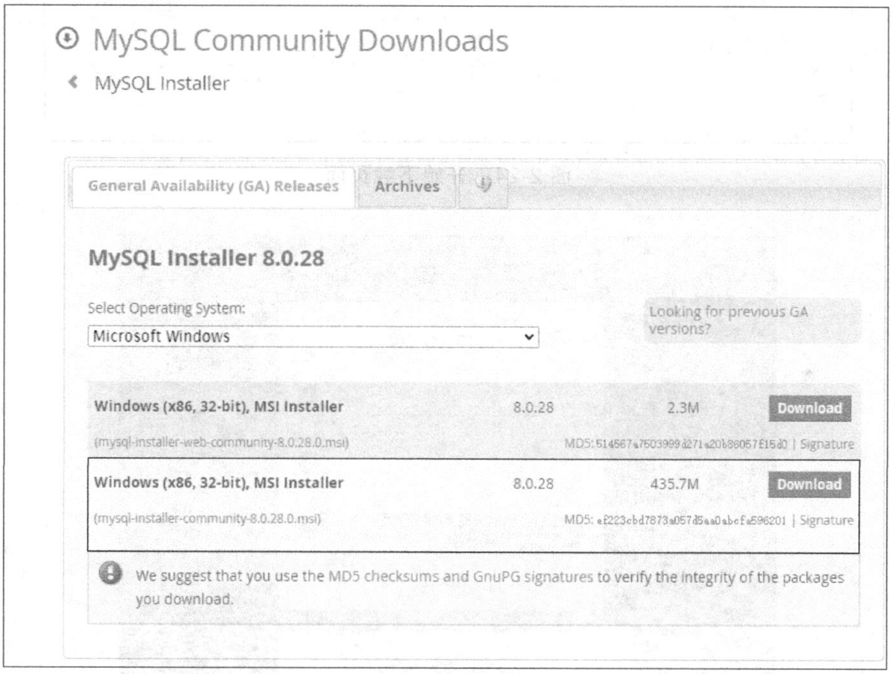

图 2-23　选择安装包

2）在弹出的页面中，单击下方的“No thanks，just start my download.”超链接，跳过注册步骤直接下载，如图 2-24 所示。也可以单击“Login”按钮，在弹出的用户登录页面中输入用户名和密码，然后单击“登录”按钮，如图 2-25 所示。若没有用户名和密码，可通过单击“Sign Up”按钮注册后再下载。

二、安装 MySQL8

MySQL 图形化安装包下载完成后，找到下载文件，双击进行安装，具体操作步骤如下：

1）双击下载的“mysql-installer-community-8.0.28.0”文件，如图 2-26 所示。

2）弹出“你要允许此应用对你的设备进行更改吗？”窗口，单击“是”按钮，如图 2-27 所示。

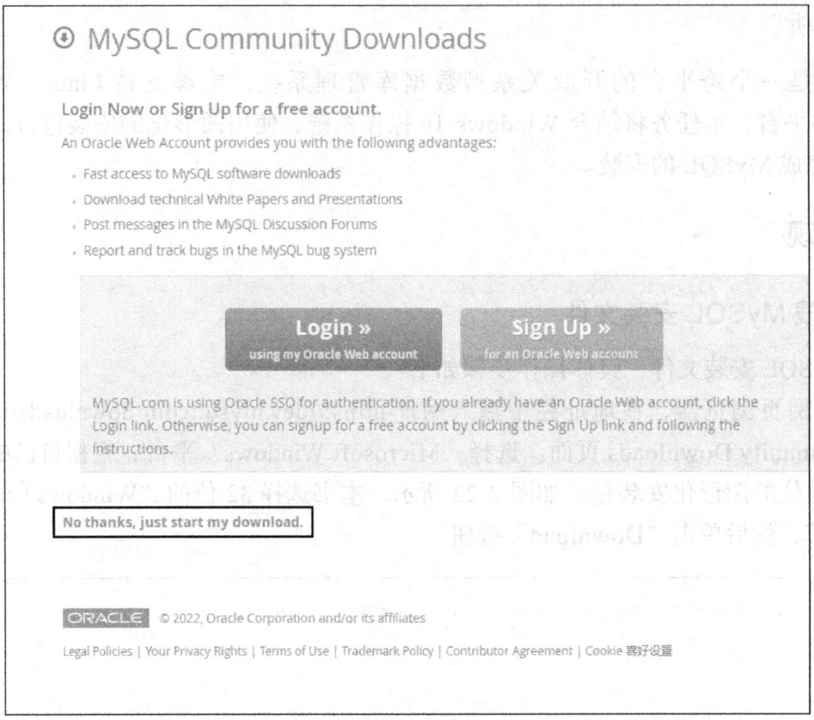

图 2-24　开始下载页面

图 2-25　用户登录页面

图 2-26　MySQL 安装文件

3）弹出“Choosing a Setup Type”窗口，如图 2-28 所示，其中列出了 5 种安装类型，分别为 Developer Default（默认安装类型）、Server only（仅作为服务器）、Client only（仅作为客户端）、Full（完全安装）和 Custom（自定义安装类型）。本书选择“Developer Default”安装类型，单击“Next”按钮。

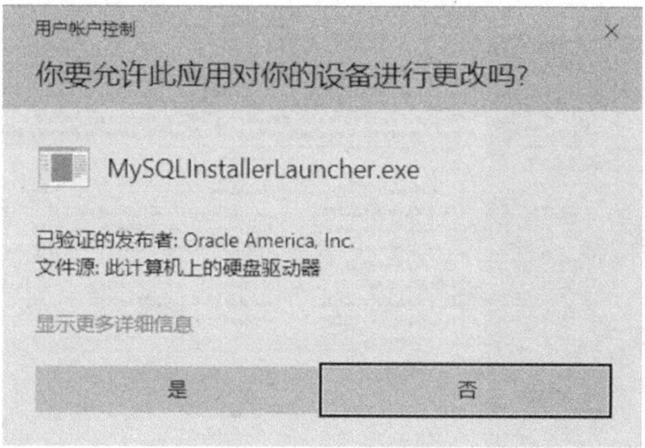

图 2-27　允许更改设备

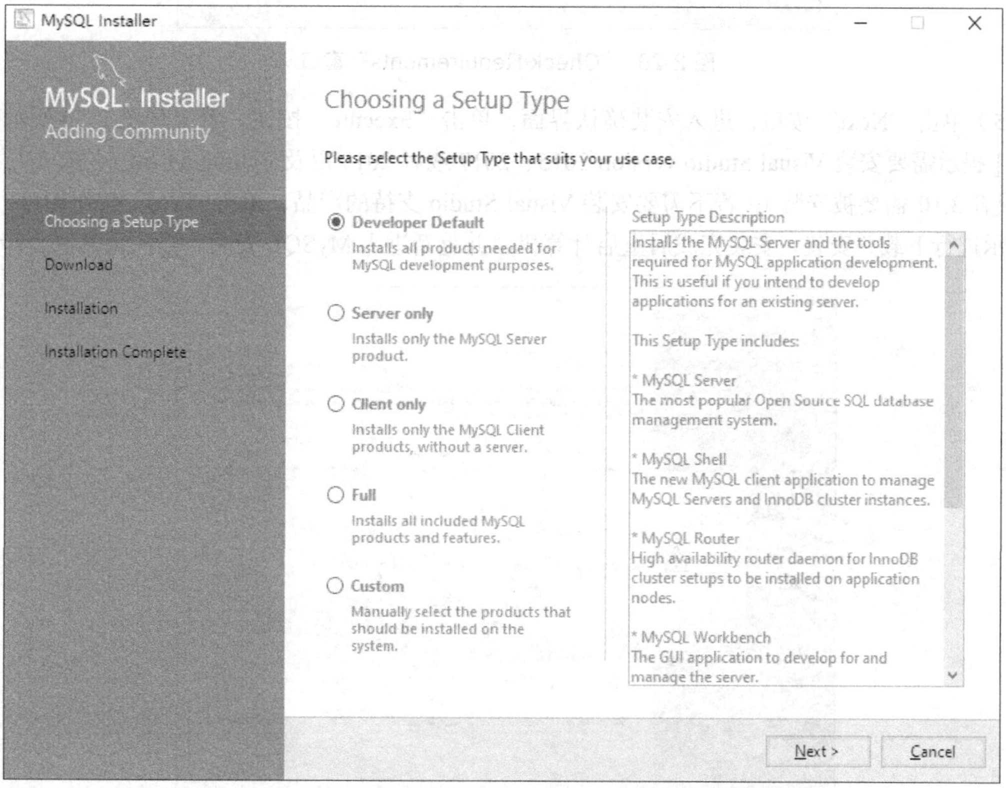

图 2-28　选择安装类型

◆　Developer Default：安装 MySQL 应用所需的工具。工具包含开发和管理服务器的 GUI 工作台、访问数据库的 Excel 插件、与 Visual Studio 集成开发的插件、通过 NET/Java/C/C++/OBDC 等访问数据的连接器、例子和教程、开发文档。

◆　Server only：仅安装 MySQL 服务器，适用于部署 MySQL 服务器。

◆　Client only：仅安装客户端，适用于基于已存在的 MySQL 服务器进行 MySQL 应用开发的情况。

◆　Full：安装 MySQL 所有可用组件。

◆　Custom：自定义需要安装的组件。

4）弹出“Check Requirements”窗口，自动检测需要安装的产品，如图 2-29 所示。

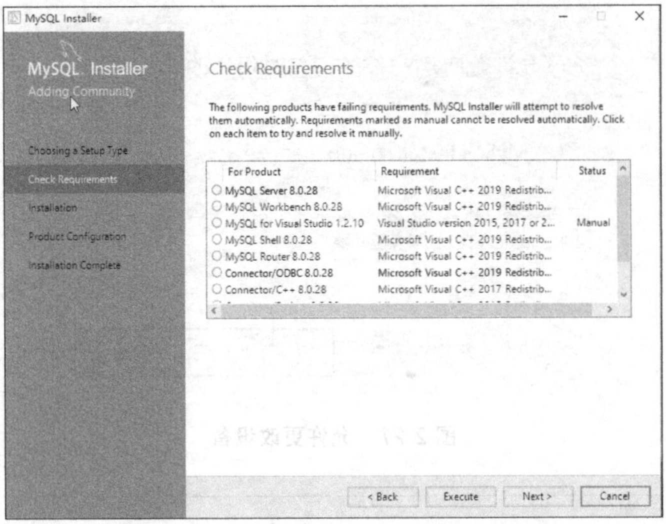

图 2-29 “Check Requirements”窗口

5）单击“Next”按钮，进入安装确认界面，单击“Execute”按钮。若出现图 2-30 所示的对话框 [提示需要安装 Visual Studio version 2015、2017 或者 2019 以及 Python 64-bit（3.6，3.7，3.8，3.9 或者 3.10 需要被安装）；若不需要安装 Visual Studio 支持的产品，单击“Yes”按钮即可]，根据提示进行下载并安装。安装完成后重启计算机，并重新进入 MySQL 安装，然后重复以上步骤。

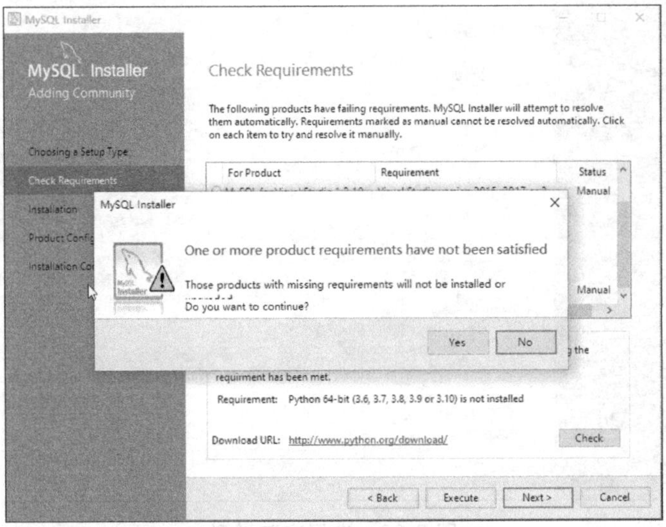

图 2-30 程序安装提示

6）弹出“Installation”窗口，如图 2-31 所示，单击“Execute”按钮，开始安装程序。所有 Product 的 Status 显示为 Complete 后，单击“Next”按钮，安装向导过程中所做的设置将在安装完成后生效，如图 2-32 所示。

三、配置 MySQL8

MySQL 安装完成后，需要对服务器进行配置。具体配置步骤如下：

1）在 Installation 完成后，单击“Next”按钮，进入 Product Configuration 窗口，如图 2-33 所示。

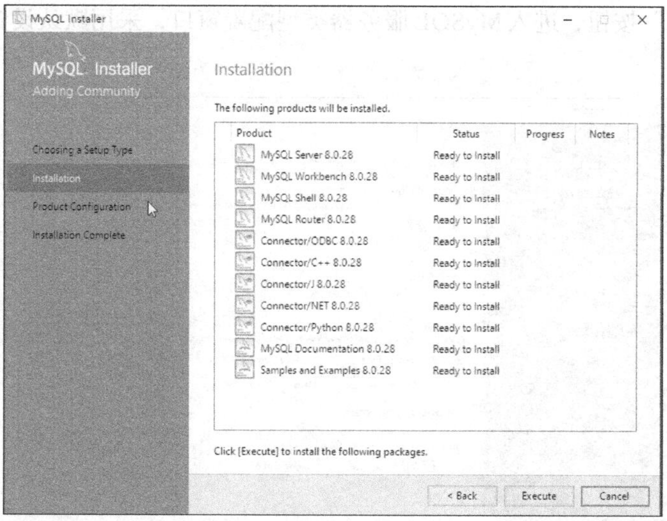

图 2-31　准备安装窗口

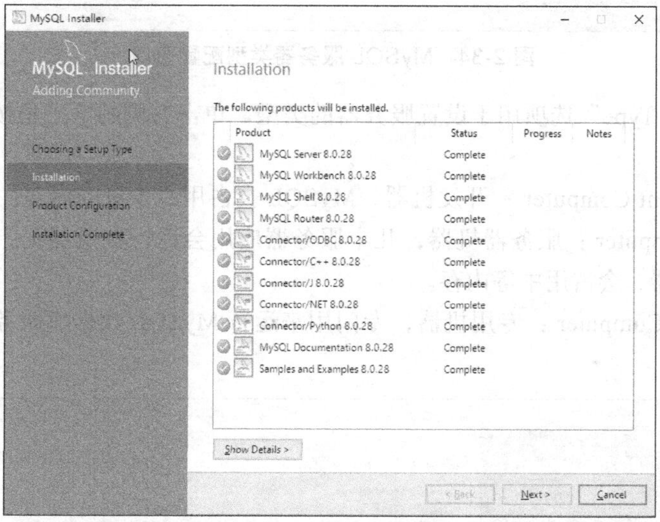

图 2-32　安装完成窗口

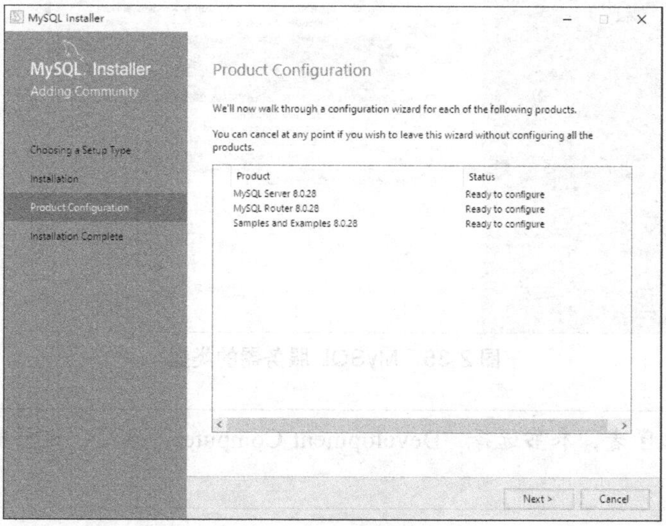

图 2-33　产品配置窗口

2）单击“Next”按钮，进入MySQL服务器类型配置窗口，采用默认设置，如图2-34所示。

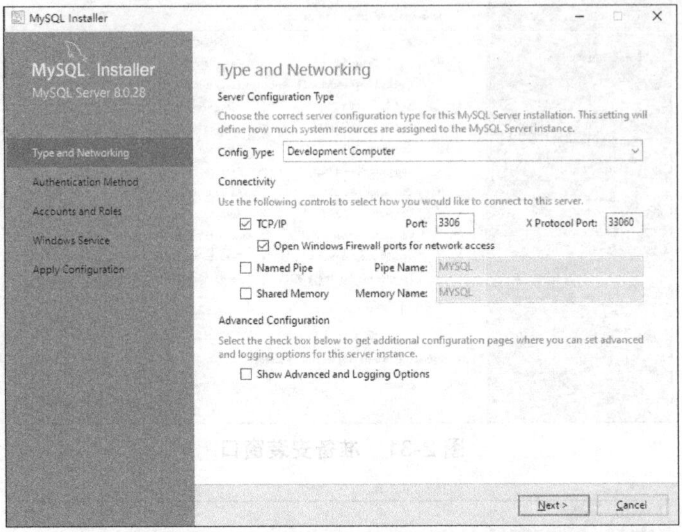

图2-34　MySQL服务器类型配置窗口

注意，“Config Type”选项用于设置服务器的类型。单击右侧的下三角按钮，会弹出3个选项，如图2-35所示。

◆ Development Computer：开发机器，MySQL会占用最少量的内存。

◆ Server Computer：服务器机器，几个服务器应用会运行在机器上，适用于作为网站或应用的数据库服务器，会占用中等内存。

◆ Dedicated Computer：专用机器，专门用来运行MySQL数据库服务器，会占用机器的所有可用内存。

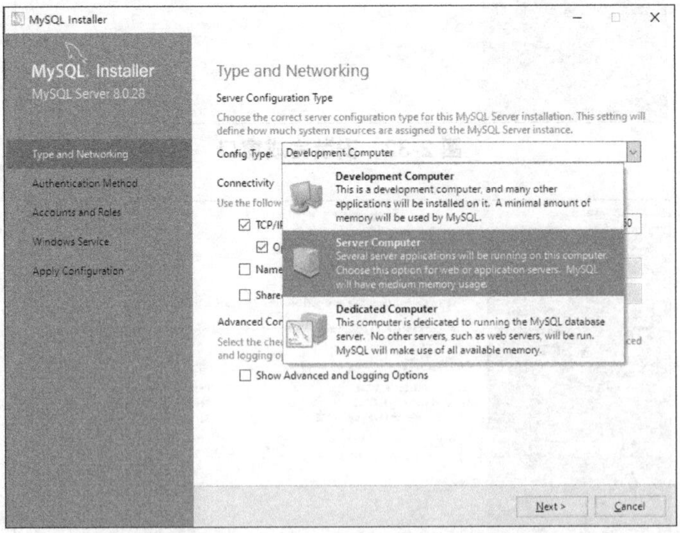

图2-35　MySQL服务器的类型

> **提示：**作为初学者，本书选择“Development Computer”选项，这样能够较少地占用系统资源。

3）单击“Next”按钮，弹出“Authentication Method”窗口。其中，第一个选项的含义是MySQL8 提供的新授权方式，即采用 SHA256 基础的密码加密方式；第二个选项的含义是传统授权方式。本书选择第二个选项，单击“Next”按钮，如图 2-36 所示。

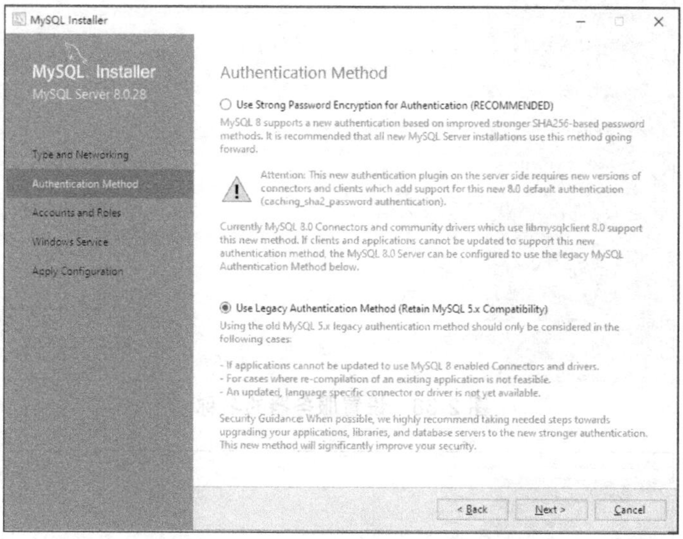

图 2-36　MySQL 服务器的授权方式

4）弹出“Accounts and Roles”窗口，输入两次相同的登录密码后，单击“Next”按钮，如图 2-37 所示。

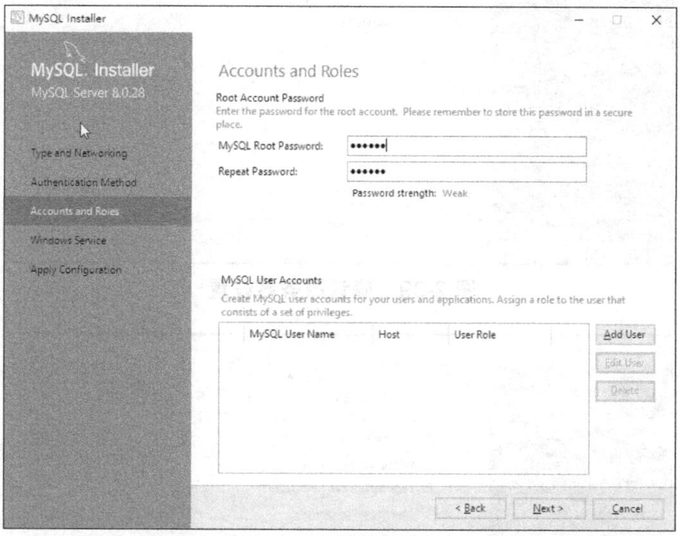

图 2-37　设置服务器的登录密码

注意： 系统默认的用户名为 root。

5）弹出“Windows Service”窗口，设置服务器名称为“MySQL”，单击“Next”按钮，如图 2-38 所示。

弹出“Apply Configuration”窗口，单击“Execute”按钮，如图 2-39 所示。

系统自动配置完 MySQL 服务器后，单击“Finish”按钮，如图 2-40 所示。到此完成了 MySQL 服务器的所有配置。

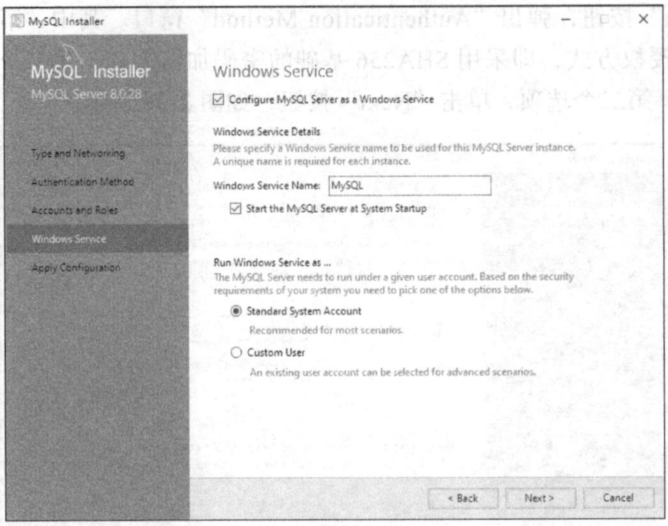

图 2-38　设置服务器的名称

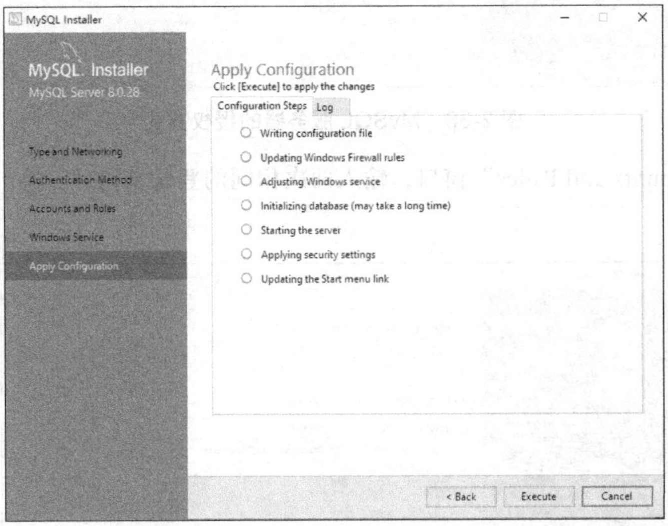

图 2-39　确认服务器设置

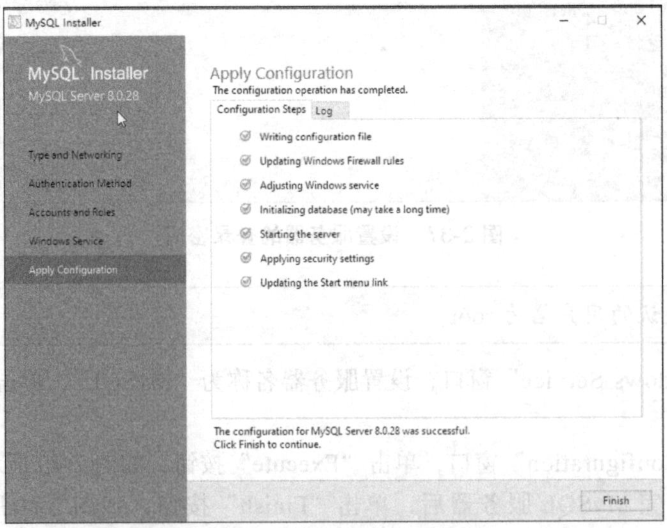

图 2-40　服务器配置完成

弹出“Connect To Server”窗口，在“User name”中输入用户名，在“Password”中输入密码，如图 2-41 所示。MySQL 数据库安装完成后，即可使用该用户名和密码登录数据库。单击“Next”按钮。

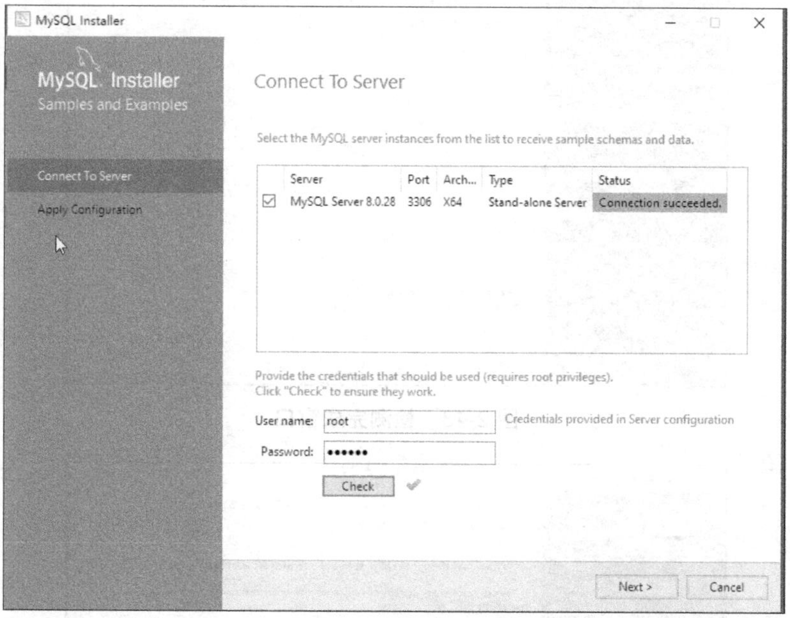

图 2-41　连接服务器测试

弹出“Apply Configuration”窗口，单击“Execute”按钮，如图 2-42 所示。全部检测完成后，单击“Finish”按钮，如图 2-43 所示。

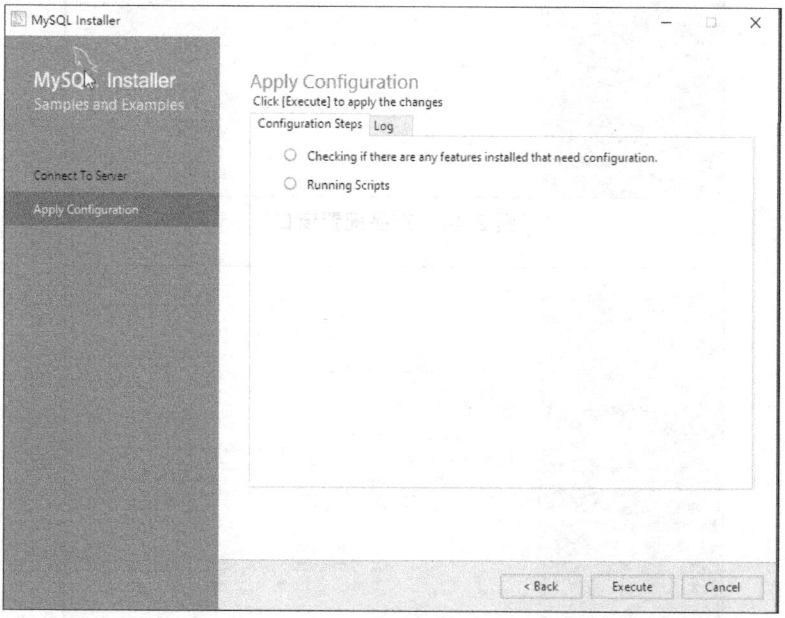

图 2-42　应用配置检测窗口

弹出“Product Configuration”窗口，如图 2-44 所示，单击“Next”按钮。

弹出“Installation Complete”窗口，单击“Finish”按钮，完成 MySQL 的安装，如图 2-45 所示。

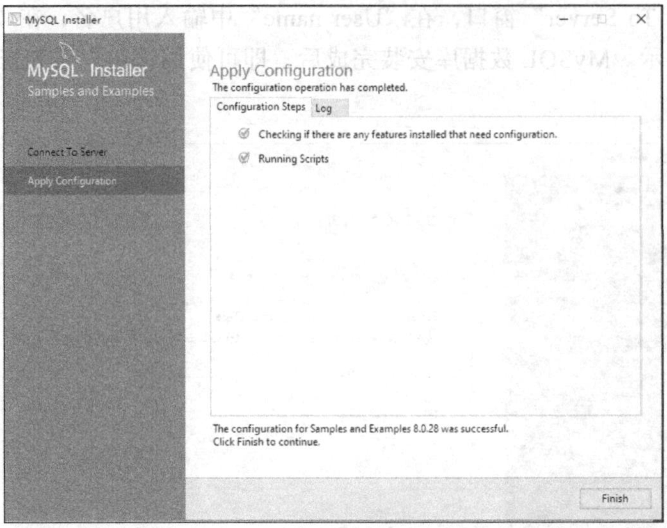

图 2-43　检测完成窗口

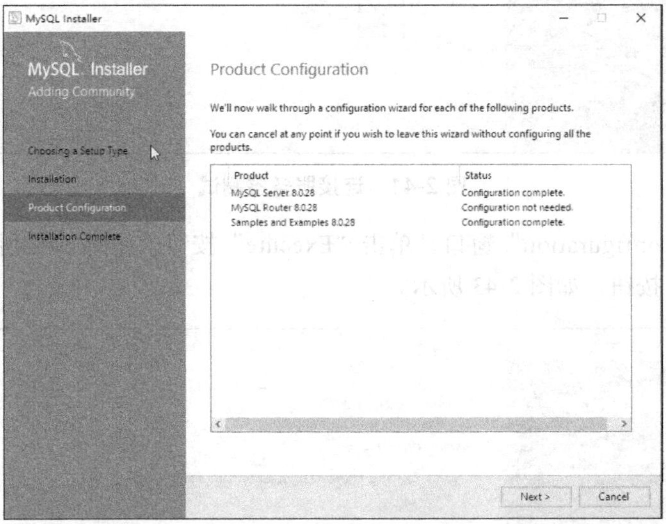

图 2-44　产品配置窗口

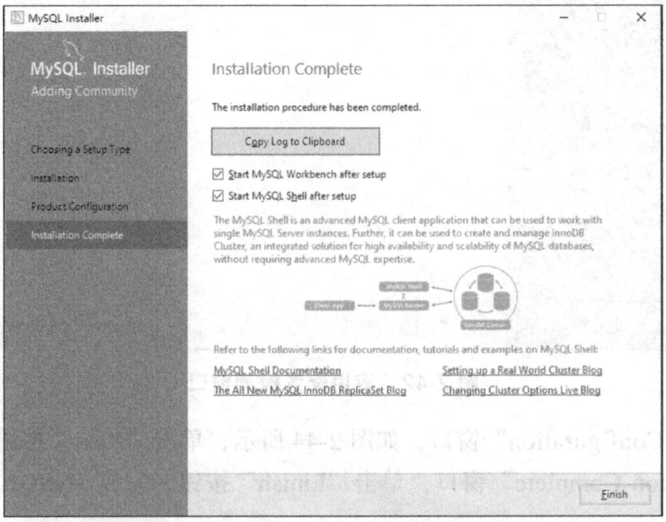

图 2-45　安装完成窗口

6）按键盘上的 <Win+R> 组合键，打开“运行”对话框，输入“services.msc”，如图 2-46 所示。单击“确定”按钮，进入“服务”窗口并找到以 M 开头的 MySQL 程序，可以看到 MySQL 服务器已经启动并运行，如图 2-47 所示。

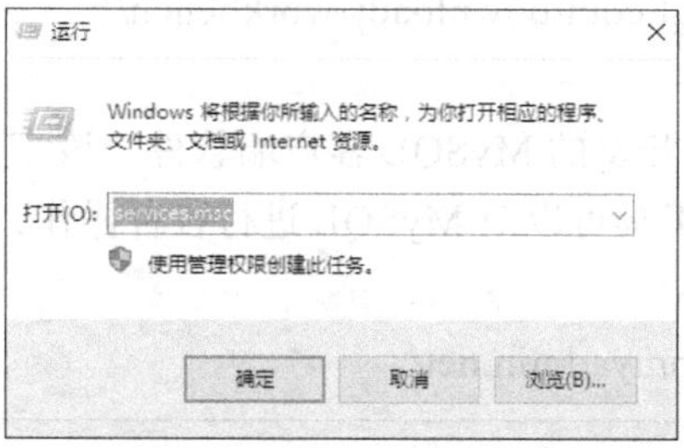

图 2-46 “运行”对话框

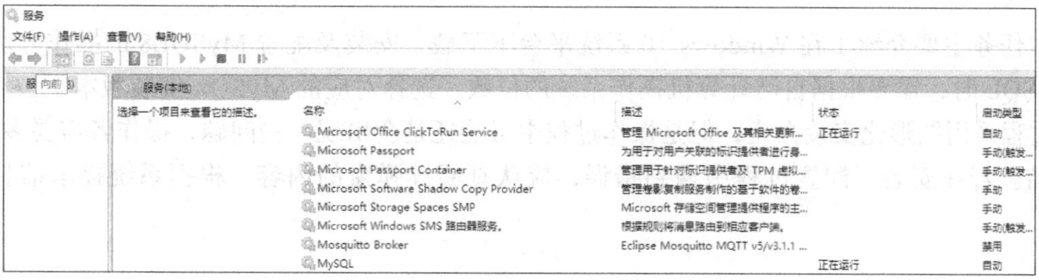

图 2-47 “服务”窗口

完成上述安装后，弹出“Apply Configuration”窗口，单击“Execute”按钮，进入“Connect To Server”界面，输入设置的密码，单击“Check”按钮，检查是否可以连接，如图 2-41 所示，继续单击“Next”按钮。

四、可视化图形管理工具介绍

MySQL 可视化图形管理工具可以极大地方便数据库的操作与管理。常用的可视化图形管理工具有 MySQL Workbench、phpMyAdmin、Navicat、SQLyog 和 MySQL ODBC Connector。其中，phpMyAdmin、Navicat、SQLyog 提供中文的操作界面。下面介绍几种常用的可视化图形管理工具。

1. Navicat

Navicat 是一个强大的 MySQL 数据库服务器管理和开发工具。它可以用来对本机或远程的 MySQL、SQL、Server、Oracle 及 PostgreSQL 数据库进行管理及开发，支持触发器、存储过程、函数、事件、视图、管理用户等，对于新手来说易学易用。

Navicat 是以直觉化的图形用户界面而建的，让用户可以以安全且简单的方式创建、组织、访问并共用信息。

下载地址：https://www.navicat.com.cn。

2. SQLyog

SQLyog 是一个易于使用的、快速而简洁的图形化管理 MySQL 数据库的工具，它能够在任何地点有效地管理数据库。

下载地址：https://webyog.com。

3. MySQL Workbench

MySQL Workbench 是 MySQL AB 发布的专为 MySQL 设计的 ER/ 数据库图形化建模工具。MySQL Workbench 完全支持 MySQL 5.0 以上版本。

下载地址：https://dev.mysql.com/downloads/workbench/。

4. phpMyAdmin

phpMyAdmin 是采用 PHP 开发的 MySQL 客户端软件。该工具是基于 Web 跨平台的管理程序，并支持简体中文。通过该工具可以对 MySQL 进行各种操作，如创建数据库、数据表和生成 MySQL 数据库脚本文件。

下载地址：https://www.phpmyadmin.net/。

> **注意：**本书采用 Navicat 可视化图形管理工具。

任务总结

本任务主要介绍了在 Windows 10 系统平台下下载、安装及配置 MySQL8 的操作方法。选择 MySQL 时，需要根据自己计算机操作系统的位数，选择对应的 MySQL 安装版本。虽然整个安装过程采用图形化安装方式，但是操作过程中可能还是会出现一些问题，操作者需要多实践、多总结。若在安装、配置过程中遇到错误，应认真阅读弹窗的内容，根据系统提示信息解决问题。

任务三　MySQL 的基本操作

任务描述

MySQL 安装完毕之后，需要以管理员身份启动服务器，不然客户端无法连接到数据库。客户端通过命令行工具登录 MySQL 数据库。

任务分析

对 MySQL 数据库进行管理需要经过几个步骤。首先，数据库用户需要对 MySQL 服务器进行启动，MySQL 服务器接收到连接信息后，对连接信息进行身份认证，身份认证后建立 MySQL 客户端和 MySQL 服务器之间的通信链路，继而 MySQL 客户端才可以享受 MySQL 提供的数据服务。

1）登录主机：访问源来自哪里。

2）用户名和密码：访问身份验证。

3）MySQL 服务器主机名或 IP 地址：访问数据库地址，当 MySQL 客户端和 MySQL 服务器是同一台主机时，可以使用 localhost 或者 IP 地址 127.0.0.1。

4）端口号：如果 MySQL 使用的是 3306 之外的端口号，则在连接数据库时，客户端需要填写对应的端口号。

基于上述分析，服务器的启动和停止必须进行管理员身份的核实，客户端登录 MySQL 数据库也必须核实身份的合法性。

任务实现

一、在 Windows 的服务器界面查看、启动、停止 MySQL 服务器

在 Windows 系统下安装 MySQL 数据库时，如果勾选了“Start the MySQL Server at System StartUp”复选框，即选择了开机启动 MySQL 服务器，Windows 开机后会自动启动 MySQL 服务器。

1）使用组合键 <Win + R>，打开“运行”对话框并输入“services.msc”，按下 <Enter> 键确认，如图 2-48 所示。

2）打开 Windows 的“服务”窗口，在其中可以看到名称为“MySQL”的服务器，其右边的状态显示“正在运行”，“启动类型”为“自动”，表明该服务器已经启动，如图 2-49 所示。由于设置了 MySQL 为自动启动，在这里可以看到服务器已经启动，而且“启动类型”为“自动”。如果没有“正在运行”字样，说明 MySQL 服务器未启动。

在“MySQL”上右击，可实现对 MySQL 服务器的停止、暂停、重新启动等操作，如图 2-50 所示。也可以使用组合键 <Win + R>，打开“运行”对话框并输入“cmd”，按下 <Enter> 键确认，打开命令窗口，如图 2-51 所示。输入“net start MySQL”，按下 <Enter> 键，就能启动 MySQL 服务器了。停止 MySQL 服务器的命令为“net stop MySQL”，如图 2-52 所示。

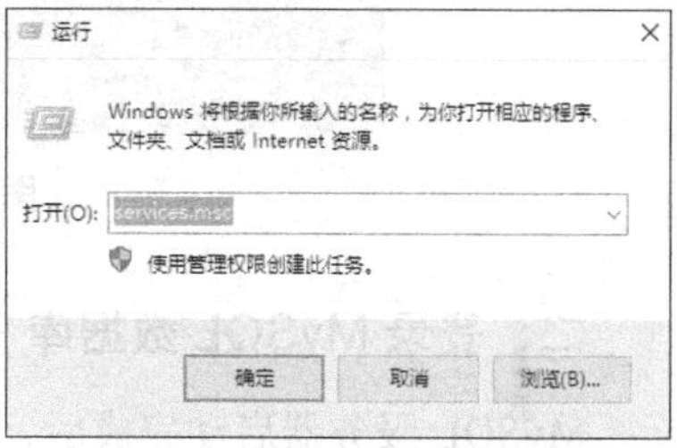

图 2-48 “运行”对话框

图 2-49 “服务”窗口

图 2-50 MySQL 的右键快捷菜单

图 2-51 打开命令窗口

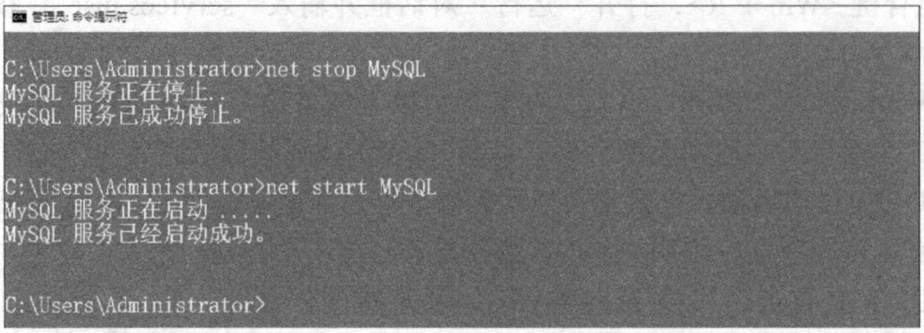

图 2-52 启动、停止 MySQL 服务器

二、登录 MySQL 数据库

MySQL 服务器启动完成后，在客户端就可以登录 MySQL 数据库了。在 Windows 系统中可通过 cmd 控制台登录 MySQL 数据库。

以 Windows 命令方式登录。使用组合键 <Win + R>，打开“运行”对话框并输入“cmd”，按下 <Enter> 键确认，打开命令窗口。输入“mysql -u root -p”，如图 2-53 所示，其中 mysql 是登录命令，-u 后面是登录数据库的用户名，-p 后面是登录密码。按下 <Enter> 键后，输入登录密码，连接到数据库，登录成功后命令提示符会变成“mysql>”，如图 2-54 所示。

图 2-53 输入连接命令

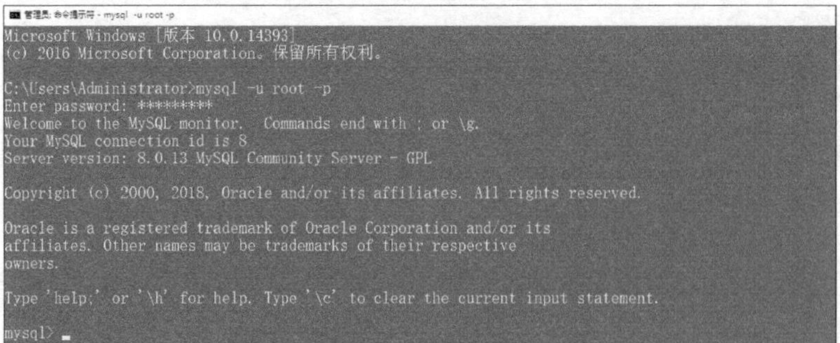

图 2-54 登录成功

如果用户在使用 MySQL 命令登录 MySQL 数据库时出现如图 2-55 所示的信息，是因为没有把 MySQL 的 bin 目录添加到系统的环境变量里面，所以不能直接使用 MySQL 命令。

如果每次登录都输入“cd C:\Program Files\MySQL Server 8.0\bin”才能使用 MySQL 等其他命令工具，操作比较麻烦。为了高效地输入 MySQL 的相关命令，可以手动配置 Windows 操作系统环境变量中的 Path 环境变量，操作方法如下：

图 2-55　登录数据库出错信息

1）在桌面上右击“计算机”图标，在弹出的快捷菜单中选择“属性”命令，打开“设置”对话框，如图 2-56 所示。

图 2-56　“设置”对话框

2）选择“高级系统设置”命令。

3）在打开的“系统属性”对话框中，单击“高级”选项卡，如图 2-57 所示。

4）单击“环境变量”按钮，在“环境变量”对话框的“系统变量”区域中选择“Path”变量，如图 2-58 所示。

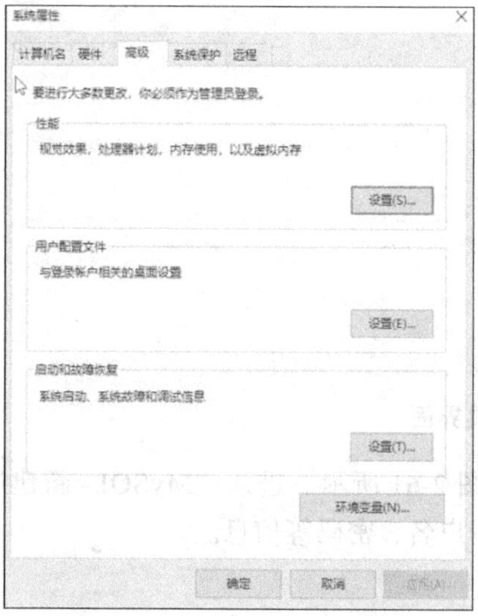

图 2-57　“系统属性”对话框

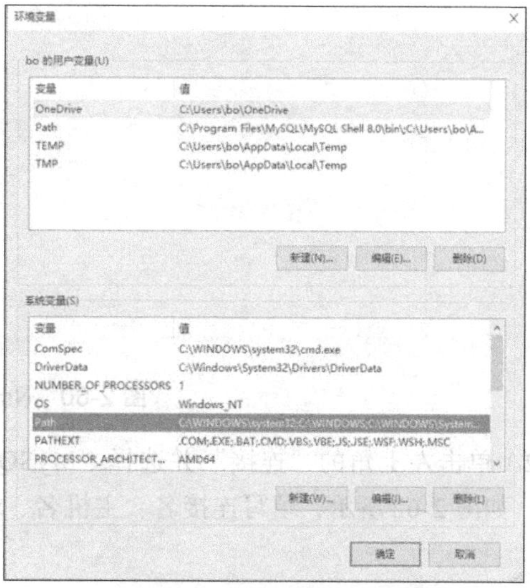

图 2-58　“环境变量”对话框

5）单击“编辑”按钮，在“编辑环境变量”对话框中单击“新建”按钮，将 MySQL 应用程序的 bin 目录（C:\Program Files\MySQL\MySQL Server 8.0\bin）添加到变量值中，如图 2-59 所示。

图 2-59　“编辑环境变量”对话框

6）添加完成后单击“确定”按钮，这样就完成了配置 Path 变量的操作，然后可以直接输入 MySQL 命令登录数据库了。

三、使用可视化图形管理工具连接 MySQL 数据库

使用可视化图形管理工具 Navicat 连接 MySQL 数据库的步骤如下：

1）下载并安装 Navicat 可视化图形管理工具，进入 Navicat 工具界面，如图 2-60 所示。

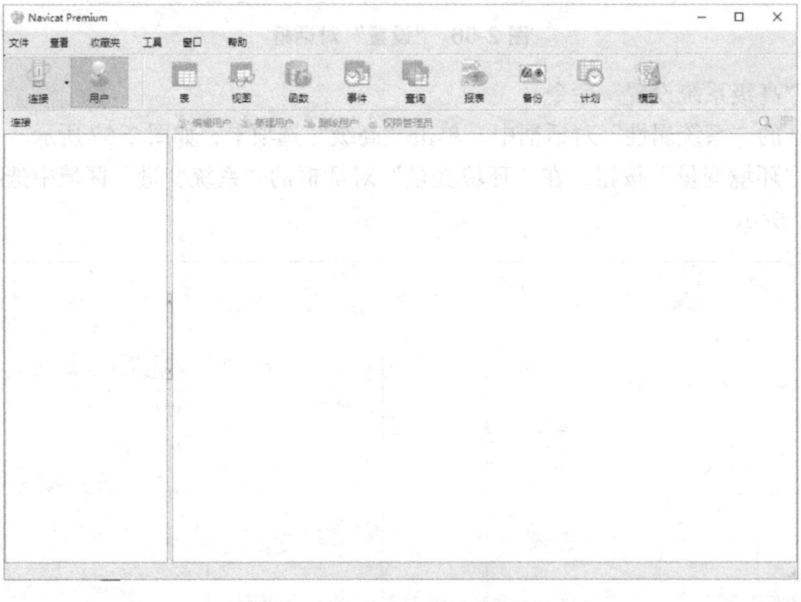

图 2-60　Navicat 工具界面

2）单击左上角的“连接”并选择“MySQL”，如图 2-61 所示。进入“MySQL- 新建连接”窗口，如图 2-62 所示，填写连接名、主机名、端口、用户名、密码等信息。

图 2-61　选择“MySQL”

3）单击左下角的“连接测试”按钮，若成功会弹出“连接成功”提示窗口，如图 2-63 所示。提示成功后，单击“确定”按钮，完成数据库的连接，如图 2-64 所示。

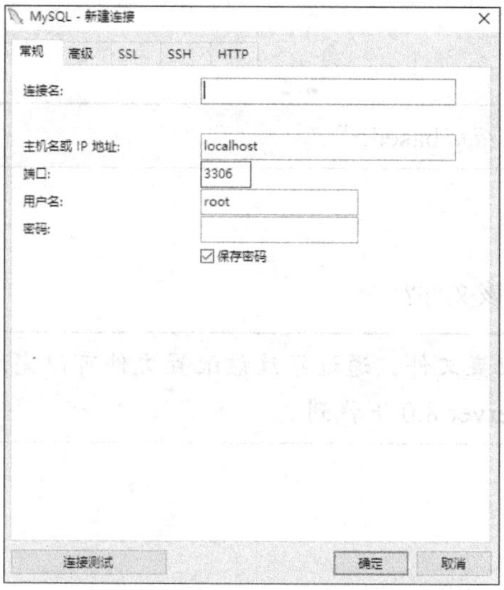

图 2-62　“MySQL- 新建连接”窗口

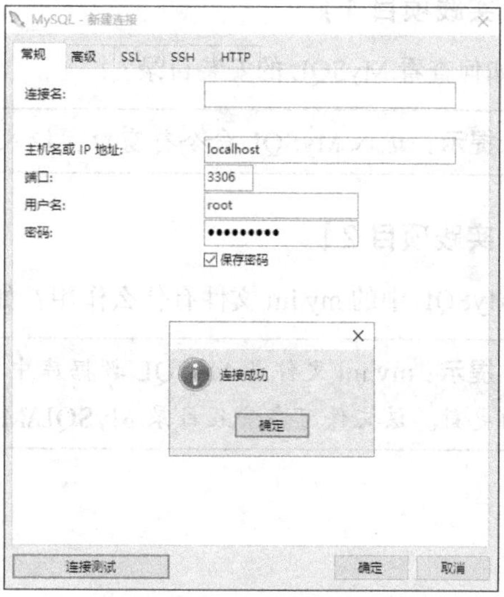

图 2-63　数据库连接测试

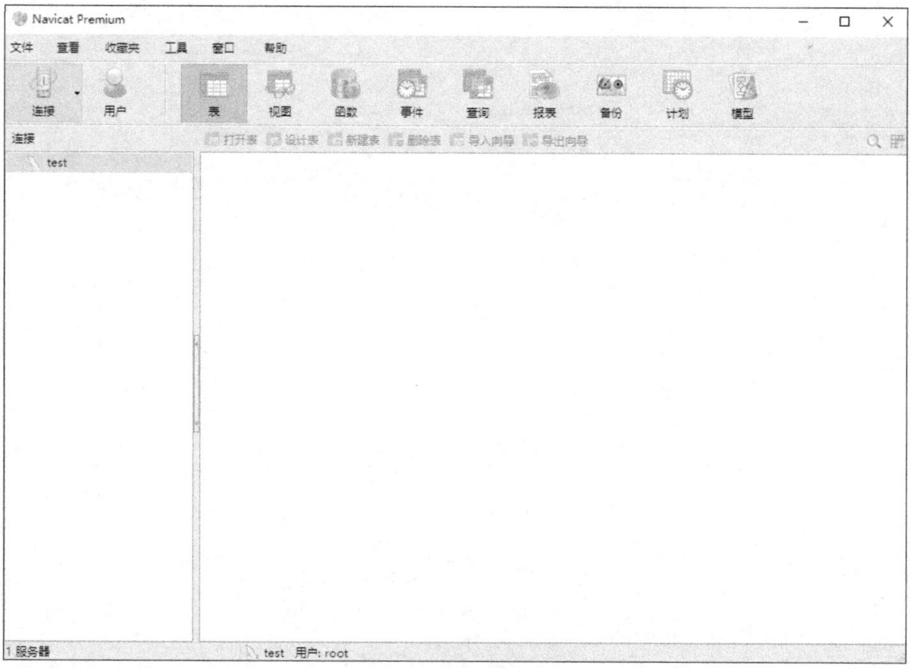

图 2-64　数据库连接成功

任务总结

本任务主要介绍了在图形界面和命令行启动、停止 MySQL 服务器的方法，并在服务器启动后通过命令方式登录数据库。

以命令方式登录数据库需要注意两点：一是权限问题，需要管理员身份；二是命令必须书写正确。在命令提示符窗口中登录数据库时，可以通过配置环境变量方式简化登录过程。本次任务过程相对简单，易于完成。

实践训练

【实践项目 1】

如何查看 MySQL 的安装目录？

> **提示：** 进入 MySQL 命令行窗口，输入“select @@basedir”。

【实践项目 2】

MySQL 中的 my.ini 文件有什么作用？如何找到该文件？

> **提示：** my.ini 文件是 MySQL 数据库中常用的配置文件，通过修改该配置文件可以完成配置的更新。该文件可在安装目录 MySQL\MySQL Server 8.0 下找到。

项目三 Project 3

创建学生体能健康数据库

项目描述

在前面的项目中，已经完成学生体能健康数据库的模型设计。本项目通过创建学生体能健康数据库，进一步学习数据库管理系统的定义功能，熟悉 SQL 语言的组成和特点。

学习目标

知识目标：

1. 了解体能健康数据库与应用程序的交互。
2. 熟悉 SQL 语言的特点、功能和使用方式。
3. 掌握 MySQL 字符集的设置。
4. 掌握数据库的创建、查看、选择和修改、删除操作。

能力目标：

1. 能区分 SQL 的使用方式。
2. 能实现数据库的创建、查看、选择和修改、删除操作。

素质目标：

1. 培养学生独立思考问题的能力。
2. 培养学生的业务素质。

任务一　体能健康数据库的操作

任务描述

本任务主要了解学生体测系统的体系结构，以及不同客户端对体能健康数据库的访问方式。

任务分析

学生体测系统主要由用户端、设备端和管理端组成，通过数据库服务器提供的各种接口来访问数据库中的数据，其体系结构如图 3-1 所示。

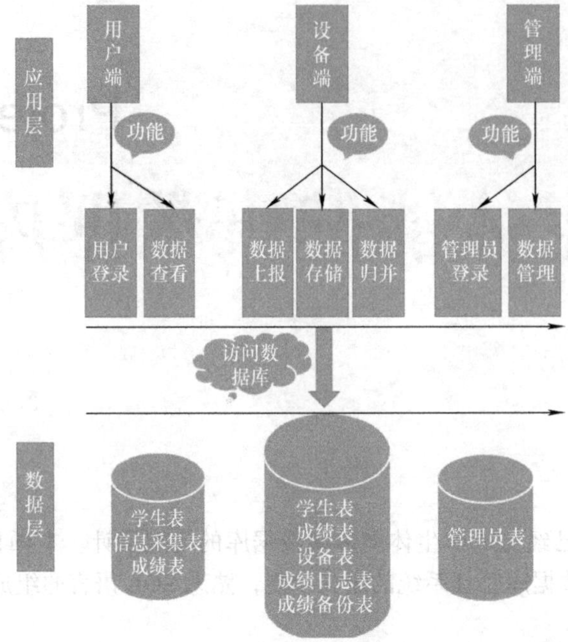

图 3-1　体测系统体系结构

任务实现

在本项目中，用户端通过 Http 请求将数据传送到服务端，然后在服务端连接 MySQL 数据库。在 Android 中，会使用 JDBC 连接 MySQL 服务器。

Android 通过 Http 连接 MySQL 实现用户的登录 / 注册（数据库 + 服务器 + 客户端）。Android APP 的服务器端接收客户端发送的信息，对信息进行一系列处理后，最终信息返回到客户端。

设备端通过智能网关模块实现与数据库之间的双向通信，既可以读取设备的数据上报到 SQL 数据库，也可以从数据库查询数据后写入到设备，如图 3-2 所示。

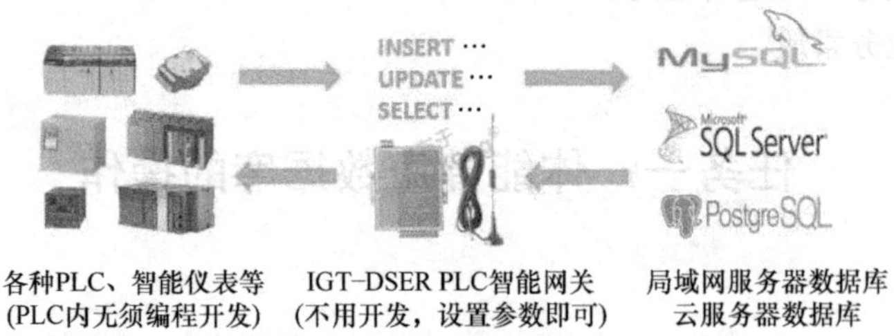

图 3-2　智能设备工作原理

管理端实现管理员的登录，对体测数据进行管理。

任务总结

应用程序必须通过 DBMS 来访问数据库中的数据，DBMS 要向应用程序提供一个访问接口（API，一组函数），如 JDBC、ODBC 等。应用程序通过调用它们来访问数据库，如图 3-3 所示。

由于不同厂家开发 DBMS 的 API 各不相同，要编写基于某个厂家 DBMS 的应用程序，就必须学习、掌握该 DBMS 的 API。

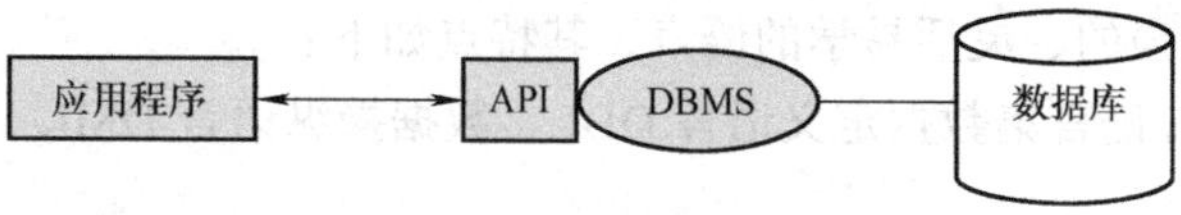

图 3-3 数据库访问示意图

任务二 理解 SQL

为了处理数据库和数据库相关的编程，程序员需要有一些介质或者可以说接口，来详细说明一组命令或代码，以处理数据库或访问数据库的数据。SQL 为结构化查询语言，提供了独特的数据库处理技术，可帮助用户更好地控制 SQL 查询并有效处理这些代码。

任务描述

SQL（Structured Query Language，结构化查询语言）是介于关系代数和关系演算之间的语言，是用于访问和操作数据库中数据的标准数据库编程语言，其功能包括定义、操纵和控制 3 个方面。在进行数据库操作和管理之前，首先要理解 SQL。

任务分析

SQL 作为关系数据库的标准语言，理解其组成和功能特点，熟悉 SQL 语言的编写规范，有助于掌握数据库的管理和控制方法。

任务实现

一、SQL 的发展历史

1974 年，Boyce 和 Chamberlin 研制出了一套规范语言 SEQUEL（结构化英语查询语言），并在 IBM 公司研制的关系数据库系统 SystemR 上实现。后来，在 SEQUEL 的基础上发展成了 SQL。SQL 凭着其功能丰富、使用方便灵活、语言简洁易学等突出的优点，深受用户的欢迎。1986 年，美国国家标准协会（ANSI）采用 SQL 作为关系数据库管理系统的标准语言，后为国际标准化组织（ISO）采纳为国际标准。

二、SQL 的组成和功能

SQL 是关系数据库管理系统的标准语言，其主要组成部分和功能如下：

1）数据定义语言（Data Definition Language，DDL）：用于定义数据库的模式、外模式和内模式，实现基本表、视图和索引的创建、修改和删除等操作。

2）数据操纵语言（Data Manipulation Language，DML）：用户可以使用 DML 实现对数据库的基本操作，包括数据查询和数据更新两类。数据查询包括对数据库中的数据进行查询、统计、排序等操作；数据更新包括对数据进行插入、修改和删除等操作。

3）数据控制语言（Data Control Language，DCL）：用户可以对数据库进行完整性控制、并发控制和安全性保护。

三、SQL 的特点

SQL 之所以成为国际上数据库系统的主流语言，为用户和数据库行业广泛接受，是因为它是一个综合的、功能极强的、灵活易学的语言，其特点如下：

1）综合统一：SQL 语言集数据定义语言 DDL、数据操纵语言 DML、数据控制语言 DCL 的功能于一体。

2）高度非过程化：SQL 是一种第四代语言（4GL），用 SQL 语言进行数据操作，用户只需要提出“做什么”，而无须说明“怎么做”。如存取路径的选择和具体处理操作等，均由系统自动完成。

3）面向集合的操作方式：SQL 语言采用集合操作方式，不仅操作对象、查找结果可以是元组的集合，而且一次插入、删除、更新操作的对象也可以是元组的集合。

4）以同一种语言结构提供多种使用方式：SQL 语言既是自含式语言，又是嵌入式语言。作为自含式语言，它能够独立地进行联机交互，用户只需要在终端键盘上直接输入 SQL 命令就可以对数据库进行操作；作为嵌入式语言，它能够嵌入到高级语言（如 C/C++、JAVA 等）程序中，极大地方便了程序员设计应用程序实现对数据库的数据存取操作。

SQL 语言语法简单，易学易用，完成核心功能的命令动词（见表 3-1）的含义接近英语口语，很容易理解。

表 3-1　SQL 核心功能的命令动词

SQL 功能	命令动词
数据定义	CREATE、DROP、ALTER
数据操纵	INSERT、UPDATE、DELETE、SELECT
数据控制	GRANT、REVOKE
程序化	DECLARE、OPEN、CLOSE、EXECUTE

四、SQL 语言的编写规范

在编写 SQL 语句时，需要遵循一定的编写规范。例如 SQL 语言不区分字母大小写，单行注释为“-- 注释内容”，多行注释为“/* 注释内容 */”，需要使用分隔符结尾等。当然，很多规范都是细节化操作，以 MySQL 为例，通常的编写规范如下：

1）关键字与函数名称全部大写。

2）数据库名称、表名称、字段名称等全部小写。

3）SQL 语句必须以分隔符结尾（分号“；”和“\G”）。

4）SQL 语句支持换行操作，只要不把单词、标记或引号字符串分割为两部分，可以在下一行继续写。

5）数据库名称、表名称、字段名称等尽量不要使用 MySQL 的保留字，如果需要使用则应用反引号（``）将名称括起来。

任务总结

SQL 是关系数据库的标准语言，本任务主要讲解了 SQL 的发展历史、组成和功能、特点以及编写规范。

任务三　创建学生体能健康数据库 shd

本任务将通过客户端连接 MySQL 数据库服务器，在 MySQL 数据库服务器上创建学生体能健康数据库 shd。

任务描述

用户可以通过 MySQL 客户端和其他工具或图形化数据库客户端管理软件连接到 MySQL 数据库，然后创建用户数据库，再对数据库进行管理。

任务分析

MySQL 数据库客户端管理工具有很多，可以使用可视化图形管理工具连接数据库，也可以使用基于命令界面的工具连接数据库。本任务主要通过客户端工具和可视化图形管理工具 Navicat 两种方式连接数据库，并对数据库中的对象进行操作。

任务实现

MySQL 中的 SQL 语句不区分大小写，例如 SELECT 和 select 的功能是相同的。不管采用哪一种书写方式，建议保持风格一致，让写出来的代码更加容易阅读、理解和维护。

一、连接数据库

在前面的项目中已经学习了 MySQL 服务器的连接方法。若连接后发现数据库中的数据表出现中文乱码，则需要在连接数据库服务器时指定字符集，其语法格式如下：

mysql --default-character-set= 字符集 -h 服务器 IP 地址 -u 用户名 -p 密码

MySQL 服务器可以支持多种字符集，在同一台服务器、同一个数据库甚至同一个表的不同字段都可以使用不相同或相同的字符集。可以用如下命令查看 MySQL 可用的字符集：

show character set；

查询结果如图 3-4 所示。

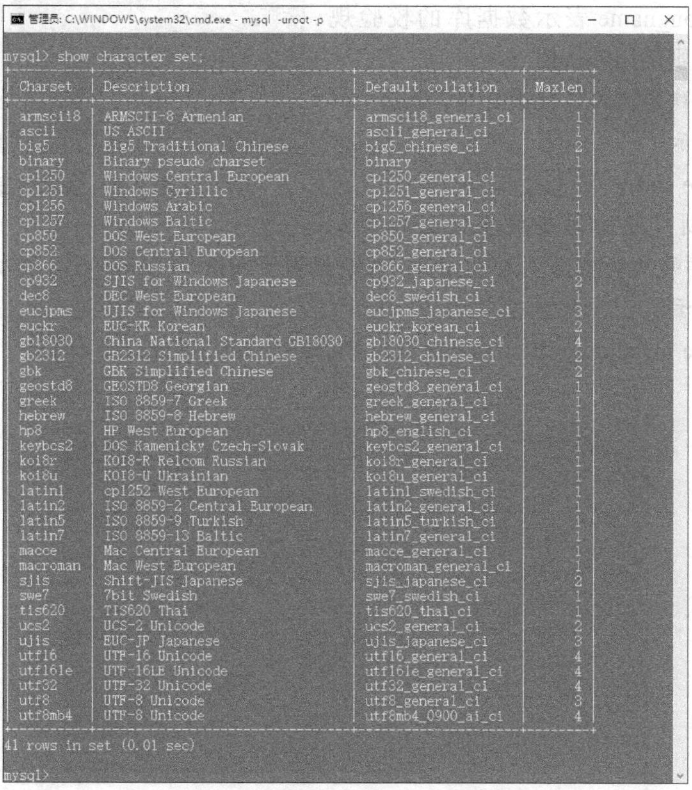

```
管理员: C:\WINDOWS\system32\cmd.exe - mysql  -uroot -p
mysql> show character set;
+----------+---------------------------------+---------------------+--------+
| Charset  | Description                     | Default collation   | Maxlen |
+----------+---------------------------------+---------------------+--------+
| armscii8 | ARMSCII-8 Armenian              | armscii8_general_ci |      1 |
| ascii    | US ASCII                        | ascii_general_ci    |      1 |
| big5     | Big5 Traditional Chinese        | big5_chinese_ci     |      2 |
| binary   | Binary pseudo charset           | binary              |      1 |
| cp1250   | Windows Central European        | cp1250_general_ci   |      1 |
| cp1251   | Windows Cyrillic                | cp1251_general_ci   |      1 |
| cp1256   | Windows Arabic                  | cp1256_general_ci   |      1 |
| cp1257   | Windows Baltic                  | cp1257_general_ci   |      1 |
| cp850    | DOS West European               | cp850_general_ci    |      1 |
| cp852    | DOS Central European            | cp852_general_ci    |      1 |
| cp866    | DOS Russian                     | cp866_general_ci    |      1 |
| cp932    | SJIS for Windows Japanese       | cp932_japanese_ci   |      2 |
| dec8     | DEC West European               | dec8_swedish_ci     |      1 |
| eucjpms  | UJIS for Windows Japanese       | eucjpms_japanese_ci |      3 |
| euckr    | EUC-KR Korean                   | euckr_korean_ci     |      2 |
| gb18030  | China National Standard GB18030 | gb18030_chinese_ci  |      4 |
| gb2312   | GB2312 Simplified Chinese       | gb2312_chinese_ci   |      2 |
| gbk      | GBK Simplified Chinese          | gbk_chinese_ci      |      2 |
| geostd8  | GEOSTD8 Georgian                | geostd8_general_ci  |      1 |
| greek    | ISO 8859-7 Greek                | greek_general_ci    |      1 |
| hebrew   | ISO 8859-8 Hebrew               | hebrew_general_ci   |      1 |
| hp8      | HP West European                | hp8_english_ci      |      1 |
| keybcs2  | DOS Kamenicky Czech-Slovak      | keybcs2_general_ci  |      1 |
| koi8r    | KOI8-R Relcom Russian           | koi8r_general_ci    |      1 |
| koi8u    | KOI8-U Ukrainian                | koi8u_general_ci    |      1 |
| latin1   | cp1252 West European            | latin1_swedish_ci   |      1 |
| latin2   | ISO 8859-2 Central European     | latin2_general_ci   |      1 |
| latin5   | ISO 8859-9 Turkish              | latin5_turkish_ci   |      1 |
| latin7   | ISO 8859-13 Baltic              | latin7_general_ci   |      1 |
| macce    | Mac Central European            | macce_general_ci    |      1 |
| macroman | Mac West European               | macroman_general_ci |      1 |
| sjis     | Shift-JIS Japanese              | sjis_japanese_ci    |      2 |
| swe7     | 7bit Swedish                    | swe7_swedish_ci     |      1 |
| tis620   | TIS620 Thai                     | tis620_thai_ci      |      1 |
| ucs2     | UCS-2 Unicode                   | ucs2_general_ci     |      2 |
| ujis     | EUC-JP Japanese                 | ujis_japanese_ci    |      3 |
| utf16    | UTF-16 Unicode                  | utf16_general_ci    |      4 |
| utf16le  | UTF-16LE Unicode                | utf16le_general_ci  |      4 |
| utf32    | UTF-32 Unicode                  | utf32_general_ci    |      4 |
| utf8     | UTF-8 Unicode                   | utf8_general_ci     |      3 |
| utf8mb4  | UTF-8 Unicode                   | utf8mb4_0900_ai_ci  |      4 |
+----------+---------------------------------+---------------------+--------+
41 rows in set (0.01 sec)

mysql>
```

图 3-4　MySQL 可用字符集

另外，还可以用如下命令查看 MySQL 数据库有关字符集的各变量取值情况：

show variables like '%char%' ;

查询结果如图 3-5 所示。

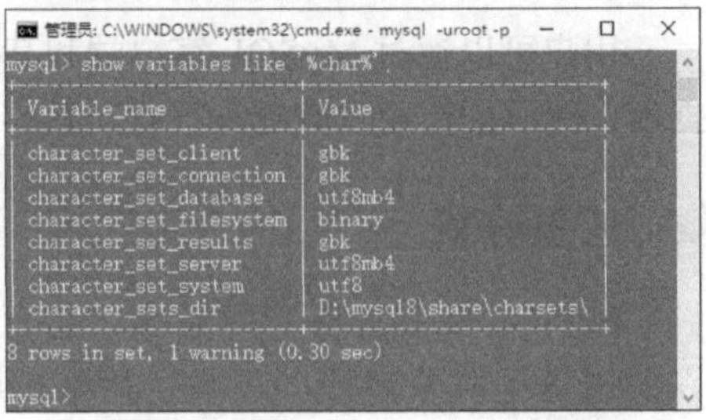

图 3-5　MySQL 各变量取值情况

从图 3-5 可知，当前会话状态下，客户端字符集、连接字符集和结果字符集均为 gbk，数据库字符集和服务器字符集为 utf8mb4，文件系统字符集为 binary，系统字符集为 utf8。

二、创建数据库

创建数据库是通过 create database 或 create schema 命令来实现的。一般情况下，若数据库中的数据涉及中文，可以在创建数据库时指定数据库的字符集，语法格式如下：

```
create {database | schema} [if not exists ]db_name
[[default] character set charset_name]
[[default] collate collation_name] ;
```

其中，create database db_name 表示创建数据库 db_name。在 MySQL 中数据库的名字不区分大小写，但必须符合操作系统文件夹命名规则。

if not exists 表示判断数据库是否存在，若不存在则新建，反之则不创建。

character set charset_name 表示数据库字符集，若没有设定，则使用默认值。

collate collation_name 表示数据库的校验规则，若没有指定，则使用默认值。

例 3-1　创建学生体能健康数据库 shd。创建结果如图 3-6 所示。

create database shd ;

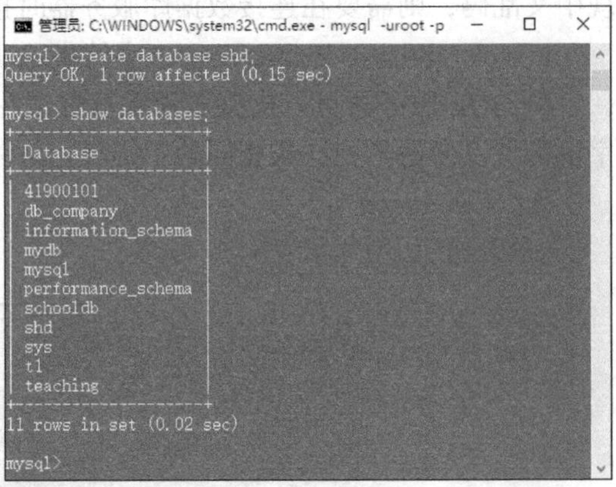

图 3-6　创建数据库 shd

例 3-2　创建学生体能健康数据库副本 mshd，设置数据库的默认编码方式为 utf8，校验规则为 utf8_general_ci（即大小写不敏感）。创建结果如图 3-7 所示。

create database mshd default character set utf8 collate utf8_general_ci ;

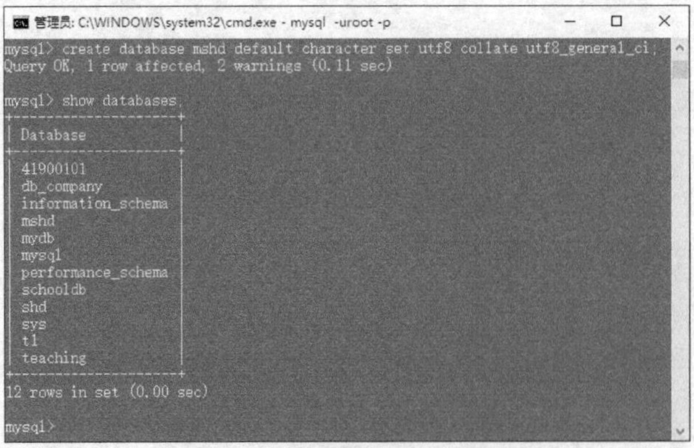

图 3-7　创建数据库 mshd

三、查看和使用数据库

在 MySQL 数据库管理系统中，一台服务器可创建多个数据库。用户可以使用不同的命令来查看数据库及其相关信息，使用已创建的数据库。

1）show databases 或 show schemas：查看 MySQL 服务器的所有数据库。

2）show create {database | schema} db_name：查看指定数据库的详细信息。

3）use db_name：使用数据库 db_name。

4）select database（）或 select schema（）：查看当前打开的数据库。

5）show tables：查看当前数据库中的所有表。

6）select version（）：查看当前数据库版本。

7）select current_time：查看服务器当前的时间。

例 3-3 查看数据库 mshd 的详细信息。结果如图 3-8 所示。

show create database mshd；

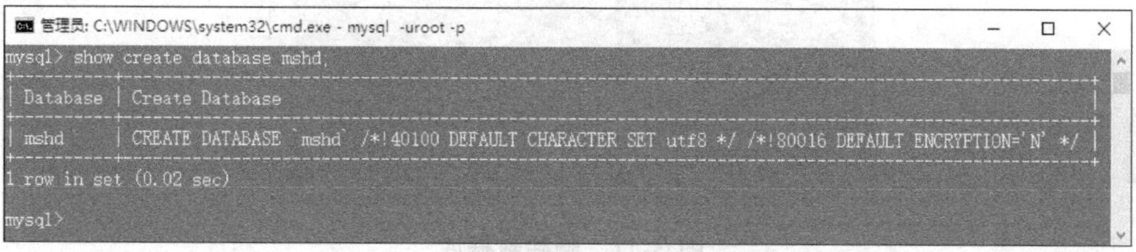

图 3-8 数据库 mshd 的详细信息

例 3-4 使用数据库 mshd，查看当前使用的数据库及该数据库中的所有表。结果如图 3-9 所示。

use mshd；

select database（）；

show tables；

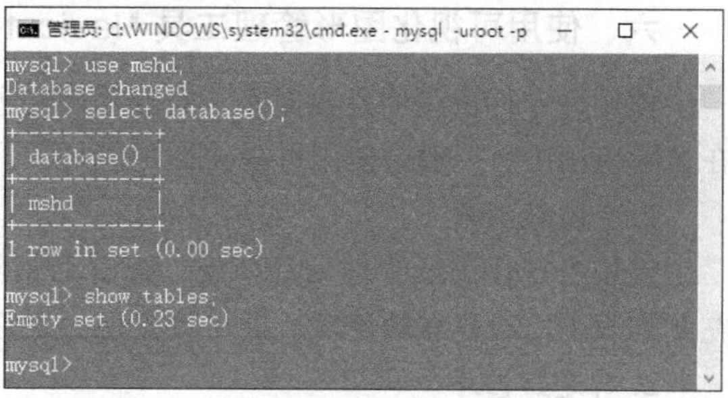

图 3-9 使用数据库并查看其所有表

四、修改数据库

在 MySQL5.1.23 之前的旧版本中，可以通过 rename database 命令来重命名数据库，但此后的版本，出于安全考虑，删掉了这条命令。

在 MySQL8 及后续版本中，如果 MySQL 数据库的存储引擎是 MyISAM，那么只修改 DATA 目录下的库名文件夹就可以了。如果存储引擎是 InnoDB，则无法修改数据库名称，只能修改字符集和校验规则。通过 alter database 或 alter schema 命令可修改指定数据库编码方式，语法格式如下：

alter {database | schema} [db_name] [default character set charset_name]| [[default] collate collation_name]；

例 3-5 修改数据库 mshd 的字符集为 gbk，结果如图 3-10 所示。

alter database mshd character set gbk；

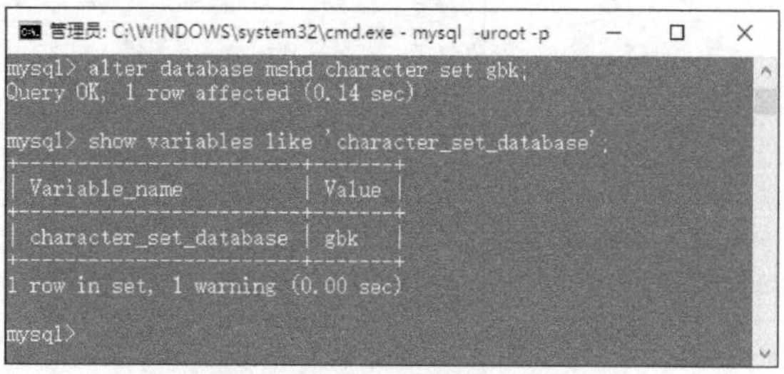

图 3-10 修改指定数据库的字符集

五、删除数据库

当不需要 MySQL 数据库管理系统中的某个数据库时，可以将其删除，以节省系统存储空间。值得注意的是，使用普通用户身份登录 MySQL 服务器时，用户需要具有删除权限才可以删除指定的数据库，否则需要使用具有最高权限的 root 用户登录。在删除数据库时，会删除数据库中所有的表和数据，因此执行此操作前要慎重考虑。如果要删除某个数据库，建议先将该数据库备份，然后再进行删除。

通过 drop database 命令可以删除数据库，语法格式如下：

drop database [if exists] db_name ;

例 3-6 删除数据库 mshd，结果如图 3-11 所示。

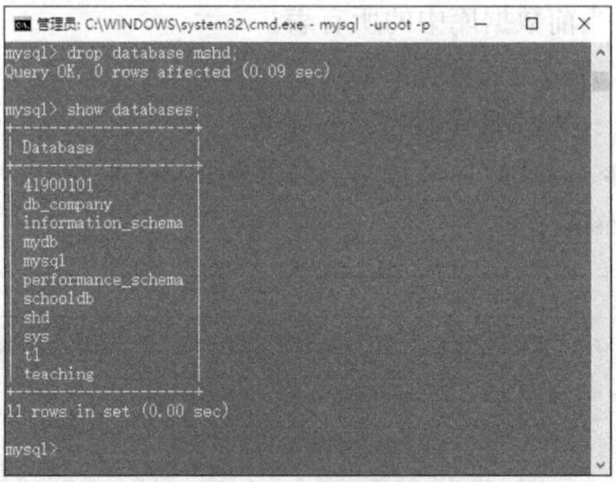

图 3-11 删除数据库

六、使用可视化图形管理工具 Navicat 操作数据库

使用命令行窗口创建数据库，对数据库对象进行管理虽然比较灵活，但需要记住 SQL 语句。在实际应用中，一般会使用可视化图形管理工具来对数据库进行管理。

1. 查看数据库

使用可视化图形管理工具创建、查看和删除数据库等都非常简单。首先连接 MySQL，展开左侧列表中已经建立的连接，即可看到已经创建的数据库。

2. 新建数据库

右击连接，在弹出的快捷菜单中单击“新建数据库”，打开“新建数据库”对话框，输入数据库的名称即可创建数据库。当然，也可以在创建数据库时指定数据库的字符集和排序规则。

例 3-7 新建数据库 mshd，字符集为 utf8，如图 3-12 ~ 图 3-14 所示。

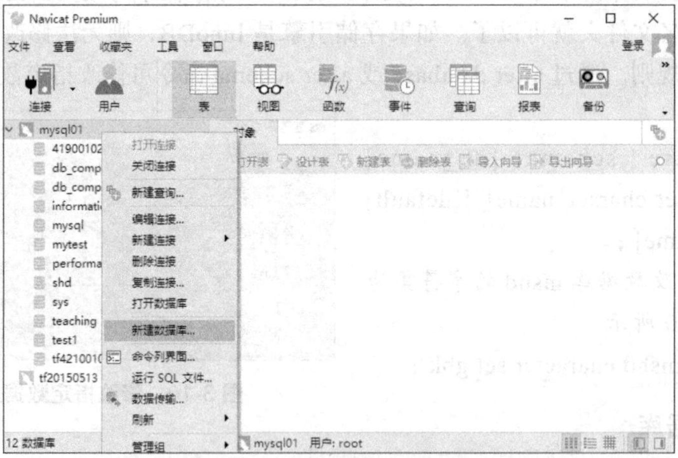

图 3-12 单击“新建数据库”

图 3-13 设置数据库参数

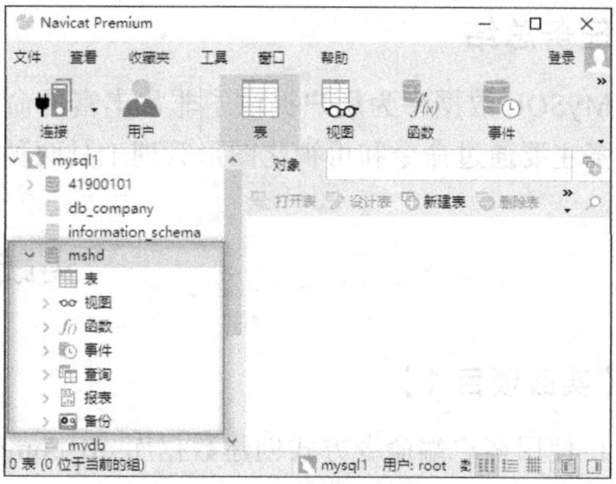

图 3-14 成功创建数据库

3. 修改数据库

右击需要修改的数据库，在弹出的快捷菜单中单击“编辑数据库”，打开“编辑数据库”对话框，可对数据库的字符集和排序规则进行修改。

例 3-8 修改数据库 mshd 的字符集为 gbk，如图 3-15 所示。

图 3-15 修改数据库

4. 删除数据库

右击需要删除的数据库，在弹出的快捷菜单中单击“删除数据库”即可删除该数据库。

例 3-9 删除数据库 mshd，如图 3-16 所示。

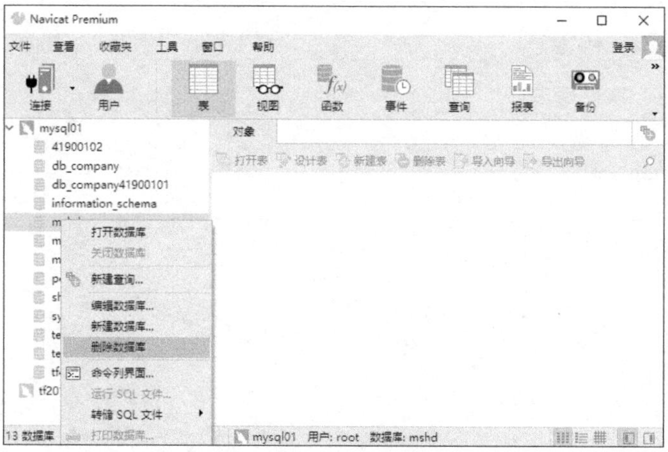

图 3-16 删除数据库

任务总结

MySQL 数据库为用户提供了非常丰富的命令，在使用时可根据需要合理地设置各项参数。本任务主要通过命令和可视化图形管理工具两种方式实现了数据库的创建、查看和删除等操作。

实践训练

【实践项目 1】

1. 使用客户端命令方式创建数据库 db_company，查看该数据库的定义，并修改其字符集为 gbk。

2. 删除数据库 db_company。

【实践项目 2】

使用可视化图形管理工具 Navicat 新建数据库 db_company，设置字符集为 utf8。

项目四 Project 4

创建学生体能健康数据库中的表

项目描述

在前面的项目中，已经完成学生体能健康数据库的创建。本项目将使用 SQL 语句和 Navicat 可视化图形管理工具创建和管理学生体能健康数据库的数据表，并对数据表实施数据完整性约束。

学习目标

知识目标：

1. 理解 MySQL 数据表的基本概念。
2. 掌握创建和管理数据表的相关 SQL 语句的语法。

能力目标：

1. 能用 SQL 语句创建和管理数据表并实施数据完整性约束。
2. 能用 Navicat 可视化图形管理工具创建和管理数据表并实施数据完整性约束。

素质目标：

使学生认识制度约束的重要性。

任务一　理解表

在 MySQL 数据库管理系统中，物理数据存放在数据表中。数据表由表结构和表数据两部分构成。数据表的基本操作包括创建表、修改表和删除表。

任务描述

本任务主要介绍 MySQL 数据表的相关基础知识，包括表的命名规范和常用数据类型等。

任务分析

创建数据表需要了解表的命名规范，表中各字段的名称、数据类型、长度、小数位数及完整性约束条件等。MySQL 数据库使用不同的数据类型存储数据，数据类型主要根据数据值的内容、大小、精度来选择。

任务实现

在 MySQL 中，表是数据库中最基本的操作对象，是存储数据的基本单位。如果把数据库比喻成商店，那么表就像商店里的货架。一个表就是一个关系，需要有相应的名称。

表中的每一个字段分别存储不同性质的数据，确定表中每列的数据类型是设计表的重要步骤，决定了数据的存储格式和有效范围等。

一、表的命名

同一个 MySQL 数据库的数据表不能同名。表的命名规范如下：

1）表名可以使用字母、数字、下划线（_）、#、$ 等，不能使用空格和其他特殊字符。

2）名称最长为 64 个字符，但会受限于所用操作系统限定的长度。

3）MySQL 的保留字不能作为表名。

4）一般应见名知义，取有意义的名字。

二、建表时数据类型的选择

MySQL 的数据类型非常丰富，合适的数据类型可以有效地节省数据库的存储空间，也可以提升系统的计算速度，节省数据的检索时间。MySQL 中的数据类型包括整数类型、浮点数和定点数类型、日期与时间类型、字符串类型等。

数据类型的详细介绍，读者可查阅项目二任务一中的相应内容。当表中的某一列可以选择多种数据类型时，应该优先考虑数字类型，其次是日期或二进制类型，最后是字符类型。对于相同级别的数据类型，应该优先选择占用空间小的数据类型。因为更小的数据类型通常具有更好的性能，花费更少的硬件资源。字段定义时，尽量定义为 NOT NULL，避免使用 NULL。

任务总结

MySQL 数据库的命名与设计需要遵循一定的规范和原则。对于字段的数据类型，如果可以选择多种数据类型，建议优先选择数字类型，其次是日期或二进制类型，最后是字符类型。越简单的数据类型，需要的处理资源越少。

任务二　创建和操作数据表

数据库创建完成后，接下来的任务就是创建数据表。创建数据表，是指在已经创建好的数据库中建立新表。创建数据表的过程是规定数据列的属性的过程，也是实施数据完整性约束的过程。本任务主要讲述查看表、创建表、修改表、删除表等操作。

任务描述

在本任务中，创建数据表时只定义表名及各字段的字段名、数据类型、长度、精度、小数位数等，实施数据完整性约束（定义字段取值的约束条件）将在任务三中介绍。

任务分析

设计人员在完成数据表的设计后，接下来的工作是在数据库中创建表，用于存储数据。当表创建完成后，由于需求变更或其他因素，需要对表的结构进行修改，或者对指定的表进行复制操作。对于确定不再使用的数据表，可以将其删除。

任务实现

使用 SQL 语句创建学生体能健康数据库 shd 的数据表 tb_stu（学生表）。

学生表 tb_stu 用于存储参加体能健康测试的每个学生的基本信息，见表 4-1。

表 4-1　tb_stu 表的表结构

列名	数据类型	约束	注释
stu_id	varchar（10）	主键	学生学号
stu_name	varchar（20）	非空	学生姓名
stu_sex	tinyint（1）		学生性别
stu_phone	char（11）		学生电话
stu_class_name	varchar（50）		学生班级名称
stu_gra	varchar（10）		学生所在年级
stu_status	tinyint（1）	非空	学生状态

一、查看表

数据库创建成功后，可以使用 show tables 语句查看数据库中的表。

例 4-1　查看数据库 shd 下的数据表。运行结果如图 4-1 所示。

use shd；

show tables；

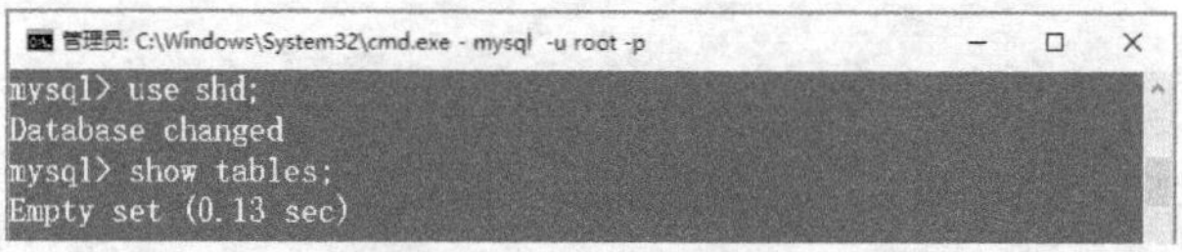

图 4-1　查看数据表

Empty set 表示空集。从运行结果可以看出，shd 数据库中没有数据表。

二、创建表

创建表是通过 create table 命令来实现的。语法格式如下：

create table [if not exists] table_name

（字段名 1 数据类型 1

[，字段名 2 数据类型 2]

[，…]

）;

其中，create table table_name 表示创建数据表 table_name。

if not exists 子句的作用是为了避免创建同名的数据表时系统报错，在创建之前，先判断数据库中是否存在同名的表。如果不存在同名的表，则创建新表。

在（ ）里定义各字段名、数据类型等，各字段之间要用逗号隔开，最后一个字段后面没有逗号。

例 4-2　创建 tb_stu 表。运行结果如图 4-2 所示。

create table tb_stu（

stu_id varchar（10），

stu_name varchar（20），

stu_sex tinyint（1）comment '1 表示男，0 表示女 '，

stu_phone char（11），

stu_class_name varchar（50），

stu_gra varchar（10），
stu_status tinyint（1）comment '1 表示在校，0 表示不在校 '
);

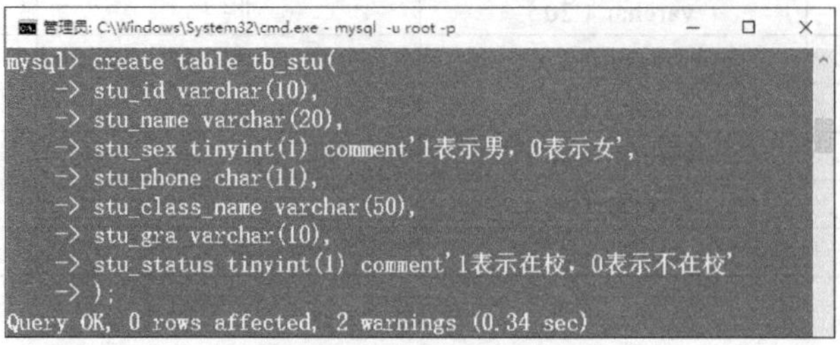

图 4-2　创建 tb_stu 表

例 4-3　查看 tb_stu 表的创建信息。运行结果如图 4-3 所示。

show create table tb_stu ;

图 4-3　查看 tb_stu 表的创建信息

例 4-4　查看 tb_stu 表的结构。运行结果如图 4-4 所示。

desc tb_stu ;

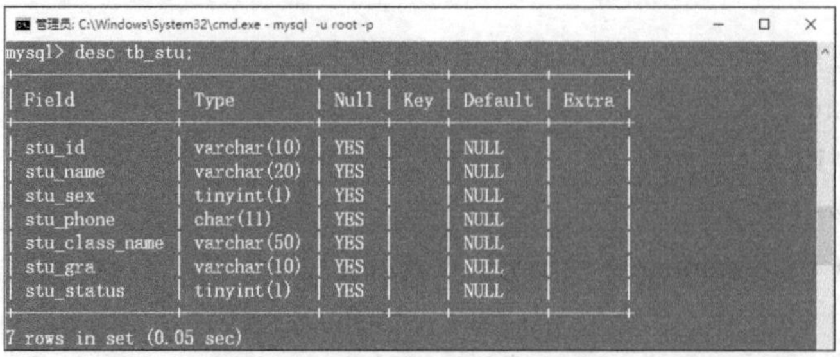

图 4-4　查看 tb_stu 表的结构

三、修改表

创建数据表后，可以使用 alter table 语句进行表的修改，包括修改表名，添加、删除字段，修改字段名、字段数据类型及字段排列顺序等。

1. 修改表名

数据库系统通过表名区分不同的表。修改表名的语法格式如下：

alter table 旧表名 rename [to] 新表名；

注意，to 可以省略。此命令仅对表名进行修改，表的结构不变。

例 4-5　将数据库 shd 中的 tb_stu 表更名为 stu。运行结果如图 4-5 所示。

alter table tb_stu rename stu；

```
管理员: C:\Windows\System32\cmd.exe - mysql -u root -p
mysql> alter table tb_stu rename stu;
Query OK, 0 rows affected (0.08 sec)
```

图 4-5　修改表名

2. 添加字段

添加字段的语法格式如下：

alter table 表名 add 新字段名 数据类型 [first|after 已存在字段名]；

注意，当不指定位置时，新增字段默认为表的最后一个字段。first 和 after 是可选参数，用于指定新增字段的排列位置。

例 4-6　在 stu 表中增加字段 stu_regtime，用于表示学生注册的时间，其数据类型为 timestamp。运行结果如图 4-6 所示。

alter table stu add stu_regtime timestamp；

```
管理员: C:\Windows\System32\cmd.exe - mysql -u root -p
mysql> alter table stu add stu_regtime timestamp;
Query OK, 0 rows affected (0.41 sec)
Records: 0  Duplicates: 0  Warnings: 0
```

图 4-6　添加字段

语句执行后，使用 desc 命令查看 stu 表，运行结果如图 4-7 所示。

desc stu；

```
管理员: C:\Windows\System32\cmd.exe - mysql -u root -p
mysql> desc stu;
+----------------+-------------+------+-----+---------+-------+
| Field          | Type        | Null | Key | Default | Extra |
+----------------+-------------+------+-----+---------+-------+
| stu_id         | varchar(10) | YES  |     | NULL    |       |
| stu_name       | varchar(20) | YES  |     | NULL    |       |
| stu_sex        | tinyint(1)  | YES  |     | NULL    |       |
| stu_phone      | char(11)    | YES  |     | NULL    |       |
| stu_class_name | varchar(50) | YES  |     | NULL    |       |
| stu_gra        | varchar(10) | YES  |     | NULL    |       |
| stu_status     | tinyint(1)  | YES  |     | NULL    |       |
| stu_regtime    | timestamp   | YES  |     | NULL    |       |
+----------------+-------------+------+-----+---------+-------+
8 rows in set (0.06 sec)
```

图 4-7　添加字段后的表结构

3. 删除字段

删除字段的语法格式如下：

alter table 表名 drop 字段名；

例 4-7　在 stu 表中删除字段 stu_regtime。运行结果如图 4-8 所示。

alter table stu drop stu_regtime；

```
管理员: C:\Windows\System32\cmd.exe - mysql  -u root -p
mysql> alter table stu drop stu_regtime;
Query OK, 0 rows affected (0.07 sec)
Records: 0  Duplicates: 0  Warnings: 0
```

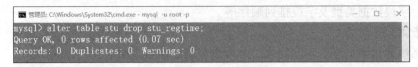

图 4-8　删除字段

语句执行后，使用 desc 命令查看 stu 表，运行结果如图 4-9 所示。

desc stu；

```
管理员: C:\Windows\System32\cmd.exe - mysql  -u root -p
mysql> desc stu;
+----------------+-------------+------+-----+---------+-------+
| Field          | Type        | Null | Key | Default | Extra |
+----------------+-------------+------+-----+---------+-------+
| stu_id         | varchar(10) | YES  |     | NULL    |       |
| stu_name       | varchar(20) | YES  |     | NULL    |       |
| stu_sex        | tinyint(1)  | YES  |     | NULL    |       |
| stu_phone      | char(11)    | YES  |     | NULL    |       |
| stu_class_name | varchar(50) | YES  |     | NULL    |       |
| stu_gra        | varchar(10) | YES  |     | NULL    |       |
| stu_status     | tinyint(1)  | YES  |     | NULL    |       |
+----------------+-------------+------+-----+---------+-------+
7 rows in set (0.15 sec)
```

图 4-9　删除字段后的表结构

4. 修改字段数据类型

修改字段数据类型的语法格式如下：

alter table 表名 modify 字段名 新数据类型；

例 4-8　将 stu 表中字段 stu_gra 的数据类型修改为 varchar（8）。运行结果如图 4-10 所示。

alter table stu modify stu_gra varchar（8）；

```
管理员: C:\Windows\System32\cmd.exe - mysql  -u root -p
mysql> alter  table  stu  modify  stu_gra  varchar(8);
Query OK, 0 rows affected (0.31 sec)
Records: 0  Duplicates: 0  Warnings: 0
```

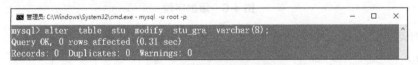

图 4-10　修改字段数据类型

5. 修改字段

修改字段可以实现修改字段名、字段数据类型等操作。语法格式如下：

alter table 表名 change 原字段名 新字段名 新数据类型；

例 4-9　将 stu 表中名为 stu_gra 的字段名称修改为 stu_grade，数据类型修改为 varchar（8）。运行结果如图 4-11 所示。

alter table stu change stu_gra stu_grade varchar（8）；

```
管理员: C:\Windows\System32\cmd.exe - mysql  -u root -p
mysql> alter  table  stu  change  stu_gra  stu_grade  varchar(8);
Query OK, 0 rows affected (0.17 sec)
Records: 0  Duplicates: 0  Warnings: 0
```

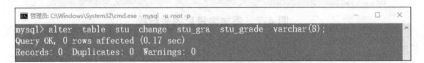

图 4-11　修改字段名称及数据类型

6. 修改表的存储引擎

修改表的存储引擎的语法格式如下：

alter table 表名 engine= 新的存储引擎名；

例 4-10 修改 tb_user 表的存储引擎为 MyISAM。运行结果如图 4-12 所示。

alter table tb_user engine=MyISAM ;

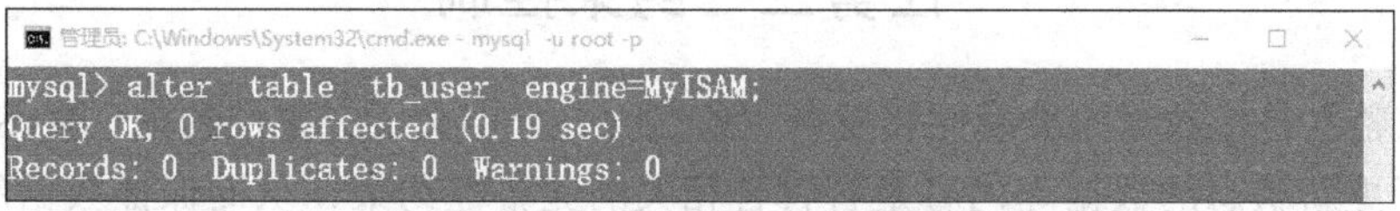

图 4-12 修改表的存储引擎

7. 复制表

表的复制操作包括复制表结构和复制表中的数据。语法格式如下：

create table 新表名 select * from 旧表名；

例 4-11 将 stu 表复制到 tb_stubak1 中。运行结果如图 4-13 所示。

create table tb_stubak1 select * from stu ;

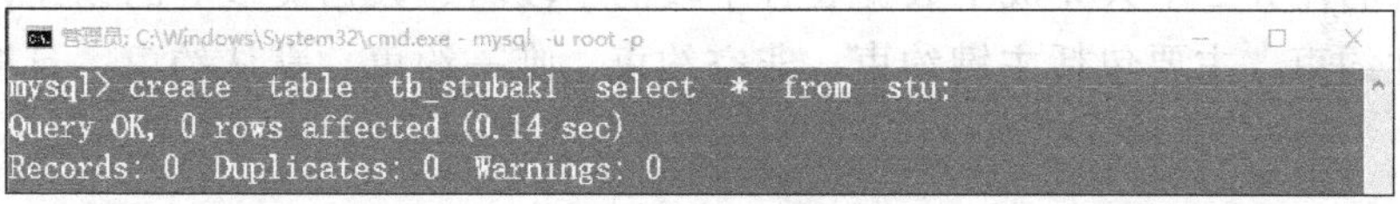

图 4-13 复制表

例 4-12 仅将 stu 表结构复制到 tb_stubak2 中。运行结果如图 4-14 所示。

create table tb_stubak2 select * from stu where 1 = 0 ;

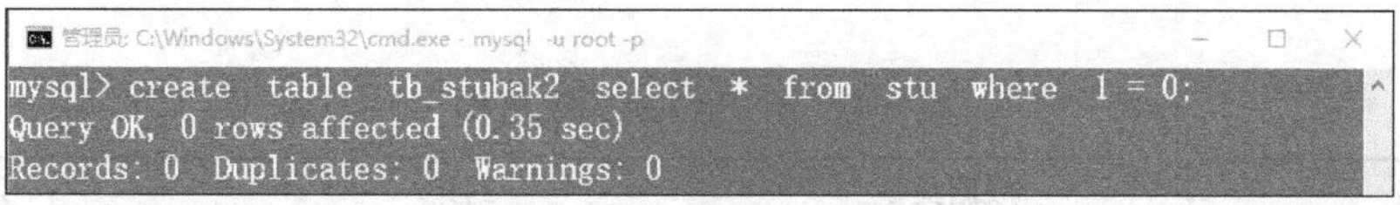

图 4-14 仅复制表结构

四、删除表

对于已经确定不再使用的数据表，可以将其删除。删除一个表时，该表的结构定义、数据、约束、索引都将被永久删除。语法格式如下：

drop table [if not exists] <table_name1>[, < table_name2>, …] ;

注意，可以一次删除一个或多个没有被其他表关联的数据表。

if not exists 子句用于在删除前判断删除的表是否存在，加上该参数后，即使删除的表不存在，SQL 语句也可以顺利执行，不会发出警告。

例 4-13 删除表 tb_stubak1、tb_stubak2。运行结果如图 4-15 所示。

drop table tb_stubak1，tb_stubak2 ;

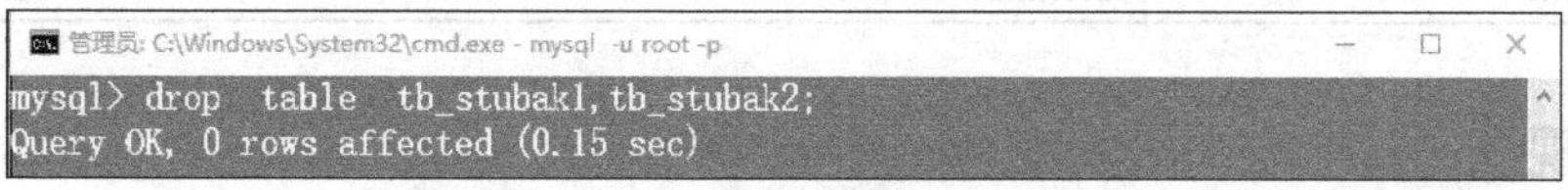

图 4-15 删除表

任务总结

数据表由表结构和表数据构成，创建数据表指定义表结构。管理数据表包括修改数据表和删除数据表等操作。

任务三　约束控制

数据的完整性是指数据的准确性和逻辑一致性。一旦定义了完整性约束，MySQL 服务器会随时检测处于更新状态的数据库内容是否符合相关的完整性约束，从而保证数据的一致性与正确性。

数据的完整性总体来说可以分为实体完整性、参照完整性、域完整性和用户定义完整性。在 MySQL 数据库中不支持检查约束，可以在语句中对字段添加检查约束，此时系统不会报错，但该约束不起作用。

任务描述

在本项目的任务二中只完成了数据表各字段的字段名、数据类型等的创建，本任务将实施数据完整性约束，主要包括主键约束、非空约束、唯一约束、默认约束、自增约束、外键约束等。

任务分析

表 4-1 中的字段 stu_id 为主键约束、stu_name 为非空约束。

设备表 tb_dev 用于存储设备的信息，包括了主键约束、唯一约束、非空约束、外键约束，见表 4-2。

表 4-2　tb_dev 表的表结构

列名	数据类型	约束	注释
dev_id	varchar（16）	主键	设备 ID
dev_name	varchar（20）	唯一	设备名称
dev_status_code	tinyint（1）	非空	状态码（1 表示在用）
user_id	varchar（10）	外键	管理员 ID

成绩表 tb_grade 用于存储学生参加体能健康测试的成绩和时间以及使用的测试设备，包括了主键约束和外键约束，见表 4-3。

表 4-3　tb_grade 表的表结构

列名	数据类型	约束	注释
stu_id	varchar（10）	主键，外键	学生学号
dev_id	varchar（16）	主键，外键	设备 ID
score	decimal（10，2）		成绩
test_time	datetime		测试时间

任务实现

在本任务中，要对 shd 数据库的 3 张数据表实施数据完整性约束，即在任务二的基础上，根据需要给相关字段定义各种约束条件。使用 alter table 语句进行 tb_stu 表约束的实现；使用

create table 语句进行 tb_dev 表、tb_grade 表约束的实现。

一、主键约束

主键约束由关键字 primary key 标识，定义为主键的字段或字段组合，其取值在表中不能重复，每个数据表中最多只能有一个主键约束。语法格式如下：

字段名 数据类型 primary key

例 4-14 修改 tb_stu 表，将 stu_id 设置为主键。运行结果如图 4-16 所示。

alter table tb_stu add primary key（stu_id）;

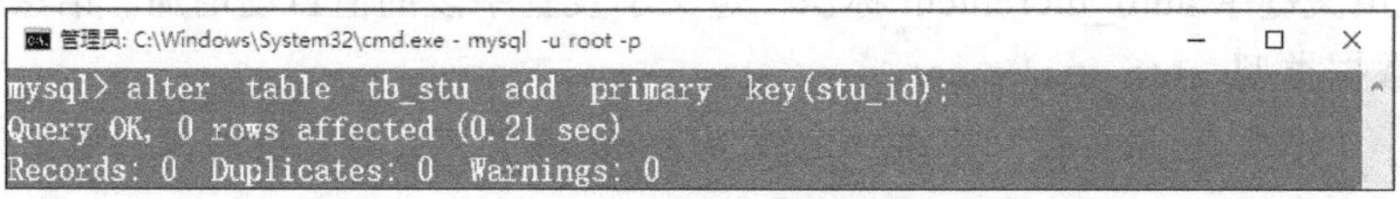

图 4-16 增加主键约束

二、非空约束

非空约束由关键字 not null 标识，定义了非空约束的字段取值不能为 null。语法格式如下：

字段名 数据类型 not null

例 4-15 修改 tb_stu 表，将 stu_name 设置为不为空。运行结果如图 4-17 所示。

alter table tb_stu modify stu_name varchar（20）not null；

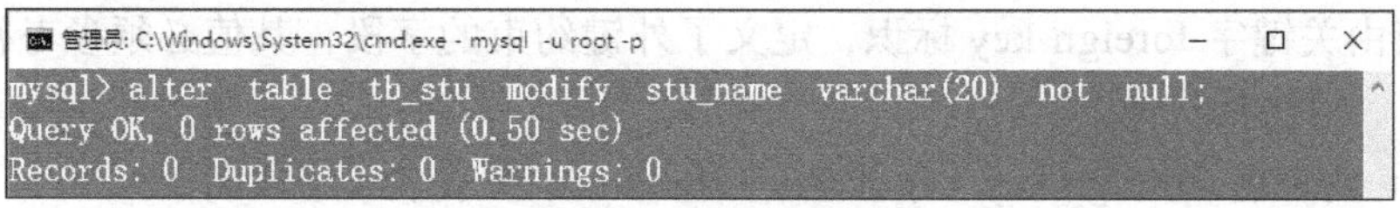

图 4-17 增加非空约束

三、唯一约束

唯一约束由关键字 unique 标识，定义了唯一约束的字段在表中的取值不能重复。语法格式如下：

字段名 数据类型 unique

例 4-16 修改 tb_stu 表，将 stu_name 设置为不能重复。运行结果如图 4-18 所示。

alter table tb_stu add unique（stu_name）;

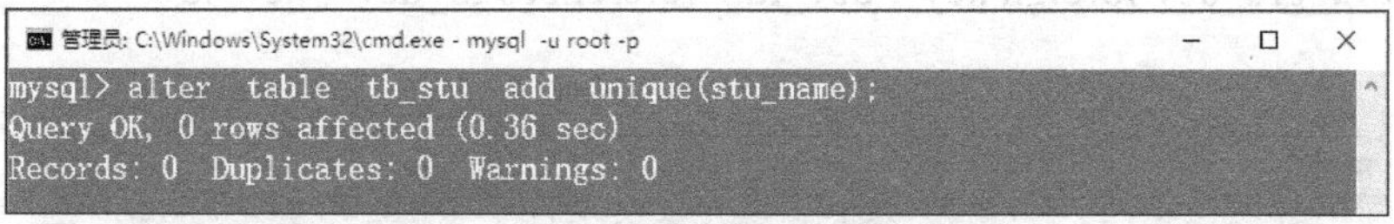

图 4-18 增加唯一约束

四、默认约束

默认约束由关键字 default 标识，定义了默认约束的字段在没有为其输入数据的情况下取默认值。语法格式如下：

字段名 数据类型 default 默认值

例 4-17 修改 tb_stu 表，将 stu_sex 默认值设置为“女”（1）。运行结果如图 4-19 所示。

alter table tb_stu modify stu_sex tinyint（1）default 0；

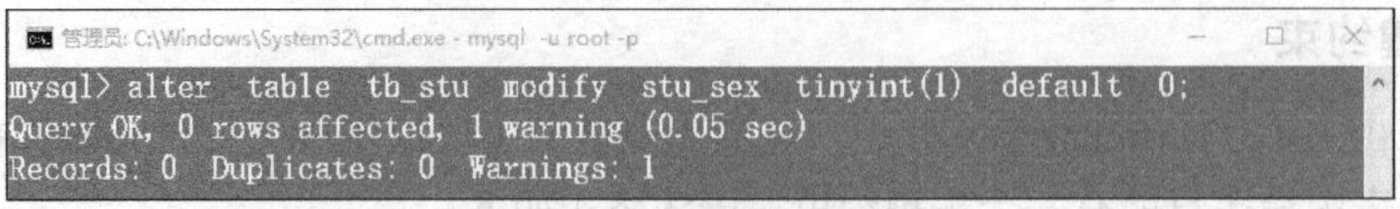

图 4-19 增加默认约束

五、自增约束

自增约束由关键字 auto_increment 标识，定义了设置字段的值自动增加。语法格式如下：

字段名 数据类型 auto_increment

例 4-18 修改 tb_dev 表，将 dev_id 设置为 int 类型，且为自增约束。运行结果如图 4-20 所示。

alter table tb_dev modify dev_id int（8）auto_increment；

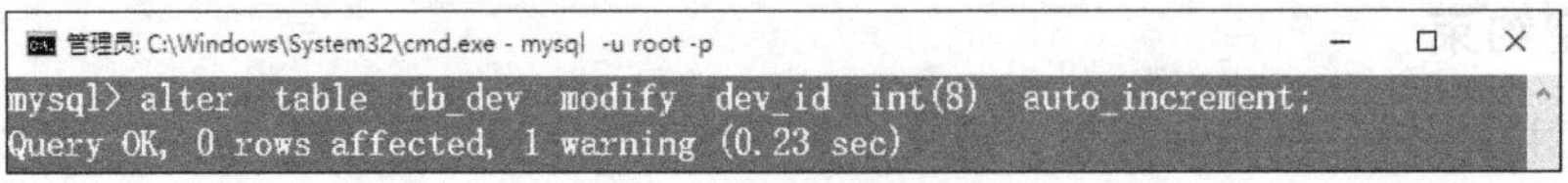

图 4-20 增加自增约束

六、外键约束

外键约束由关键字 foreign key 标识，定义了外键约束的字段，其值必须参考被它参照的表的主键的取值。语法格式如下：

constraint 约束名 foreign key（字段名）references 父表名（字段名）

例 4-19 创建 tb_grade 表。运行结果如图 4-21 所示。

create table tb_grade（
stu_id varchar（10），
dev_id varchar（16），
score decimal（10，2），
test_time datetime，
primary key（stu_id，dev_id），
constraint fk_gra_stu foreign key（stu_id）references tb_stu（stu_id），
constraint fk_gra_dev foreign key（dev_id）references tb_dev（dev_id）
）；

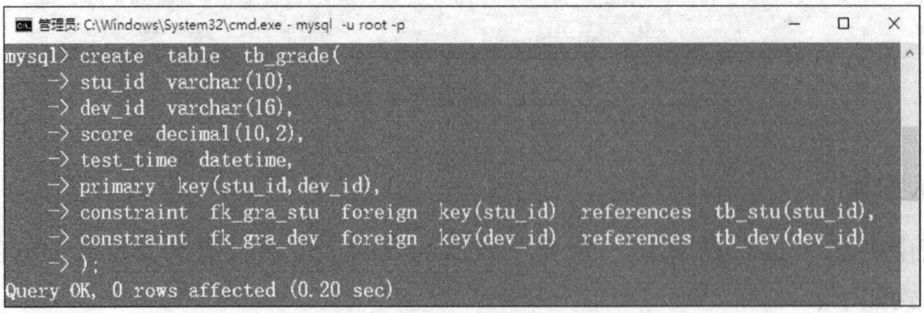

图 4-21 创建 tb_grade 表

七、删除约束

使用 alter table drop 语句可以删除主键约束、外键约束、唯一约束、检查约束等。

1. 删除主键约束

语法格式如下：

alter table 表名 drop primary key ;

2. 删除外键约束

语法格式如下：

alter table 表名 drop foreign key 约束名 ;

3. 删除唯一约束

语法格式如下：

alter table 表名 drop [index|key] 约束名 ;

4. 删除检查约束

语法格式如下：

alter table 表名 drop check 约束名 ;

使用 alter table modify 语句可以删除非空约束、默认约束和自增约束。语法格式如下：

alter table 表名 modify 字段名 数据类型 [not null|default 默认值] ;

例 4-20　删除 tb_dev 表的 user_id 列的外键约束。运行结果如图 4-22 所示。

alter table tb_dev drop foreign key fk_dev_use ;

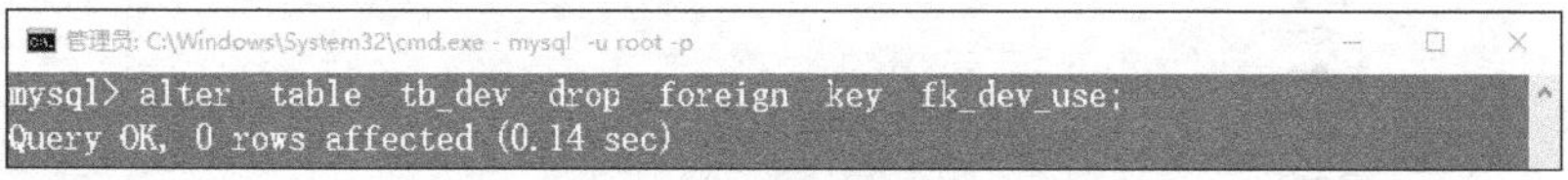
管理员: C:\Windows\System32\cmd.exe - mysql -u root -p
mysql> alter table tb_dev drop foreign key fk_dev_use;
Query OK, 0 rows affected (0.14 sec)

图 4-22　删除外键约束

例 4-21　删除 tb_stu 表的 stu_sex 列的默认约束。运行结果如图 4-23 所示。

alter table tb_stu modify stu_sex tinyint（1）;

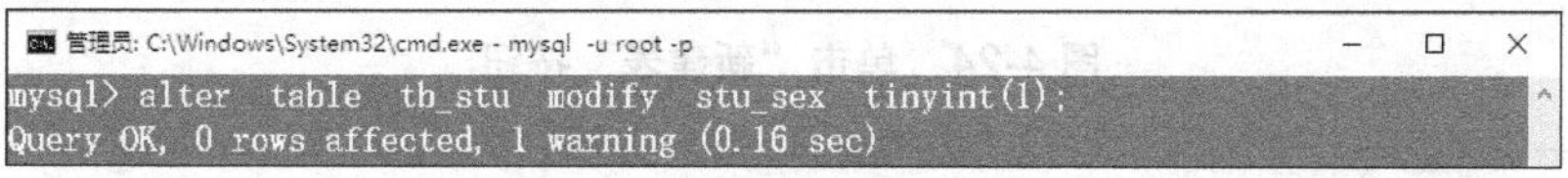
管理员: C:\Windows\System32\cmd.exe - mysql -u root -p
mysql> alter table tb_stu modify stu_sex tinyint(1);
Query OK, 0 rows affected, 1 warning (0.16 sec)

图 4-23　删除默认约束

任务总结

定义表结构的同时也可以定义与该表相关的完整性约束条件，这些完整性约束条件被存入系统的数据字典中。表结构定义完成后，也可以通过修改表的语句来实现完整性约束条件的增加和删除操作。

任务四　使用 Navicat 可视化图形管理工具创建和操作数据表

在实际工作中，使用可视化图形管理工具可以更简单快捷地创建和操作数据表。

任务描述

本任务将介绍使用可视化图形管理工具创建表并设置约束条件、查看表、修改表和删除表的方法。

任务分析

使用可视化图形管理工具Navicat代替SQL语句，创建并管理shd数据库的两张数据表（tb_stu表、tb_grade表）。

任务实现

一、使用 Navicat 创建表并设置约束条件

双击选择“shd”数据库，单击“新建表”按钮，或右击“表”节点，在弹出的快捷菜单中选择“新建表”命令，即可创建表。

例 4-22　创建 tb_stu 表，如图 4-24 和图 4-25 所示。

例 4-23　创建 tb_grade 表，如图 4-26 和图 4-27 所示。

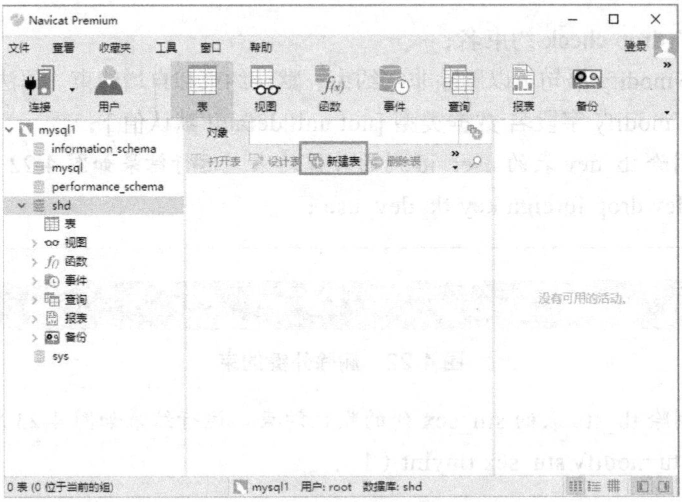

图 4-24　单击“新建表”按钮

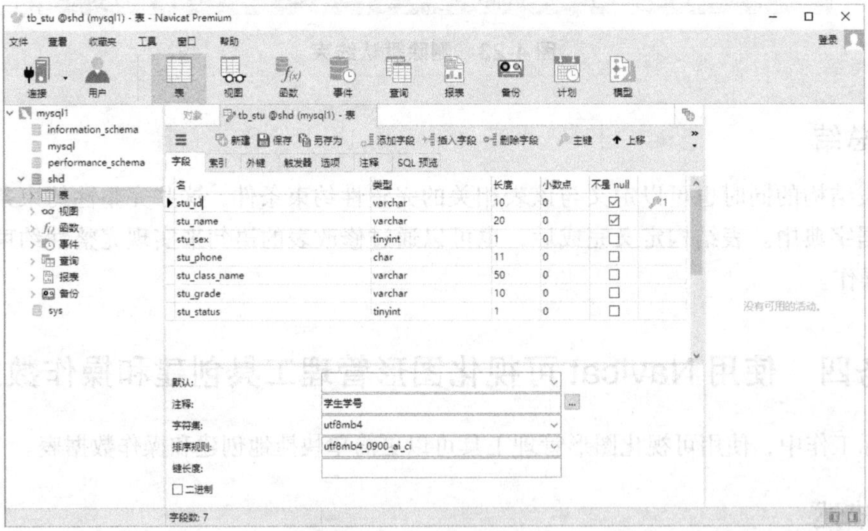

图 4-25　新建表 tb_stu

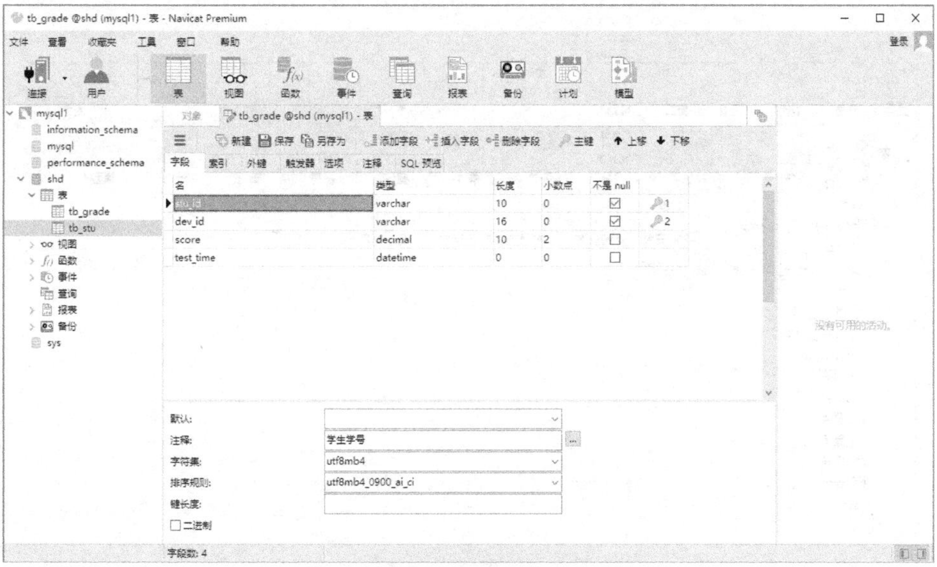

图 4-26 新建表 tb_grade

图 4-27 表 tb_grade 外键设置

二、使用 Navicat 查看表结构

双击选择“shd”数据库，系统会在右侧“对象”选项卡中打开数据表列表，选中要查看的 tb_stu 表，单击“设计表”按钮，即可查看数据表结构，如图 4-28 所示。

三、使用 Navicat 修改表

1. 修改表名

在数据表列表中右击需要修改名称的表，在弹出的快捷菜单中选择“重命名”命令，输入新的表名，按 <Enter> 键即可。

例 4-24 将数据库 shd 中的 tb_stu 表更名为 stu，如图 4-29 所示。

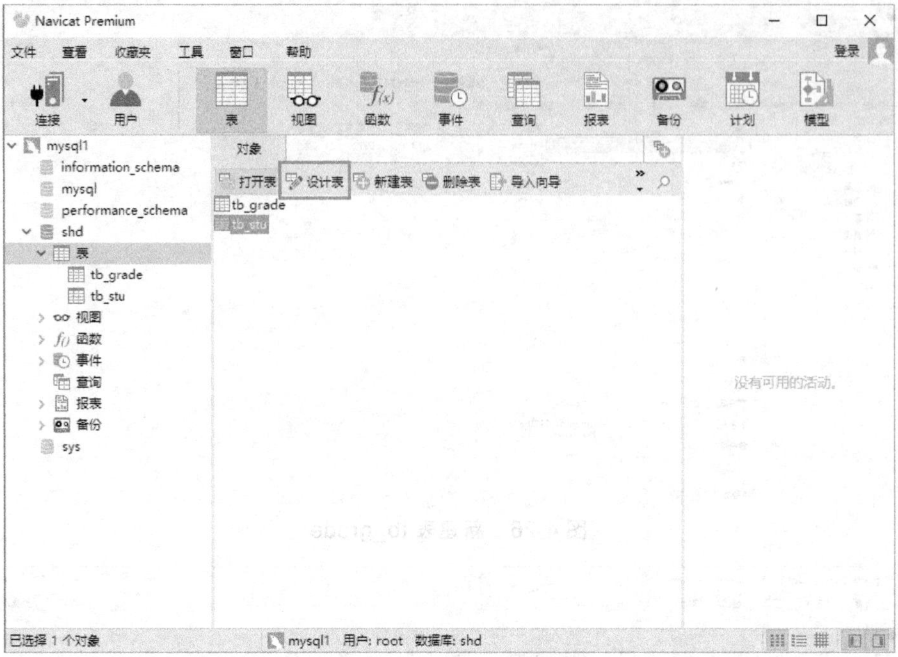

图 4-28 “设计表”按钮

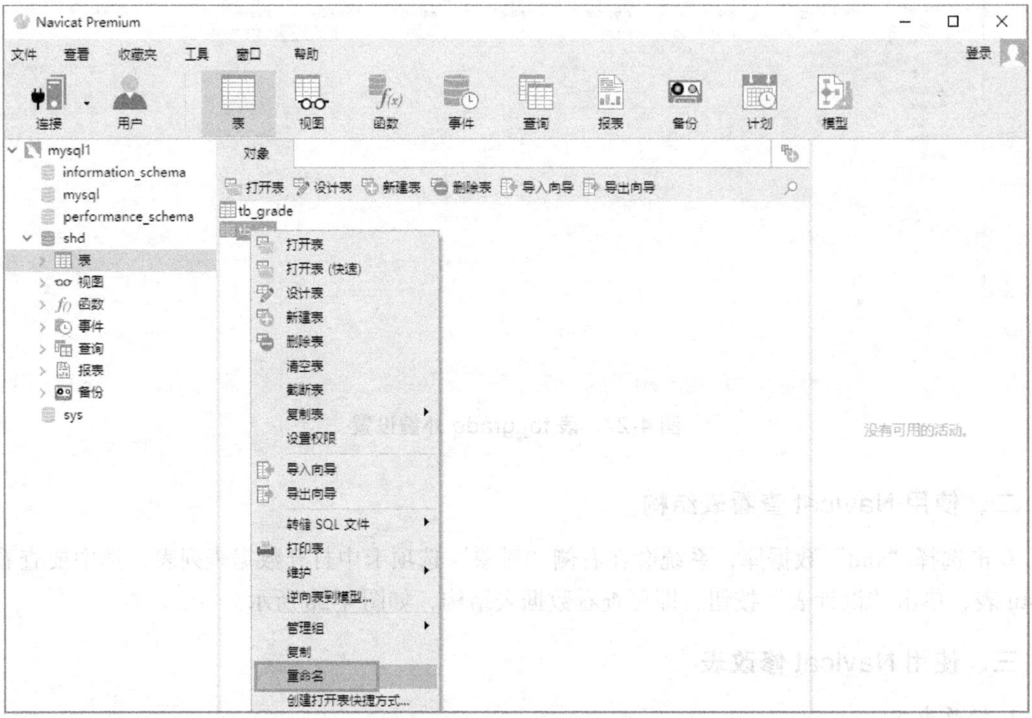

图 4-29 修改表名

2. 修改数据类型

选中需要修改结构的表，单击“设计表”按钮，进入表结构设计界面。

例 4-25 将 tb_stu 表中字段 stu_grade 的数据类型修改为 varchar（8）。结果如图 4-30 所示。

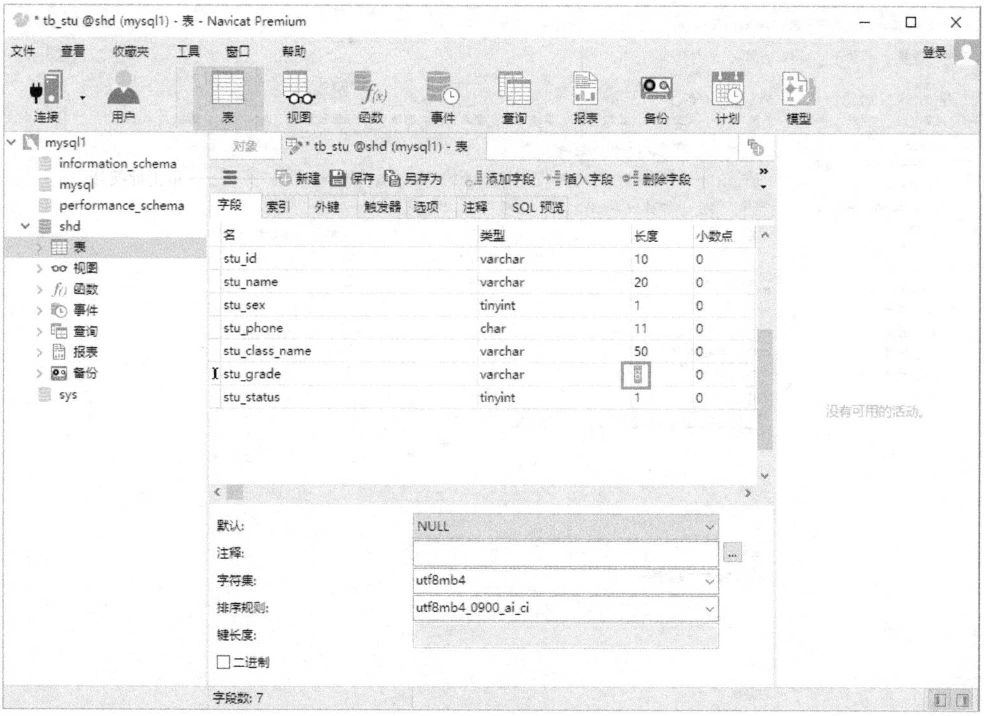

图 4-30 修改数据类型

例 4-26 在 tb_stu 表中添加字段 stu_regtime，用于表示学生注册的时间，其数据类型为 timestamp。结果如图 4-31 所示。

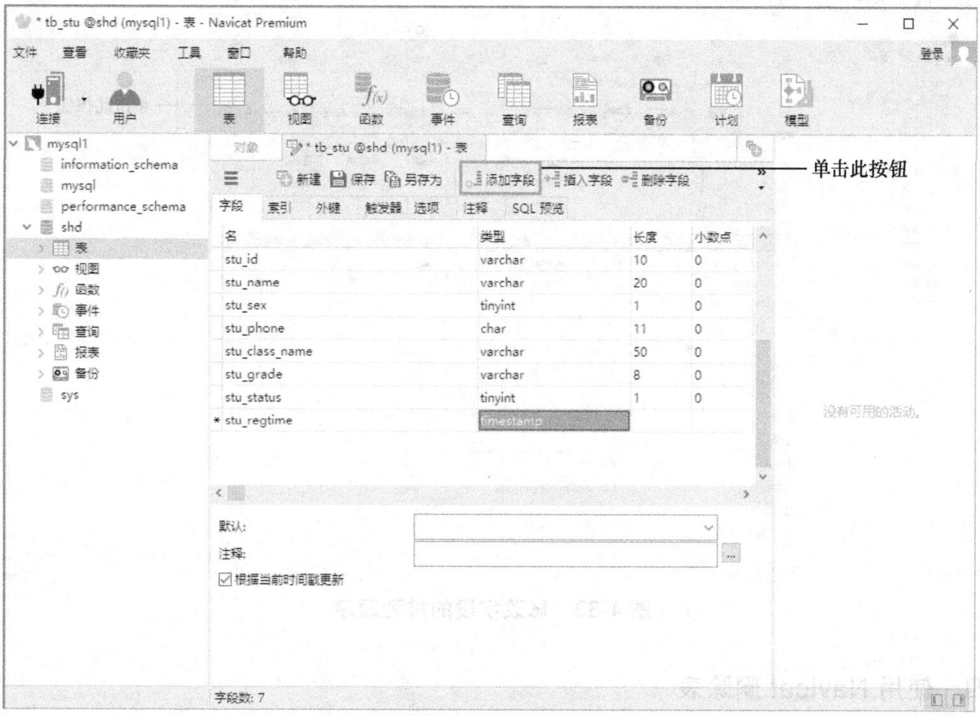

图 4-31 添加字段

例 4-27 在 tb_stu 表中删除字段 stu_regtime，如图 4-32 所示。

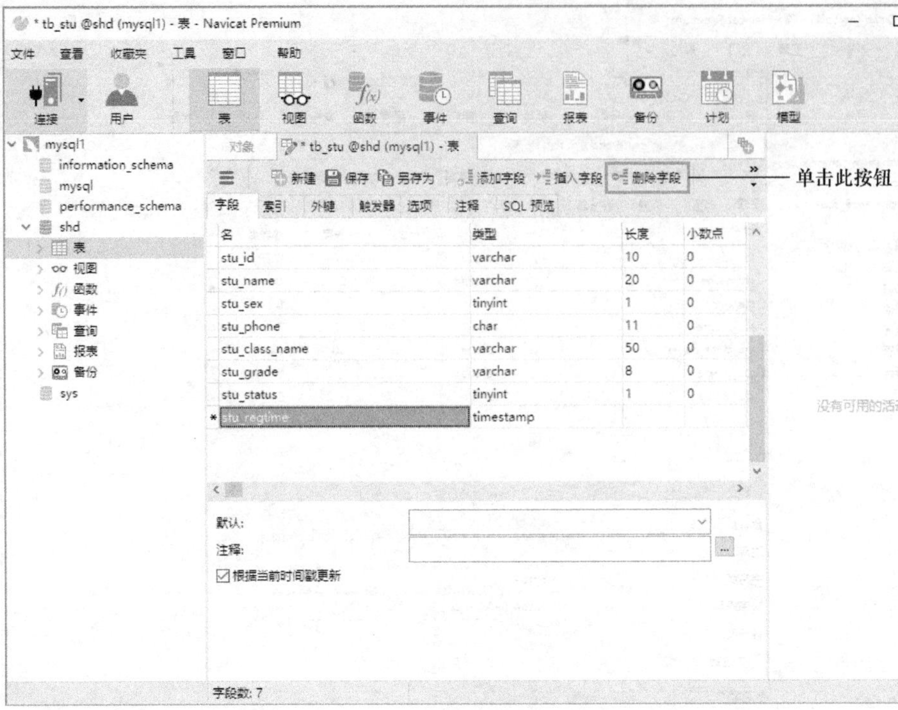

图 4-32　删除字段

例 4-28　将 tb_stu 表中的字段 stu_phone 移到 stu_sex 的前面，如图 4-33 所示。

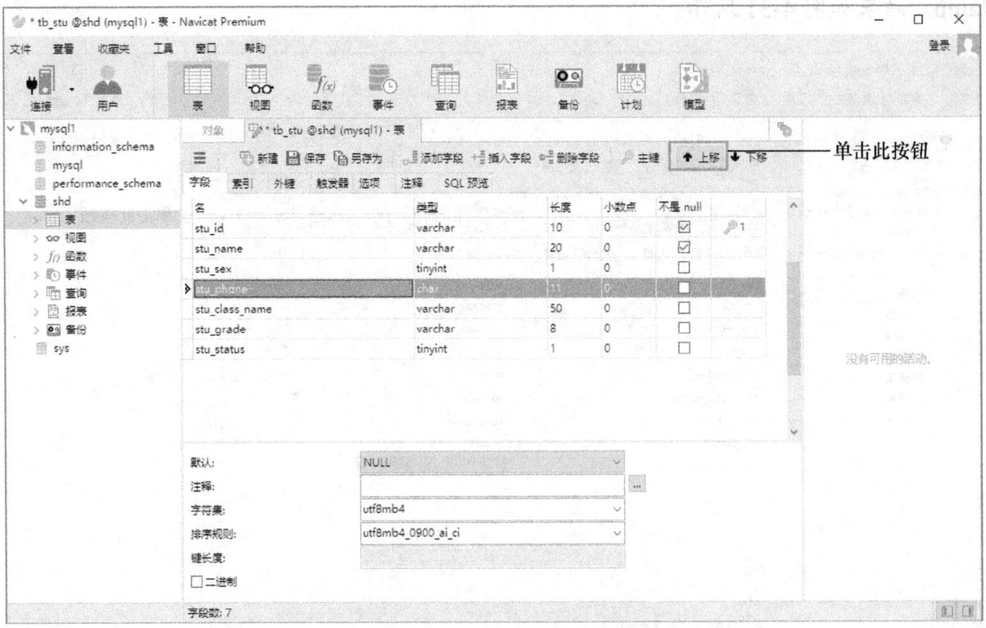

图 4-33　修改字段的排列顺序

四、使用 Navicat 删除表

在数据表列表中右击需要删除的表，在弹出的快捷菜单中选择“删除表”命令。如果该表被其他表关联，需首先删除关联表中的外键，再删除该表。

例 4-29　删除 tb_grade 表，如图 4-34 所示。

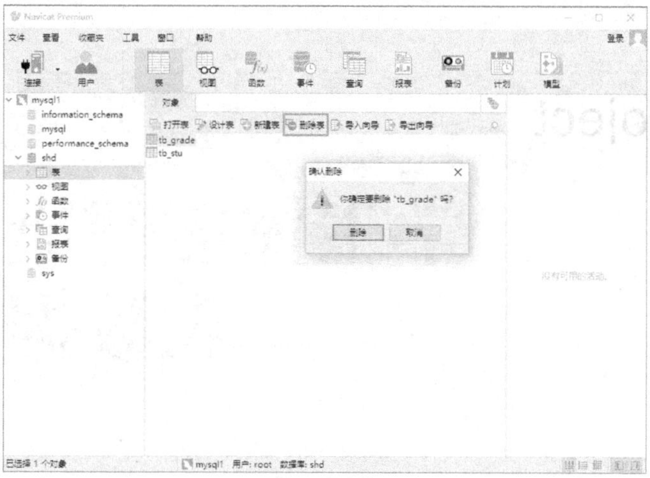

图 4-34 删除表

任务总结

可视化图形管理工具 Navicat 能够实现和 SQL 语句一样的操作效果，用户可以根据实际情况自由选择实现方式。

实践训练

【实践项目】

数据库 shd 中的管理员表 tb_user、信息采集表 tb_wechar_info 的表结构见表 4-4 和表 4-5。

表 4-4 tb_user 表的表结构

列名	数据类型	约束	注释
user_id	tinyint（4）	主键	管理员 ID
username	varchar（20）		管理员姓名
password	varchar（8）	非空	密码
mobile	char（11）		手机号
status	tinyint（1）		0：禁用；1：正常
create_time	datetime		创建时间

表 4-5 tb_wechar_info 表的表结构

列名	数据类型	约束	注释
info_id	int（255）	主键、自增	信息 ID
stu_id	varchar（10）	外键	学生学号

请使用 SQL 语句和 Navicat 完成下述内容：

1. 分别创建 tb_user 表和 tb_wechar_info 表。
2. 将 tb_user 表中的 password 字段的长度修改为 10。
3. 为 tb_wechar_info 表添加 create_time 列，其数据类型为 datetime。
4. 为 tb_user 表中的 username 列添加非空约束。
5. 为 tb_user 表中的 create_time 列添加默认约束，默认值为系统当前时间。
6. 为 tb_user 表增加一列“管理员 email”，字段名为 email，数据类型为 varchar（30），排列顺序位于 mobile 字段后。

5 Project 项目五

学生体能健康数据库表数据的操作

项目描述

在项目四中已经完成了学生体能健康数据库表的创建和管理，本项目主要是对该数据库各表的数据进行管理，从而实现学生体能健康数据库的上报存储、查询和更新。

学习目标

知识目标：

1. 掌握表数据的插入、修改和删除操作。
2. 掌握表数据的查询操作。
3. 掌握表数据的查询优化操作。

能力目标：

1. 能完成对表数据的增加、删除、修改、查询操作。
2. 能实现表数据的查询优化。

素质目标：

1. 培养学生的编程能力和职业素养。
2. 培养学生自我学习的习惯和认真做事的品格。

任务一　表数据的插入、修改和删除

任务描述

创建数据表之后，若有新的数据需要录入或有数据发生变化，甚至需要从数据库中清除，就需要向数据表中添加记录，或对记录进行修改和删除。

任务分析

数据更新主要包括数据的插入、修改和删除等操作，可以通过 SQL 语句向数据库表中添加记录、修改记录或删除记录。

任务实现

一、插入数据

通过插入数据可以向表中增加新的数据。在 MySQL 中，可以使用 insert 语句向数据表中添加新记录。通常情况下，插入数据分为以下几种情形。

1）向表中插入完整的记录。

2）向表中的部分字段插入记录。

3）向表中插入多条记录。

4）把另一张表的查询结果插入表中。

1. 向表中插入完整的记录

insert 语句有两种方式可以同时为表中所有的字段插入数据：第一种方式是不指定具体的字段名；第二种方式是把所有的字段名都罗列出来。值得注意的是，用第一种方式实现数据插入时所有值的个数和顺序必须完全与表定义时一致，用第二种方式只要保证所列字段的顺序与值相对应即可，不需要按照表定义时的顺序来赋值。无论用哪种方式插入数据，取值的数据类型都要与表中对应字段的数据类型一致。

（1）insert 语句中不指定具体的字段名　插入完整的记录时，不指定具体的字段名，其语法格式如下：

insert [into] table_name value | values（value1，value2，…，valuen）;

例 5-1　向学生表 tb_stu 中插入一条新记录，如图 5-1 所示。

insert into tb_stu

values（'41900101'，' 王乐 '，0，'13789200123'，'2019 级计科 01 班 '，'2019'，1）;

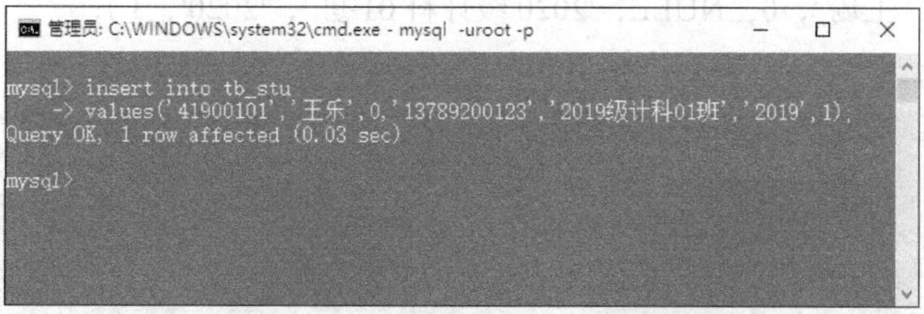

图 5-1　向学生表插入一条新记录

（2）insert 语句中罗列出所有的字段名　插入完整的记录时，指定具体的字段名，其语法格式如下：

insert [into] table_name（col_name1，col_name2，…，col_namen）value | values（value1，value2，…，valuen）;

例 5-2　向管理员表 tb_user 中插入一条新记录，如图 5-2 所示。

insert into tb_user（user_id，username，password，mobile，status，create_time）

values（'101'，' 周兵 '，'M123456'，'12458626990'，1，NULL）;

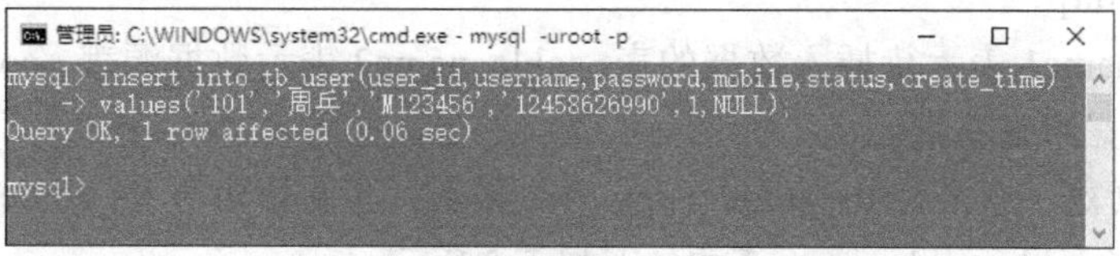

图 5-2　向管理员表插入一条新记录

2. 向表中的部分字段插入记录

向表中的部分字段插入记录就是在 insert 语句中只写出需要赋值的字段名和值，而其他没有赋值的字段，数据库系统会为其插入定义表时的默认值。其语法格式与插入完整记录时指定具体的字段名一样，只是字段是表定义时的部分字段。

例 5-3 向学生表 tb_stu 中的 stu_id、stu_name 和 stu_status 插入记录，如图 5-3 所示。

insert into tb_stu（stu_id，stu_name，stu_status）values（'42200101'，'王强'，0）;

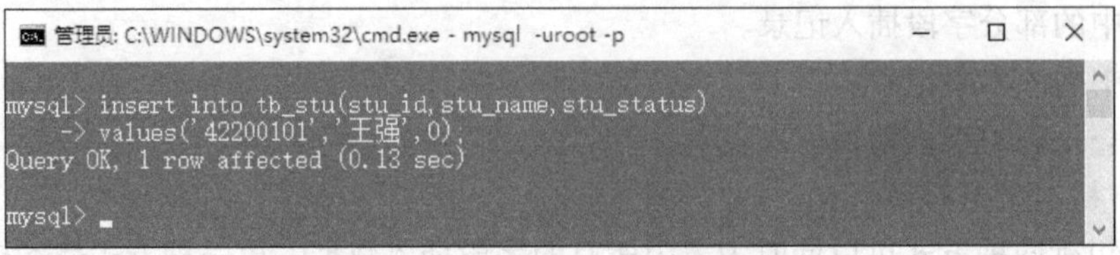

图 5-3 向学生表中的部分字段插入记录

3. 向表中插入多条记录

当用户想要插入多条记录时，可以采用前面的方式逐条插入。但是，每次插入都需要写一条新的 insert 语句，比较烦琐。在 MySQL 中，一条 insert 语句可以同时向表中插入多条记录，插入时可指定列名，多条赋值语句之间用英文状态下的逗号分隔。语法格式如下：

insert [into] table_name[(col_name1,col_name2,…,col_namen)] value | values(valuelist1),(valuelist2)，…，(valuelistn);

例 5-4 向学生表 tb_stu 中同时插入 3 条记录，如图 5-4 所示。

insert into tb_stu values（'42000101'，'李四'，1，NULL，'2020 级计科 01 班'，'2020'，1），
（'42000102'，'张良'，1，'18281089706'，'2020 级计科 01 班'，'2020'，1），
（'42000103'，'王珊'，0，NULL，'2020 级计科 01 班'，'2020'，1）;

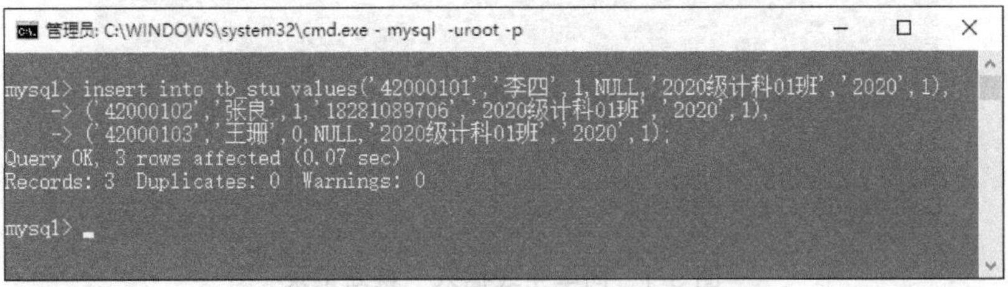

图 5-4 向学生表中同时插入多条记录

4. 把另一张表的查询结果插入表中

使用 insert into…select…可以将一张表或多张表中的数据插入目标表中。select 语句返回的是一个查询结果集，insert 语句把这个结果集中的数据插入目标表中。值得注意的是，查询结果集中的字段个数及其数据类型要与目标表完全一致。语法格式如下：

insert [into] table_name1[（col_name1，col_name2，…，col_namen）]
select（col_name1，col_name2，…，col_namem）from table_name2
[where condition]；

其中，table_name1 表示待插入数据的表；table_name2 表示数据源表；condition 表示 select 语句的查询条件，是可选参数。

例 5-5 创建一个名为 tb_grade_copy 的数据表，其表结构与 tb_grade 表相同，并把 tb_grade 表中的数据插入 tb_grade_copy 表中，如图 5-5 所示。

insert into tb_grade_copy select * from tb_grade；

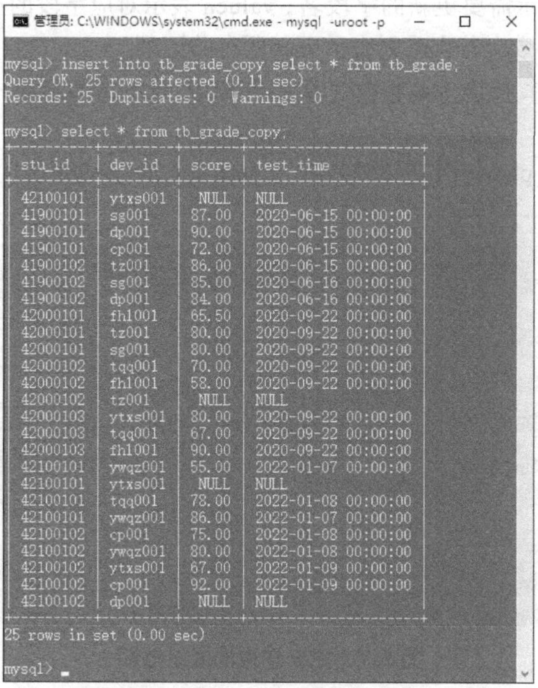

图 5-5 把查询结果插入表中

5. replace 语句

在 MySQL 中，还可以使用 replace 语句把一条或多条语句插入表中，或是将一张表中的查询结果集插入目标表中。该语句与 insert 语句的区别在于，若新增记录的主键值或者唯一约束字段值与已有记录相同，则先删除已有记录值后再添加新记录。语法格式如下：

replace [into] table_name value | values（value1，value2，⋯，valuen）;

例 5-6 使用 replace 语句向学生表 tb_stu 中插入一条记录，如图 5-6 所示。

replace tb_stu

values（'41900102'，'陈杨'，1，'18765342567'，'2019 级计科 02 班'，'2019'，1）;

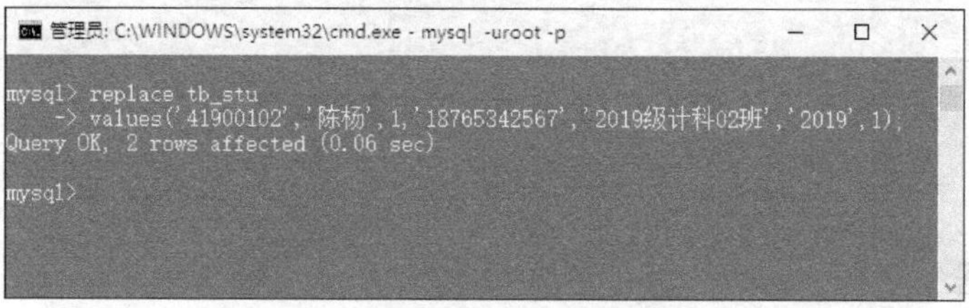

图 5-6 使用 replace 语句插入记录

二、修改数据

数据存储到数据库中后，可以根据实际情况对已有数据进行修改。例如，学生表中某个学生的联系电话改变了，为了能及时联系到学生，需要在学生表中修改该学生的电话。在 MySQL 中，使用 update 语句来修改数据，其语法格式如下：

update table_name

set col_name1=value1，col_name2=value2，⋯，col_namen=valuen

[where condition] ;

其中，col_namen 表示需要更新的字段名；valuen 表示对应字段的更新值；condition 表示更新满足的条件，是可选参数，若省略则表示更新所有的记录。

例 5-7 更新学生表 tb_stu 中学号为 41900101 的学生的联系电话为 13548531020，如图 5-7 所示。

update tb_stu set stu_phone='13548531020' where stu_id='41900101' ;

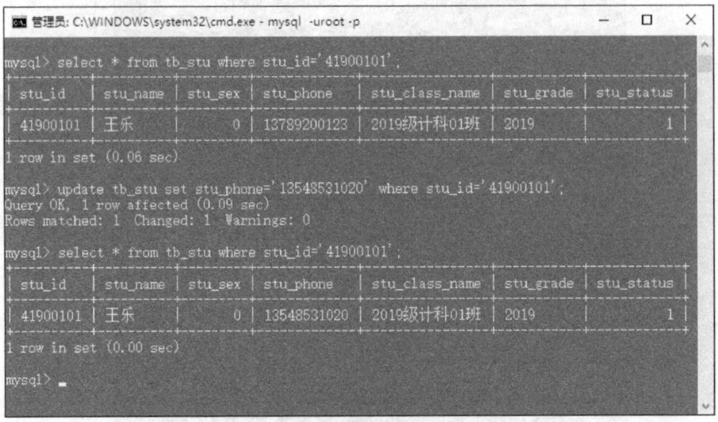

图 5-7 更新学生的联系电话

例 5-8 更新学生表 tb_stu 中学号为 42200101 的学生的年级为 2022，班级为 2022 级会计 01 班，如图 5-8 所示。

update tb_stu set stu_grade='2022', stu_class_name='2022 级会计 01 班 '
where stu_id='42200101' ;

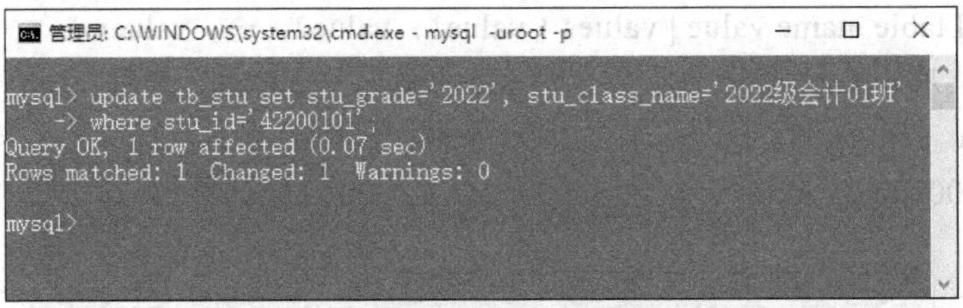

图 5-8 更新学生的年级和班级

三、删除数据

通过删除数据可以删除表中不再使用的记录，例如学生表中某个学生退学了，就需要从该表中删除其信息。在 MySQL 中，可以使用 delete 语句来删除数据。若要完全清空某个表的所有数据，还可以使用 truncate 语句来实现。

1. 使用 delete 语句删除数据

使用 delete 语句既可以删除表中满足特定条件的部分数据，又能删除全部数据，其语法格式如下：

delete from table_name [where condition] ;

其中，where condition 是可选项，若省略，则删除表中全部数据。

例 5-9　删除学生表 tb_stu 中学号为 42200102 的学生记录，如图 5-9 所示。

delete from tb_stu where stu_id='42200102' ;

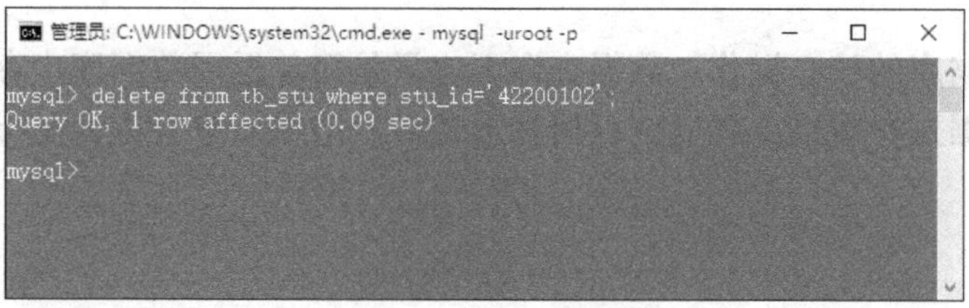

图 5-9　删除指定的记录

2. 使用 truncate 语句清空数据

truncate 语句用于完全清空一个表，其语法格式如下：

truncate [table] table_name ;

注意，truncate 语句在功能上与不带条件的 delete 语句相同，均可以删除表中所有记录，但在某些情况下，两者的使用和原理还是有所区别的。

1）从类型方面来看，delete 是 DML 类型的语句；truncate 是 DDL 类型的语句。

2）从具体的执行来看，delete 是逐行一条一条地删除记录；truncate 则是直接删除原来的表，再重新创建一个一模一样的新表，而不是逐行删除表中的数据。因此，truncate 执行速度比 delete 快。当表中的数据量较大，而且需要删除表中全部的数据时，尽量使用 truncate 语句，可以缩短执行时间。

3）从数据恢复来看，delete 删除数据后，配合事件回滚可以找回数据；truncate 不支持事件的回滚，数据删除后无法找回。因此，在用 truncate 命令删除数据时要特别谨慎。

4）使用 delete 语句删除数据后，系统不会重新设置自增字段的计数器，而是继续依次递增；使用 truncate 语句清空表记录后，系统会重新设置自增字段的计数器为 1。

5）从内存空间释放来看，delete 语句删除数据后不释放空间；而 truncate 会释放空间。

6）delete 语句删除数据后会返回删除数据的行数；而 truncate 只会返回 0，没有任何意义。

例 5-10　清除成绩表 tb_grade_copy 中的记录，如图 5-10 所示。

truncate tb_grade_copy ;

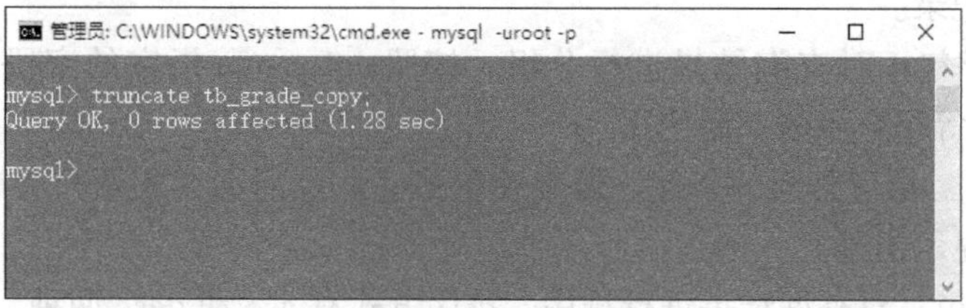

图 5-10　清除记录

任务总结

本任务主要围绕数据库表数据的更新进行，包括数据的插入、修改和删除。每种操作都有多种不同的应用场景，在实际项目中需要根据需求灵活使用。

任务二　单表查询

任务描述

数据查询是数据库的核心操作。数据查询不应只是简单返回数据库中存储的数据，还应该根据实际需要对数据进行筛选，并确定以何种形式显示结果。单表查询是指从一张表中查询所需的数据。

任务分析

在学生体测系统中，学生可以在数据库表中查询自己各项体测项目的成绩，管理员可以查看体测设备的相关信息。在 MySQL 中，使用 select 语句来实现所需数据的查询，并对数据进行统计汇总，将查询结果按用户规定的格式进行整理，并返回给用户。

任务实现

一、select 基本语法

select 语句是所有数据库操作中最常使用的 SQL 语句，其语法格式如下：

```
select [all | distinct] column_list
from table_name | view_name
[where condition1]
[group by col_name]
[having condition2]
[order by col_name[asc | desc]]
[limit [offset，]row_count]
```

其中，[ ] 表示参数是可选的，具体参数说明如下：

1）select 子句：指定要查询的列名。多个列名之间用逗号分隔，还可以为列名取新的别名。distinct 关键字表示显示的结果要消除重复的行，若不写，则显示所有的行，包括重复的行。

2）from 子句：指定要查询的基本表或视图。若是多个表，则表名之间用逗号分隔。

3）where 子句：指定要查询的条件。若有，则按 condition1 指定的条件进行查询；若省略，则表示查询所有的记录。

4）group by 子句：对查询结果进行分组。按照 col_name 指定的字段进行分组，通常与 count（ ）、sum（ ）等聚合函数一起使用。

5）having 子句：指定分组的条件。通常放在 group by 后面，表示只有满足条件 condition2 的分组结果才能被显示出来。

6）order by 子句：对查询结果进行排序。排序方式有 asc 和 desc 两种，默认情况下是 asc，即升序。

7）limit 子句：指定查询结果输出的行数。

二、查询所有字段

查询所有字段有两种表达方式：一是罗列出表中所有的字段名，字段名之间用逗号分隔；二是使用通配符星号（*）来表示所有字段。

例 5-11 查询设备表 tb_dev 中所有设备的信息，如图 5-11 所示。

方式 1：select dev_id，dev_name，dev_status_code from tb_dev；

返回结果的字段顺序与 select 语句中指定的字段顺序一致。

方式 2：select * from tb_dev；

返回结果的字段顺序与表定义时的字段顺序一致。

由此可见，当表中的字段很多时，使用方式 2 明显要简单一些。但从显示结果字段顺序的灵活性来看，方式 1 更灵活。

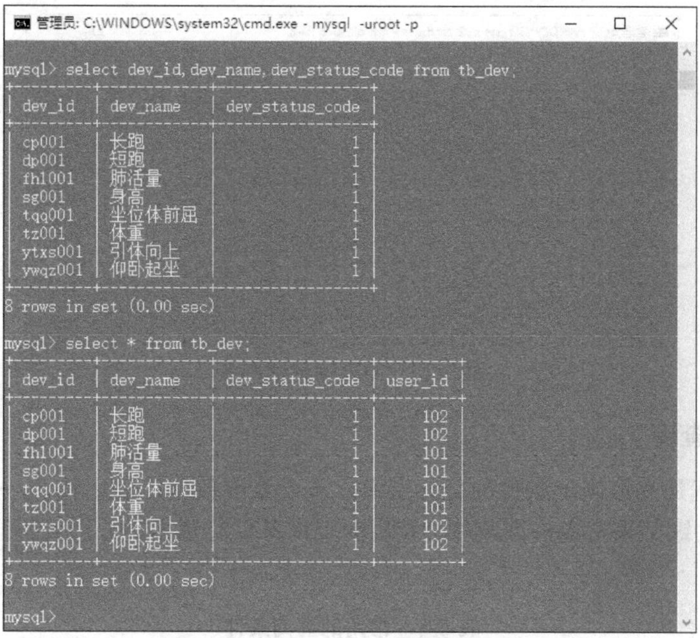

```
管理员: C:\WINDOWS\system32\cmd.exe - mysql  -uroot -p
mysql> select dev_id, dev_name, dev_status_code from tb_dev;
+----------+------------+-----------------+
| dev_id   | dev_name   | dev_status_code |
+----------+------------+-----------------+
| cp001    | 长跑       |               1 |
| dp001    | 短跑       |               1 |
| fhl001   | 肺活量     |               1 |
| sg001    | 身高       |               1 |
| tqq001   | 坐位体前屈 |               1 |
| tz001    | 体重       |               1 |
| ytxs001  | 引体向上   |               1 |
| ywqz001  | 仰卧起坐   |               1 |
+----------+------------+-----------------+
8 rows in set (0.00 sec)

mysql> select * from tb_dev;
+----------+------------+-----------------+---------+
| dev_id   | dev_name   | dev_status_code | user_id |
+----------+------------+-----------------+---------+
| cp001    | 长跑       |               1 |     102 |
| dp001    | 短跑       |               1 |     102 |
| fhl001   | 肺活量     |               1 |     101 |
| sg001    | 身高       |               1 |     101 |
| tqq001   | 坐位体前屈 |               1 |     101 |
| tz001    | 体重       |               1 |     101 |
| ytxs001  | 引体向上   |               1 |     102 |
| ywqz001  | 仰卧起坐   |               1 |     102 |
+----------+------------+-----------------+---------+
8 rows in set (0.00 sec)

mysql>
```

图 5-11 查询所有字段

三、查询部分字段

当我们不需要查询表中所有字段的数据时，可以通过 select 语句查询指定的字段。

例 5-12 查询学生表 tb_stu 中的学生学号和姓名，如图 5-12 所示。

select stu_id，stu_name from tb_stu；

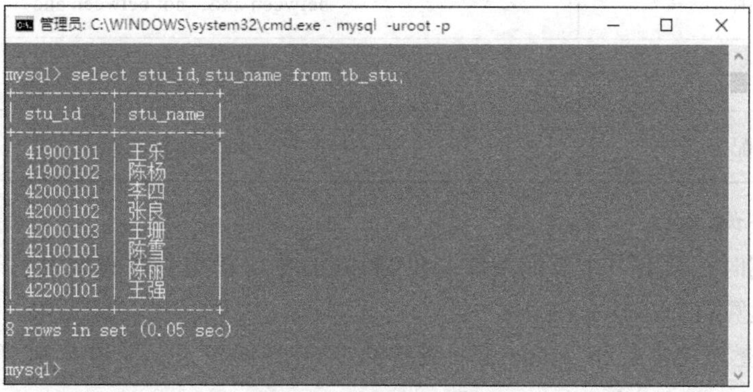

```
管理员: C:\WINDOWS\system32\cmd.exe - mysql  -uroot -p
mysql> select stu_id, stu_name from tb_stu;
+----------+----------+
| stu_id   | stu_name |
+----------+----------+
| 41900101 | 王乐     |
| 41900102 | 陈杨     |
| 42000101 | 李四     |
| 42000102 | 张良     |
| 42000103 | 王珊     |
| 42100101 | 陈雪     |
| 42100102 | 陈丽     |
| 42200101 | 王强     |
+----------+----------+
8 rows in set (0.05 sec)

mysql>
```

图 5-12 查询部分字段

四、给表和字段取别名

默认情况下，查询数据时所用的表名和返回结果中显示的字段名是创建表时定义的表名和字段名。但在某些情况下，为了让显示的结果更加直观易懂，查询语句更简洁，可以用 as 关键字在表或字段的后面给表或字段取一个别名，语法格式如下：

select col_name [as] 字段别名 from table_name [as] 表的别名

例 5-13　查询学生表 tb_stu 中的学生学号和姓名，并指定返回结果中的列名是“学号”和“姓名”，如图 5-13 所示。

select stu_id as '学号', stu_name '姓名' from tb_stu ;

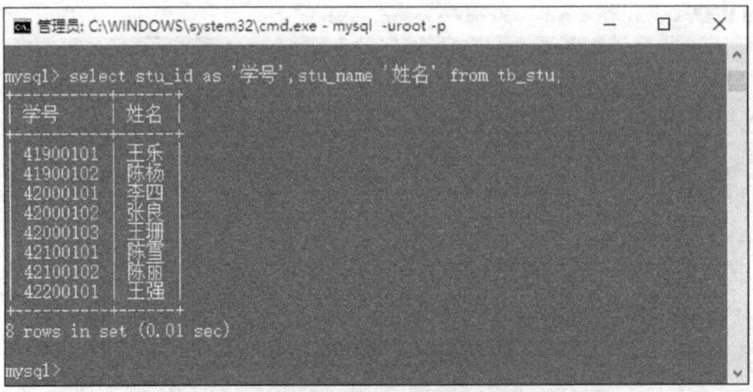

图 5-13　给查询列取别名

五、选择行查询

选择行查询就是查询满足条件的行。当用户需要查询数据库表中符合一定条件的数据时，可以使用 where 关键字来指定查询条件。常用的查询条件有很多种，涉及不同的运算符号或关键字，见表 5-1。

表 5-1　常用的查询条件

查询条件	常用符号或关键字
比较	=，<，<=，>，>=，<>（!=），!<，!>
逻辑运算	and（&&），or（||），not（!）
指定集合	in，not in
指定范围	between and，not between and
是否为空	is null，is not null
字符匹配	like，not like

1. 简单条件查询

简单条件查询时，只有一个查询条件。在 MySQL 中，简单条件查询中的条件表达式最常用的符号就是比较运算符。

例 5-14　查询成绩表 tb_grade 中的成绩低于 60 分的记录，如图 5-14 所示。

select * from tb_grade where score<60 ;

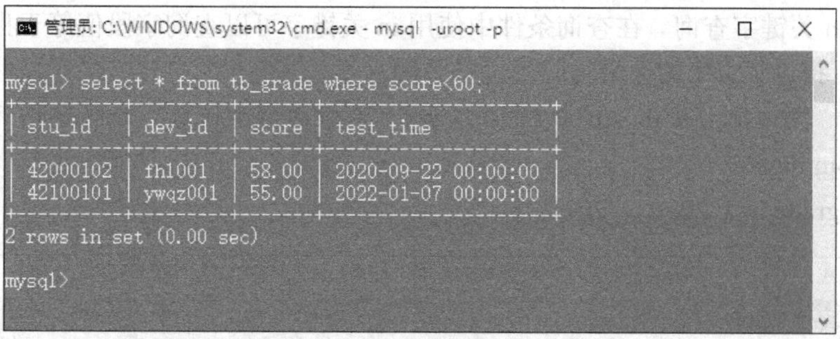

```
管理员: C:\WINDOWS\system32\cmd.exe - mysql -uroot -p
mysql> select * from tb_grade where score<60;
+----------+----------+-------+---------------------+
| stu_id   | dev_id   | score | test_time           |
+----------+----------+-------+---------------------+
| 42000102 | fh1001   | 58.00 | 2020-09-22 00:00:00 |
| 42100101 | ywqz001  | 55.00 | 2022-01-07 00:00:00 |
+----------+----------+-------+---------------------+
2 rows in set (0.00 sec)

mysql>
```

图 5-14　简单条件查询

2. 多条件查询

在实际应用中，用户从数据库表中查询的数据可能需要满足多个条件。通常使用逻辑运算符或指定集合的方式来编写条件表达式。

（1）使用 and 关键字查询　在 MySQL 中，使用 and 关键字进行多条件查询时，只有同时满足条件表达式中所有条件的记录才会被返回。

例 5-15　查询学生表 tb_stu 中 2020 级男学生的信息，如图 5-15 所示。

select * from tb_stu

where stu_grade='2020' and stu_sex=1 ;

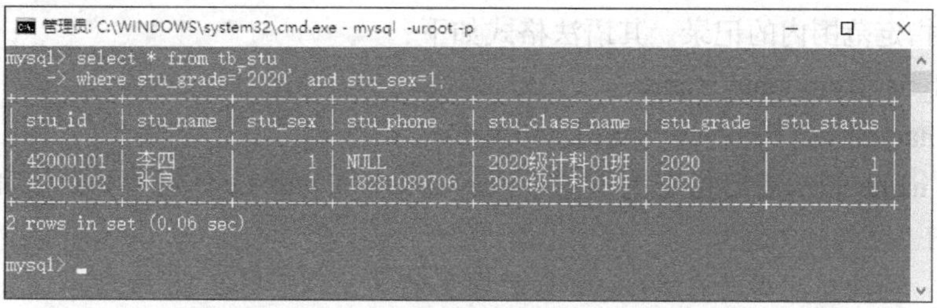

```
管理员: C:\WINDOWS\system32\cmd.exe - mysql -uroot -p
mysql> select * from tb_stu
    -> where stu_grade='2020' and stu_sex=1;
+----------+----------+---------+-------------+----------------+-----------+------------+
| stu_id   | stu_name | stu_sex | stu_phone   | stu_class_name | stu_grade | stu_status |
+----------+----------+---------+-------------+----------------+-----------+------------+
| 42000101 | 李四     |       1 | NULL        | 2020级计科01班 | 2020      |          1 |
| 42000102 | 张良     |       1 | 18281089706 | 2020级计科01班 | 2020      |          1 |
+----------+----------+---------+-------------+----------------+-----------+------------+
2 rows in set (0.06 sec)

mysql> _
```

图 5-15　同时满足多个条件的查询

（2）使用 or 关键字查询　在 MySQL 中，使用 or 关键字进行多条件查询时，只要满足条件表达式中任意一个条件就可以返回记录。

例 5-16　查询学生表 tb_stu 中 2020 级和 2021 级的学生信息，如图 5-16 所示。

select * from tb_stu

where stu_grade='2020' or stu_grade='2021' ;

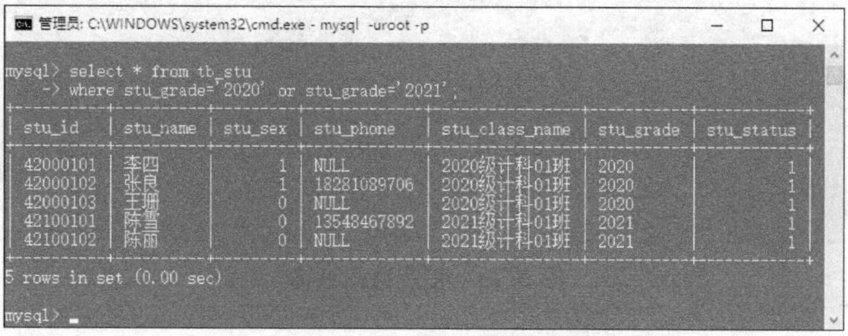

```
管理员: C:\WINDOWS\system32\cmd.exe - mysql -uroot -p
mysql> select * from tb_stu
    -> where stu_grade='2020' or stu_grade='2021';
+----------+----------+---------+-------------+----------------+-----------+------------+
| stu_id   | stu_name | stu_sex | stu_phone   | stu_class_name | stu_grade | stu_status |
+----------+----------+---------+-------------+----------------+-----------+------------+
| 42000101 | 李四     |       1 | NULL        | 2020级计科01班 | 2020      |          1 |
| 42000102 | 张良     |       1 | 18281089706 | 2020级计科01班 | 2020      |          1 |
| 42000103 | 王珊     |       0 | NULL        | 2020级计科01班 | 2020      |          1 |
| 42100101 | 陈雪     |       0 | 13548467892 | 2021级计科01班 | 2021      |          1 |
| 42100102 | 陈丽     |       0 | NULL        | 2021级计科01班 | 2021      |          1 |
+----------+----------+---------+-------------+----------------+-----------+------------+
5 rows in set (0.00 sec)

mysql> _
```

图 5-16　满足任意一个条件的查询

当然，and 和 or 关键字也可以一起使用，但要注意两者的优先级，and 运算的优先级高于 or。

（3）使用 in 关键字查询　在查询条件中使用 in 关键字可以查询字段值等于指定集合中任意一个值的记录，指定集合中的元素之间用逗号分隔。

例 5-17　查询学生表 tb_stu 中 2020 级和 2021 级的学生信息，如图 5-17 所示。

```
select * from tb_stu
where stu_grade in（'2020'，'2021'）;
```

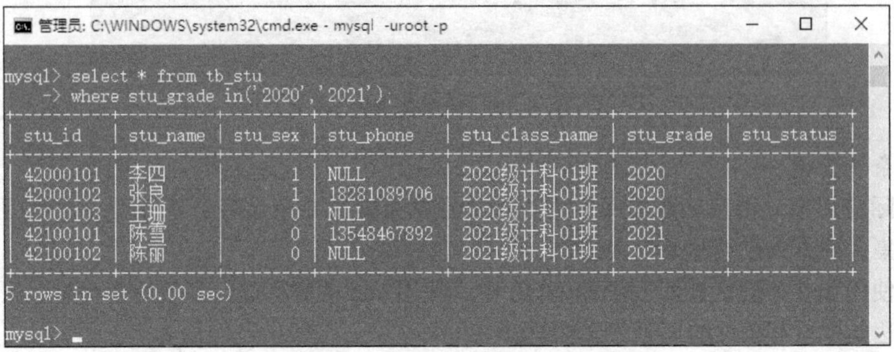

图 5-17　带 in 关键字的查询

3. 指定范围查询

在 MySQL 中，可以采用 between and 关键字来查询某个范围内的记录；同时，可以配合 not 来查询不在指定范围内的记录。其语法格式如下：

```
select *|col_list from table_name
where col_name [not] between value1 and value2 ;
```

其中，col_name 表示需要指定范围的字段；value1 和 value2 分别为开始值和结束值，且包含在指定范围内。

例 5-18　查询体测成绩在 80～90 分的学生的学号，如图 5-18 所示。

```
select stu_id from tb_grade where score between 80 and 90 ;
```

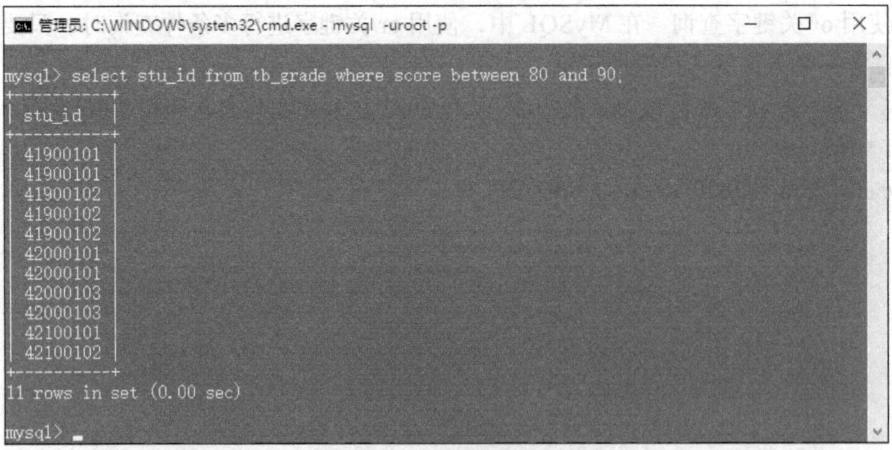

图 5-18　指定范围查询

4. 空值查询

在创建表时，可以指定某些字段中是否包含空值（null）。空值不同于 0 和空字符串，一般表示未知或没有的数据。在 MySQL 中，可以使用 is null 关键字查询字段值为空的记录，也可以配合 not 查询字段值不为空的记录。

例 5-19 查询学生表 tb_stu 中没有联系电话的学生的学号和姓名，如图 5-19 所示。

select stu_id，stu_name from tb_stu where stu_phone is null ;

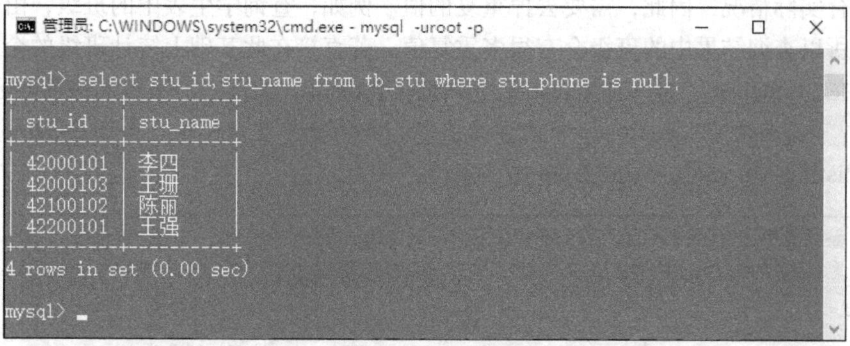

图 5-19 空值查询

5. 字符匹配查询

字符匹配查询也称为模糊查询，在 MySQL 中使用 like 或者 not like 关键字配合通配符来进行模糊查询。通配符是一种拥有特殊含义的字符，SQL 语句中支持多种通配符，与 like 一起使用的通配符有“%”和“_”。其中，“%”可以匹配 0 个或任意多个字符；“_”只能匹配任意一个字符。

例 5-20 查询学生表 tb_stu 中姓“王”的学生的姓名，如图 5-20 所示。

select stu_name from tb_stu where stu_name like '王%' ;

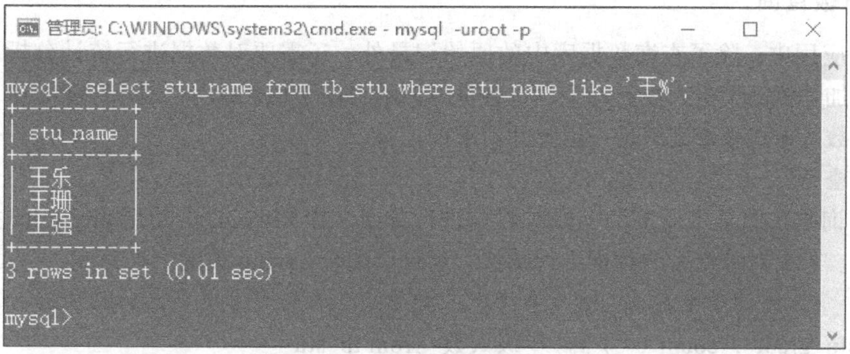

图 5-20 字符匹配查询（1）

例 5-21 查询学生表 tb_stu 中第 2 个字是“丽”的学生的姓名，如图 5-21 所示。

select stu_name from tb_stu where stu_name like '_丽%' ;

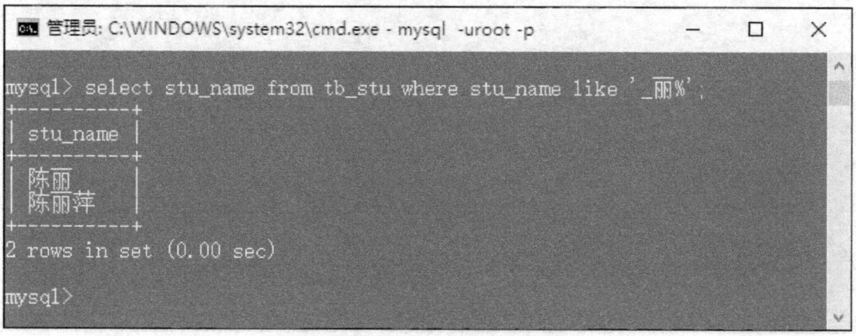

图 5-21 字符匹配查询（2）

6. 消除重复数据

某些情况下，当我们查询部分字段的数据时，返回结果中可能会有重复的值，使得我们统计的结果不符合实际情况，因此，需要去掉重复的值。例如，查询学生表中的班级，由于一个班有多个学生，所以查询结果中的班级会有很多重复值，若直接在此基础上统计班级的个数，结果显然不正确。在 MySQL 中，可以在 select 子句中加一个 distinct 关键字消除重复的查询记录。

例 5-22　查询学生表 tb_stu 中的学生班级，并消除重复的记录，如图 5-22 所示。

select distinct stu_class_name from tb_stu ;

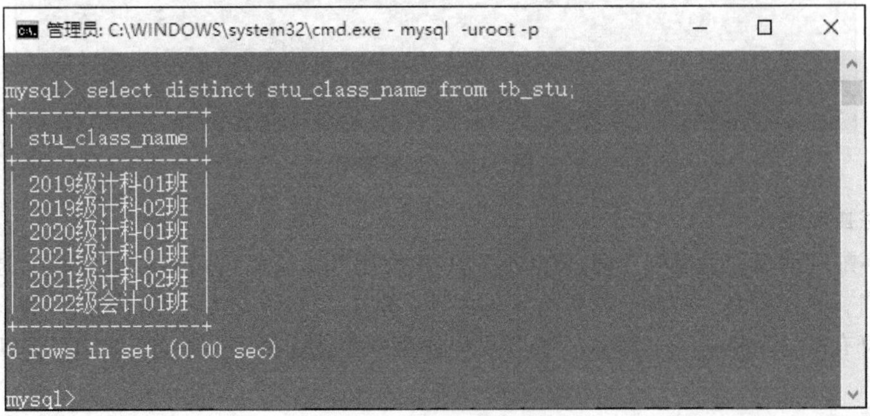

图 5-22　消除重复数据

六、高级查询

在实际应用中，除了查询数据库中的原始记录外，还需要对数据进行统计分析。例如，查询各年级参加体测的学生人数，每个学生各项体测项目的平均成绩等。在 MySQL 中可以使用分组、聚合函数等方式来查询满足一定统计需求的记录。

1. 分组查询

分组查询是按照某个或多个字段对数据进行分组。在 MySQL 中使用 group by 关键字来实现数据分组。若要对分组后的数据进行筛选，还可以配合 having 关键字来完成。

例 5-23　查询学生表 tb_stu 中各年级人数超过 2 人的成绩记录，如图 5-23 所示。

select stu_grade ， count（*）as '年级人数' from tb_stu

group by stu_grade

having count（*）>2 ;

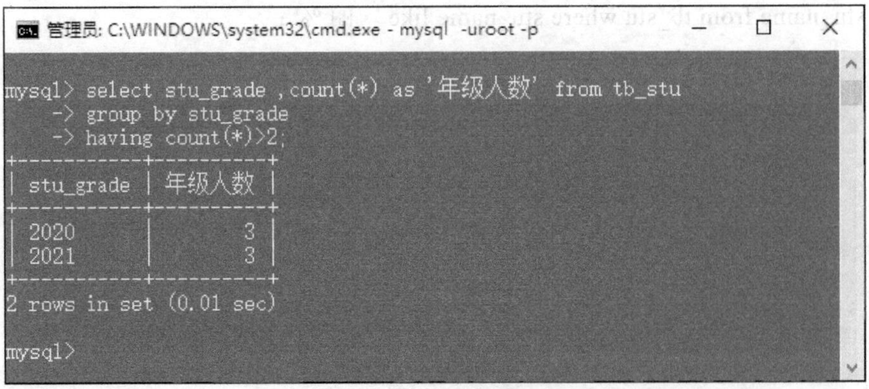

图 5-23　分组查询

2. 使用聚合函数

MySQL 常用的聚合函数有 count（）、sum（）、avg（）、max（）和 min（）。在实际应用中通常与分组查询一起使用。

（1）count（）函数　count（）函数主要用来统计数据记录的总条数或符合指定条件的记录条数。其使用方式有两种：

1）count（*）：计算表的总行数，包括含空值的行。

2）count（col_name）：计算指定字段下的总行数，不包括含空值的行。

例 5-24　查询学生表 tb_stu 中的学生人数，如图 5-24 所示。

select count（*）'学生人数' from tb_stu；

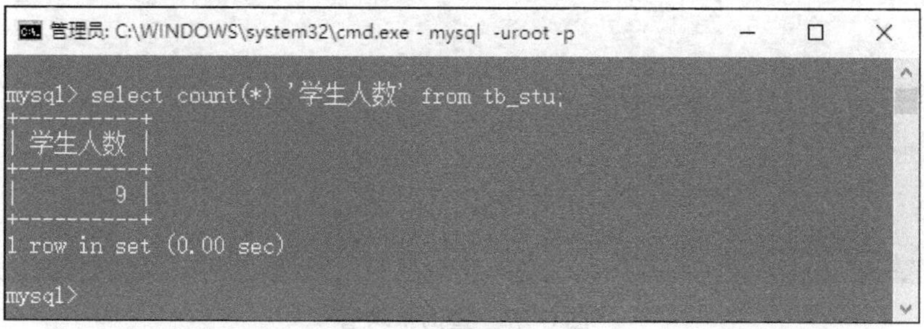

图 5-24　查询总人数

例 5-25　查询学生表 tb_stu 中有联系方式的学生人数，如图 5-25 所示。

select count（stu_phone）'学生人数' from tb_stu；

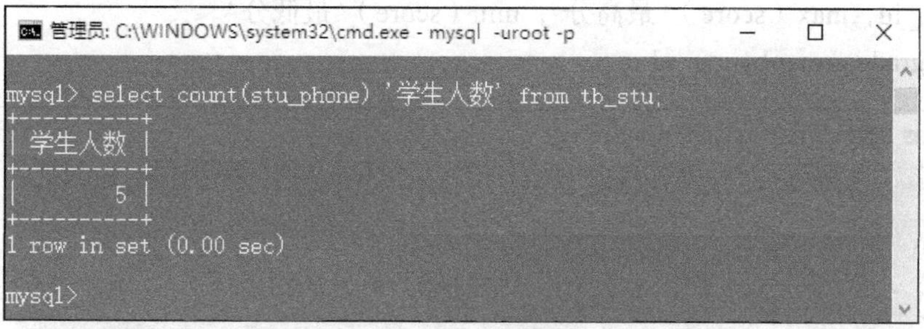

图 5-25　查询非空列的行数

（2）sum（）函数　sum（）函数用于计算指定字段值的总和。

例 5-26　查询成绩表 tb_grade 中学号为 41900101 的学生的各项体测项目成绩的总和，如图 5-26 所示。

select stu_id，sum（score）'体测总成绩' from tb_grade
where stu_id='41900101'；

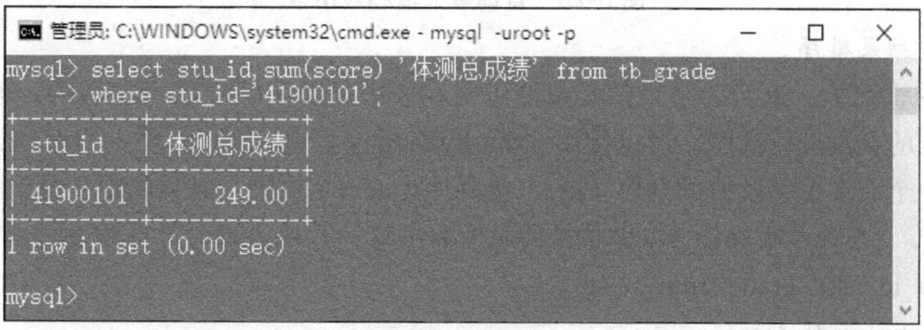

图 5-26　查询总和

（3）avg（）函数　avg（）函数用于计算指定字段值的平均值。

例 5-27　查询成绩表 tb_grade 中每个学生的平均成绩，如图 5-27 所示。

select stu_id，avg（score）'平均成绩' from tb_grade
group by stu_id；

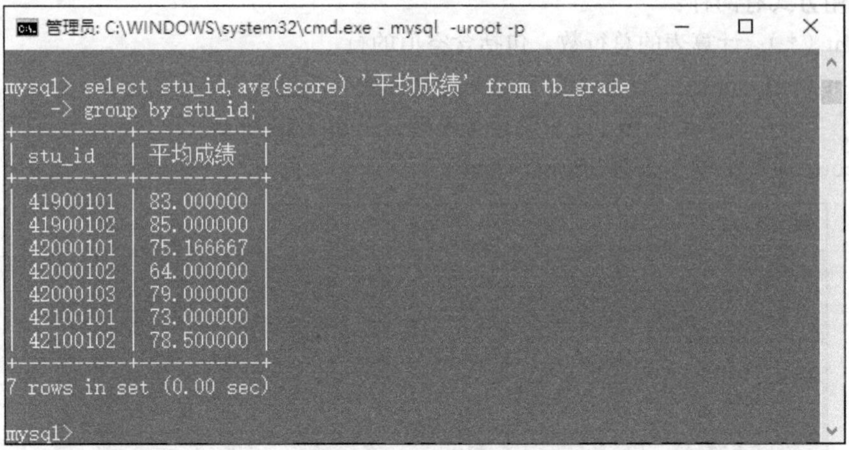

图 5-27　查询平均值

（4）max（）函数和 min（）函数　max（）函数和 min（）函数分别用于计算指定字段的最大值和最小值，在具体计算时均忽略空值。

例 5-28　查询成绩表 tb_grade 中各学生体测成绩的最高分和最低分，如图 5-28 所示。

select stu_id，max（score）'最高分'，min（score）'最低分'
from tb_grade group by stu_id；

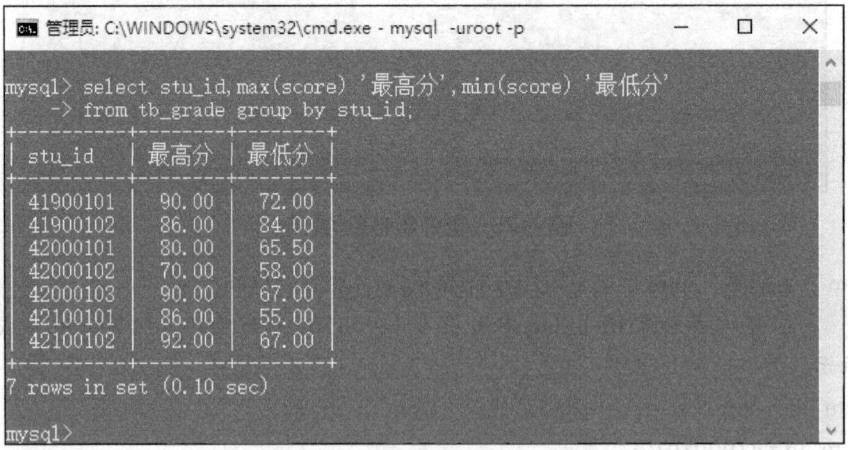

图 5-28　查询最大值和最小值

3. 对查询结果排序

在前面的查询中，返回的结果都是按照记录在表中的默认顺序进行显示的。若需要让查询结果按照指定的字段进行排序，可以使用 order by 关键字。在 MySQL 中，通过 order by 关键字可以实现按一个或多个字段值的升序（asc）或降序（desc）排列，默认情况下是升序。

例 5-29　查询学生表 tb_stu 中学生的学号和年级，并按年级的降序排序，如图 5-29 所示。

select stu_id，stu_grade from tb_stu
order by stu_grade desc；

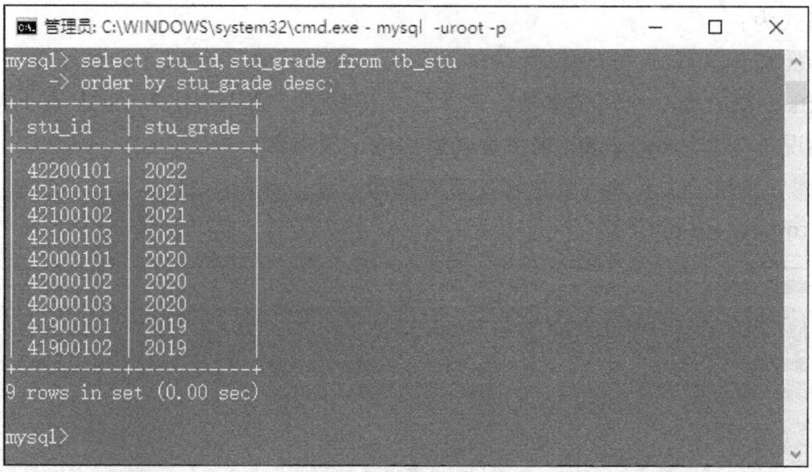

图 5-29　排序

例 5-30　查询成绩表 tb_grade 中有成绩的学生的学号和成绩，先按成绩的降序排序，再按学号的升序排序，如图 5-30 所示。

select stu_id，score from tb_grade

where score is not null

order by score desc，stu_id ;

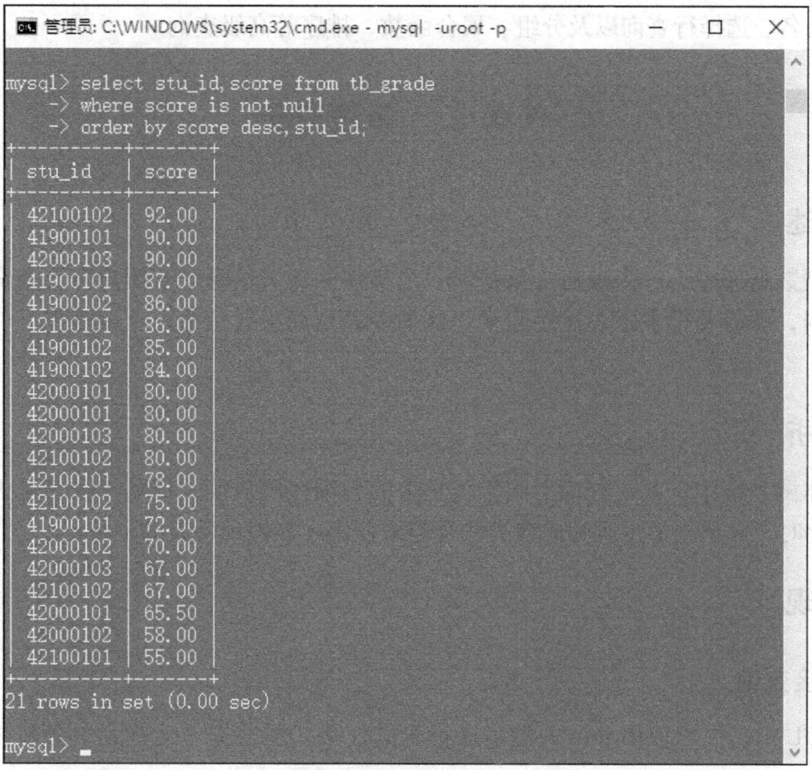

图 5-30　按多个字段排序

4. 限制查询结果的行数

在实际应用中，数据库中的数据量通常是非常大的，往往不会一次性把所有的数据都查询出来，而只是显示其中部分记录。在 MySQL 中，使用 limit 关键字可以限制查询结果的返回行数，其语法格式为：

limit[offset_start，] row_conut；

其中，offset_start 是一个可选参数，表示位置偏移量，用于指定 MySQL 查询从哪一行开始显示，默认情况下为 0；row_conut 表示查询返回的记录条数。

例 5-31　查询学生表 tb_stu 中前 5 名学生的信息，如图 5-31 所示。

select * from tb_stu limit 5；

```
管理员: C:\WINDOWS\system32\cmd.exe - mysql -uroot -p

mysql> select * from tb_stu limit 5;
+----------+----------+---------+-------------+------------------+-----------+------------+
| stu_id   | stu_name | stu_sex | stu_phone   | stu_class_name   | stu_grade | stu_status |
+----------+----------+---------+-------------+------------------+-----------+------------+
| 41900101 | 王乐     |       0 | 13548531020 | 2019级计科01班   | 2019      |          1 |
| 41900102 | 陈杨     |       1 | 18765342567 | 2019级计科02班   | 2019      |          1 |
| 42000101 | 李四     |       1 | NULL        | 2020级计科01班   | 2020      |          1 |
| 42000102 | 张良     |       1 | 18281089706 | 2020级计科01班   | 2020      |          1 |
| 42000103 | 王珊     |       0 | NULL        | 2020级计科01班   | 2020      |          1 |
+----------+----------+---------+-------------+------------------+-----------+------------+
5 rows in set (0.00 sec)

mysql>
```

图 5-31　限制查询结果的行数

任务总结

本任务主要介绍了 MySQL 中的单表查询操作，主要包括查询所有字段、查询部分字段、给表和字段取别名、选择行查询以及分组、聚合函数、排序等高级查询。

任务三　多表查询

任务描述

在关系型数据库中，一张表通常只存储一个实体的相关信息。若用户需要查询多张表中不同实体的数据，就需要把多张表连接起来。这种多表查询主要包括内连接查询、外连接查询和子查询。

任务分析

在学生体测系统中，若要查询不同年级学生的各项体测成绩，仅从一张表是无法获取到相应数据的。此时，需要把学生表和成绩表联合起来使用才能得到所需的记录。

任务实现

一、连接查询

在 MySQL 中，可以使用 join 关键字进行表的连接，但前提是这些表中必须存在具有相同意义的字段。

1. 内连接查询

内连接查询（inner join）主要使用比较运算符对多张表中的某些数据进行比较，并返回这些表中与连接条件相匹配的数据行，组合成新记录。

（1）普通内连接查询　普通内连接查询的语法如下：

select *|col_list from table_name1 inner join table_name2 on condition；

其中，condition 表示连接条件。

例 5-32　查询 2020 级学生的体测成绩信息，如图 5-32 所示。

select tb_grade.* from tb_grade join tb_stu

on tb_grade.stu_id=tb_stu.stu_id and stu_grade='2020'；

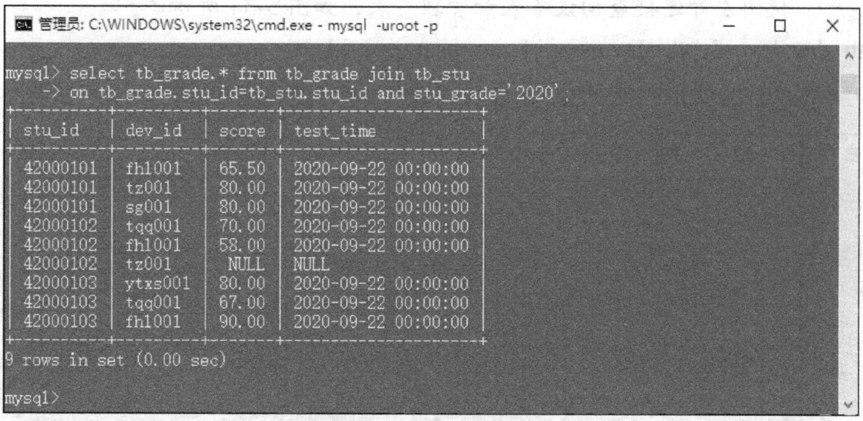

图 5-32　普通内连接查询

另外，也可以使用 where 子句给出连接条件，但在某些时候会影响查询性能。例如，例 5-32 也可以采用如下方式实现：

select tb_grade.* from tb_grade，tb_stu

where tb_grade.stu_id=tb_stu.stu_id and stu_grade='2020'；

（2）自身连接查询　自身连接查询是一种特殊的内连接查询，它指连接查询所涉及的两张表在物理上是同一张表，但逻辑上可以看成是两张表。当进行自身连接查询时，一般会给表取别名以示区别。

例 5-33　查询与陈雪一个年级的学生的学号和姓名，如图 5-33 所示。

select b.stu_id，b.stu_name from tb_stu a inner join tb_stu b

on a.stu_grade=b.stu_grade and

a.stu_id<>b.stu_id and a.stu_name=' 陈雪 '；

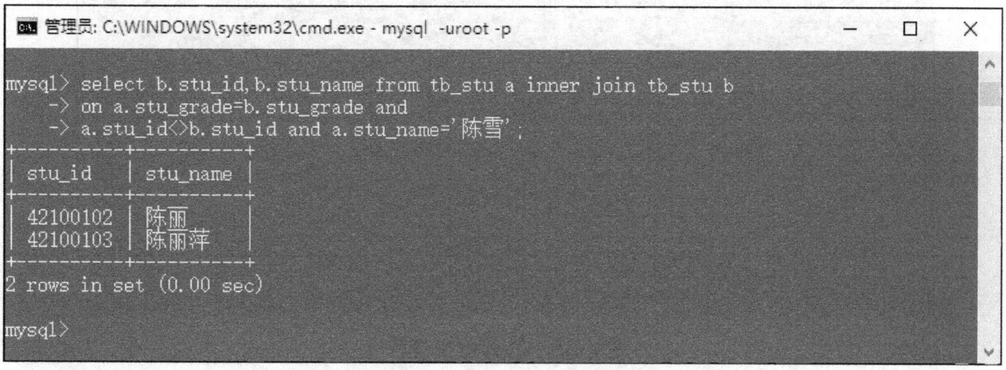

图 5-33　自身连接查询

2. 外连接查询

外连接查询（outer join）与内连接查询类似，同样需要通过指定字段进行连接。外连接查询可以分为左外连接查询和右外连接查询。其基本语法如下：

select col_list from table_name1 left|right [outer] join table_name2 on condition；

（1）左外连接查询　左外连接的查询结果集中包含左表中所有的记录，左表按照连接条件与右表进行连接。若右表中没有满足连接条件的记录，则结果集右表中的对应行数据填充为null。

例 5-34　使用左外连接查询设备表和管理员表，如图 5-34 所示。

select tb_dev.dev_id，tb_dev.user_id，tb_user.user_id，tb_user.username
from tb_dev left outer join tb_user on tb_dev.user_id=tb_user.user_id；

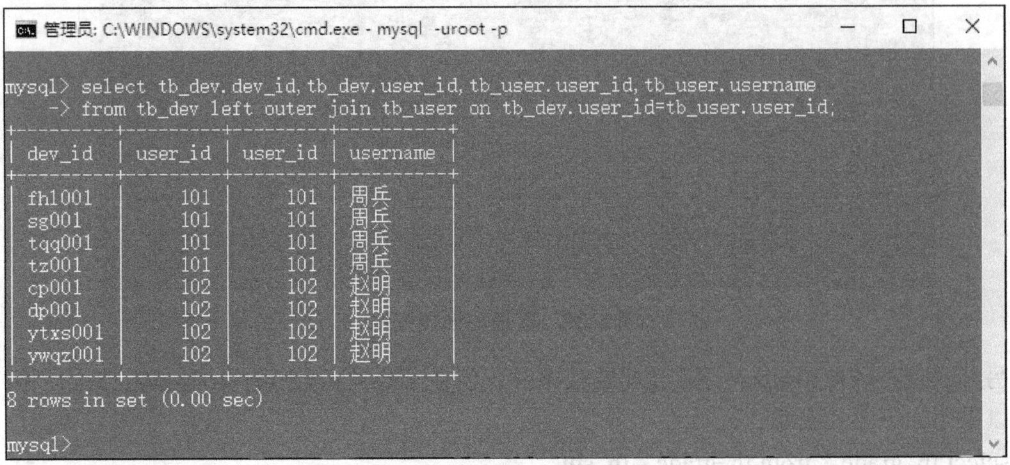

```
管理员: C:\WINDOWS\system32\cmd.exe - mysql -uroot -p
mysql> select tb_dev.dev_id, tb_dev.user_id, tb_user.user_id, tb_user.username
    -> from tb_dev left outer join tb_user on tb_dev.user_id=tb_user.user_id;
+----------+---------+---------+----------+
| dev_id   | user_id | user_id | username |
+----------+---------+---------+----------+
| fh1001   |     101 |     101 | 周兵     |
| sg001    |     101 |     101 | 周兵     |
| tqq001   |     101 |     101 | 周兵     |
| tz001    |     101 |     101 | 周兵     |
| cp001    |     102 |     102 | 赵明     |
| dp001    |     102 |     102 | 赵明     |
| ytxs001  |     102 |     102 | 赵明     |
| ywqz001  |     102 |     102 | 赵明     |
+----------+---------+---------+----------+
8 rows in set (0.00 sec)

mysql>
```

图 5-34　左外连接查询

（2）右外连接查询　右外连接的查询结果集中包含右表中所有的记录，左表按照连接条件与右表进行连接。若左表中没有满足连接条件的记录，则结果集左表中的对应行数据填充为 null。

例 5-35　使用右外连接查询设备表和管理员表，如图 5-35 所示。

select tb_dev.dev_id，tb_dev.user_id，tb_user.user_id，tb_user.username
from tb_dev right outer join tb_user on tb_dev.user_id=tb_user.user_id；

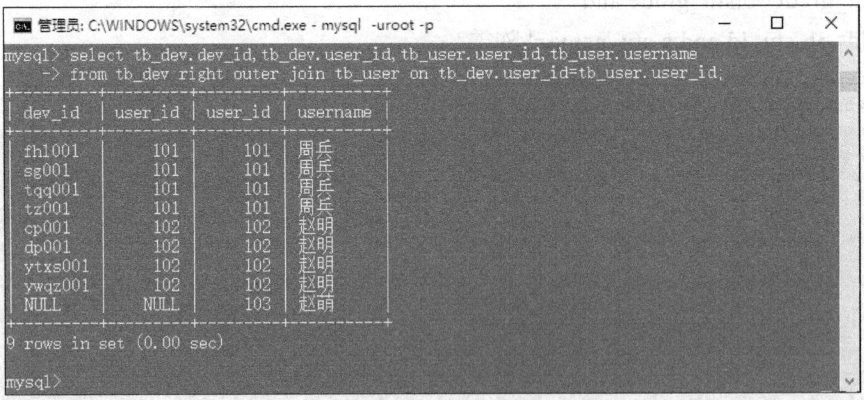

```
管理员: C:\WINDOWS\system32\cmd.exe - mysql -uroot -p
mysql> select tb_dev.dev_id, tb_dev.user_id, tb_user.user_id, tb_user.username
    -> from tb_dev right outer join tb_user on tb_dev.user_id=tb_user.user_id;
+----------+---------+---------+----------+
| dev_id   | user_id | user_id | username |
+----------+---------+---------+----------+
| fh1001   |     101 |     101 | 周兵     |
| sg001    |     101 |     101 | 周兵     |
| tqq001   |     101 |     101 | 周兵     |
| tz001    |     101 |     101 | 周兵     |
| cp001    |     102 |     102 | 赵明     |
| dp001    |     102 |     102 | 赵明     |
| ytxs001  |     102 |     102 | 赵明     |
| ywqz001  |     102 |     102 | 赵明     |
| NULL     |    NULL |     103 | 赵萌     |
+----------+---------+---------+----------+
9 rows in set (0.00 sec)

mysql>
```

图 5-35　右外连接查询

二、子查询

在某些情况下，当进行一个查询时，需要的条件或数据要用另外一个 select 语句的结果，这个时候就要用到子查询。例如，现在需要从成绩表中查询 2020 级学生的各项体测成绩，那么首先就得知道哪些学生是2020级的，然后再根据学号在成绩表中查询其各项体测成绩。通过子查询，可以实现多表的直接查询。

子查询可以应用在 select、update 和 delete 语句中，且大多数子查询会包含在 from 子句或 where 子句中。在 where 子句中通常与 in、any、all 和 exists 关键字配合使用，也可以在其中包含比较运算符。

1. from 型子查询

from 型子查询即把内层 SQL 语句查询的结果作为临时表供外层 SQL 语句再次查询，因此，需要为内层查询结果表取一个别名。其语法格式如下：

select *|col_list from（select * from table_name）as table_name1[where condition]；

例 5-36 查询 tb_grade 表中学号为 41900101，且体测项目成绩高于 80 分的学生的学号和成绩，如图 5-36 所示。

select stu_id，score from
（select * from tb_grade where stu_id='41900101'）as a
where score>80；

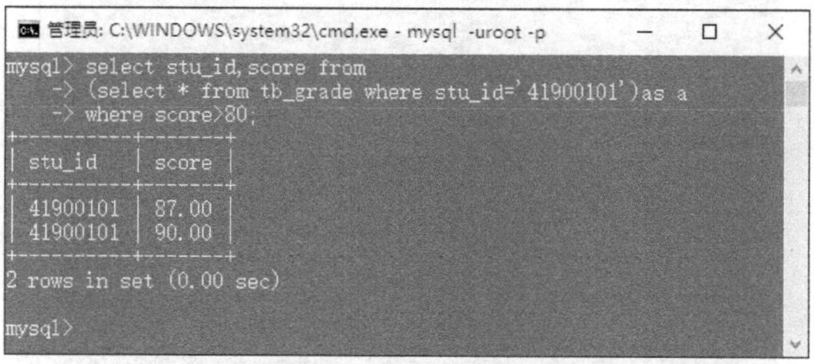

图 5-36 from 型子查询

2. where 型子查询

where 型子查询的内层查询结果通常是单列数据，子查询的结果作为外层主查询的筛选条件。

（1）带 in 关键字的子查询　当子查询返回的结果是一个数据集合，主查询需要返回满足集合中条件的记录时，可以使用 in 关键字。其语法格式如下：

select *|col_list from table_name1 where col_name1 [not] in
（select col_name2 from table_name2 [where condition]）;

例 5-37 查询 2019 级学生的体测项目成绩，如图 5-37 所示。

select * from tb_grade where stu_id in
（select stu_id from tb_stu where stu_grade='2019'）;

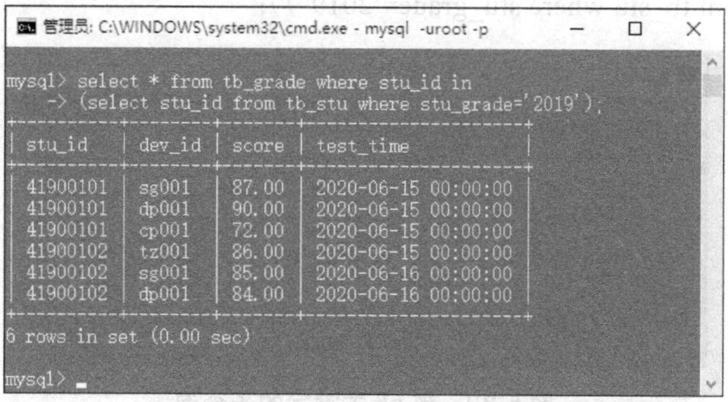

图 5-37 带 in 关键字的子查询

（2）带 any 关键字的子查询　any 表示满足任一条件，此类查询会创建一个表达式，对子查询的返回值列表进行比较，只要满足子查询中的任意一个比较条件就返回一个结果。其语法格式如下：

```
select *|col_list from  table_name1 where col_name1 <|>any
( select col_name2 from table_name2 [where condition] );
```

例 5-38　查询比 2020 级某个学生的体测项目成绩低的学生成绩，如图 5-38 所示。

```
select * from tb_grade where score<any
( select score from tb_grade where stu_id in
( select stu_id from tb_stu where stu_grade='2020' ));
```

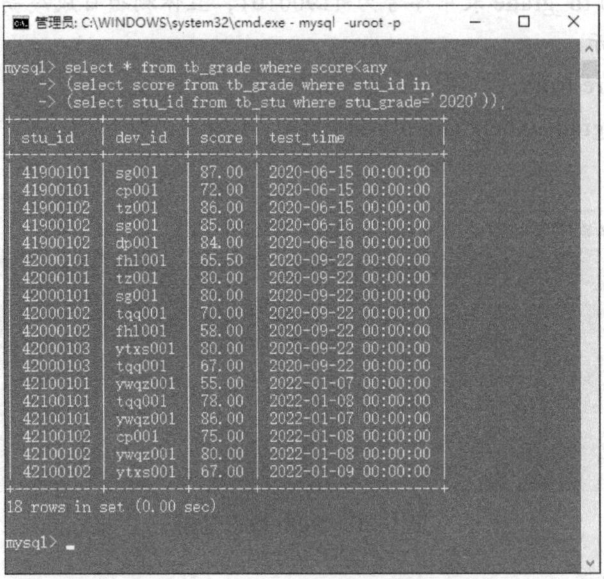

```
管理员: C:\WINDOWS\system32\cmd.exe - mysql  -uroot -p
mysql> select * from tb_grade where score<any
    -> (select score from tb_grade where stu_id in
    -> (select stu_id from tb_stu where stu_grade='2020'));
+----------+----------+-------+---------------------+
| stu_id   | dev_id   | score | test_time           |
+----------+----------+-------+---------------------+
| 41900101 | sg001    | 87.00 | 2020-06-15 00:00:00 |
| 41900101 | cp001    | 72.00 | 2020-06-15 00:00:00 |
| 41900102 | tz001    | 86.00 | 2020-06-15 00:00:00 |
| 41900102 | sg001    | 85.00 | 2020-06-16 00:00:00 |
| 41900102 | dp001    | 84.00 | 2020-06-16 00:00:00 |
| 42000101 | fhl001   | 65.50 | 2020-09-22 00:00:00 |
| 42000101 | tz001    | 80.00 | 2020-09-22 00:00:00 |
| 42000101 | sg001    | 80.00 | 2020-09-22 00:00:00 |
| 42000102 | tqq001   | 70.00 | 2020-09-22 00:00:00 |
| 42000102 | fhl001   | 58.00 | 2020-09-22 00:00:00 |
| 42000103 | ytxs001  | 80.00 | 2020-09-22 00:00:00 |
| 42000103 | tqq001   | 67.00 | 2020-09-22 00:00:00 |
| 42100101 | ywqz001  | 55.00 | 2022-01-07 00:00:00 |
| 42100101 | tqq001   | 78.00 | 2022-01-08 00:00:00 |
| 42100101 | ywqz001  | 86.00 | 2022-01-07 00:00:00 |
| 42100102 | cp001    | 75.00 | 2022-01-08 00:00:00 |
| 42100102 | ywqz001  | 80.00 | 2022-01-08 00:00:00 |
| 42100102 | ytxs001  | 67.00 | 2022-01-09 00:00:00 |
+----------+----------+-------+---------------------+
18 rows in set (0.00 sec)

mysql> _
```

图 5-38　带 any 关键字的子查询

（3）带 all 关键字的子查询　带 all 关键字的子查询表示当一条记录满足子查询结果中的所有条件时才会返回该记录。其语法格式如下：

```
select *|col_list from  table_name1 where col_name1 <|>all
( select col_name2 from table_name2 [where condition] );
```

例 5-39　查询比 2019 级所有学生的体测项目成绩高的学生成绩，如图 5-39 所示。

```
select * from tb_grade where score>all
( select score from tb_grade where stu_id in
( select stu_id from tb_stu where stu_grade='2019' ));
```

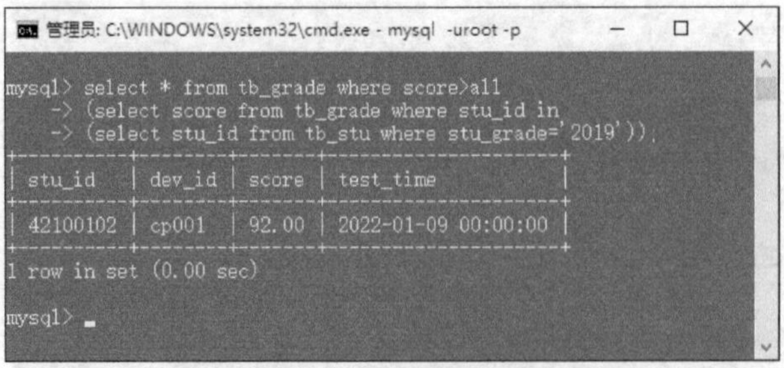

```
管理员: C:\WINDOWS\system32\cmd.exe - mysql  -uroot -p
mysql> select * from tb_grade where score>all
    -> (select score from tb_grade where stu_id in
    -> (select stu_id from tb_stu where stu_grade='2019'));
+----------+--------+-------+---------------------+
| stu_id   | dev_id | score | test_time           |
+----------+--------+-------+---------------------+
| 42100102 | cp001  | 92.00 | 2022-01-09 00:00:00 |
+----------+--------+-------+---------------------+
1 row in set (0.00 sec)

mysql> _
```

图 5-39　带 all 关键字的子查询

（4）带 exists 关键字的子查询　使用 exists 关键字时，内查询语句不返回查询记录，而是返回一个布尔值。若子查询能查询到满足条件的记录，就返回 true，此时主查询语句将被执行；反之，不执行主查询语句。其语法格式如下：

```
select *|col_list from  table_name1 where exists（select * from table_name2）;
```

例 5-40　查询有体测成绩的学生的学号和姓名，如图 5-40 所示。

```
select stu_id，stu_name from tb_stu where exists
（select * from tb_grade where score is not null）;
```

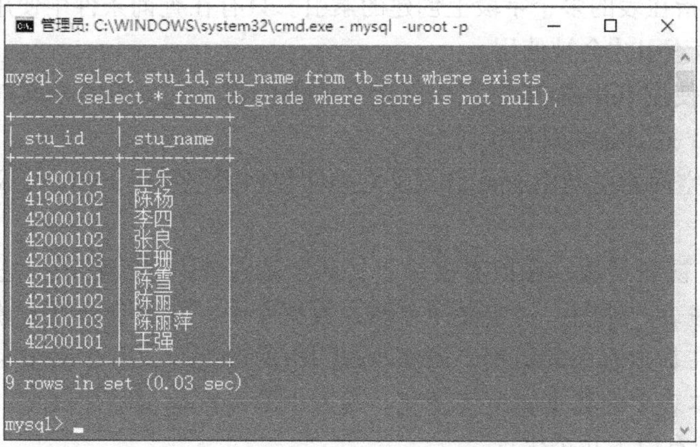

图 5-40　带 exists 关键字的子查询

任务总结

本任务主要通过命令方式实现数据库表数据的多表查询，主要包括连接查询和子查询。这两种查询方式在某些情况下可相互转换，因此可以根据实际应用灵活选择查询方式。

任务四　查询优化

MySQL 的优化，一般是对索引进行优化。索引是帮助 MySQL 高效获取数据的排好序的数据结构，排好序是索引数据结构的特点，也是索引优化的前提。而视图本质上是一个“查询”，能简化操作，增强数据的安全性和逻辑独立性。

任务描述

在大型数据库中，数据表要容纳成千上万的数据，例如体测系统中，随着用户的增加，数据表中的记录也逐渐增加。当要检索大量数据时，若遍历表中所有记录，则查询所消耗的时间会比较长。因此，可以给表创建或添加一些合适的索引，从而提高数据查询的速度，改善数据库性能。同时，可以把不同用户常用的查询定义为视图，这样既满足了不同用户的需求，简化了用户操作，又保护了原表的结构，提高了数据的安全性。

任务分析

在 MySQL 中，利用索引可以快速地指向数据库中数据表的特定记录，它的作用相当于书籍的目录。MySQL 中的所有列都可以被定义为索引，对相关列使用索引是提高数据库查询速度的重要方式。索引的种类有很多，按索引应用范围和查询需求划分，MySQL 中的索引可以分为以下 7 类：

1）普通索引：这是最基本的索引，它没有任何限制，由关键字 key 或 index 定义，允许定义索引的列中插入重复值和空值。

2）唯一索引：索引列的值必须唯一，由关键字 unique 定义，允许有空值。

3）主键索引：一种特殊的唯一索引，不允许有空值。

4）单列索引：指一个索引只包含单个列，可以是普通索引，也可以是唯一索引或全文索引，只要保证该索引值对应一个字段即可。

5）组合索引：指在表的多个字段上创建的索引。只有在查询条件中使用了这些字段中的左边第一个字段时，该索引才会被使用。

6）全文索引：使用 fulltext 参数可以在定义的索引列上支持值的全文查找。此类索引只能定义在 char、varchar 或 text 类型的字段上。

7）空间索引：空间索引是由 spatial 定义在空间数据类型字段上的，定义中所对应的列值不能为空。

在 MySQL 中，视图是从一张或者多张表，甚至其他视图导出的表。它的操作与基本表相似，但视图是一个虚表。视图一经定义便存储在数据库中，其本身是没有数据的，通过视图看到的数据只是存放在基本表中的数据。当修改视图中的数据时，基本表中对应的数据也会发生变化；反之，若基本表中的数据发生了变化，视图中的数据也会随之改变。与直接从数据表中读取数据相比，视图有以下几个优点。

1）简化操作：视图不仅可以简化用户对数据的理解，还可以简化用户的查询操作。例如那些经常被使用的查询被定义为视图后，用户就不必为以后的操作指定全部的条件了。

2）增强安全性：通过视图，不同用户只能查询和修改他们所能看到的数据。这样，视图机制就自动给机密数据提供了安全保护功能。

3）提高数据逻辑独立性：视图可以帮助用户屏蔽真实表结构的变化带来的影响。

任务实现

一、创建和管理索引

1. 建表时创建索引

使用 create table 创建表时可直接创建索引，其语法格式如下：

```
create table table_name (
col_name1 datatype [constraint condition],
col_name2 datatype [constraint condition],
…
[unique|fulltext|spatial] [index|key] [index_name] ( col_name[(length)]
[asc|desc] ));
```

其中，unique、fulltext、spatial 为可选参数，分别表示唯一索引、全文索引和空间索引；index 和 key 是同义词，用来指定创建的索引；index_name 是索引的名称；col_name 是需要创建索引的字段，该字段必须是数据表中定义的多个字段之一；length 为可选参数，表示索引的长度，只有字符串类型的字段才能指定索引长度；asc、desc 用来指定索引值按升序或降序存储。

（1）创建并查看普通索引

例 5-41　在数据库 shd 中创建一张 student 表，并为其字段 stu_id 创建普通索引，如图 5-41 所示。

```
create table student (
stu_id varchar ( 10 ),
stu_name varchar ( 20 ) not null,
stu_sex tinyint ( 1 ),
stu_phone char ( 11 ),
stu_class_name varchar ( 50 ),
stu_grade varchar ( 10 ),
stu_status tinyint ( 1 ) not null,
index ( stu_id )
);
```

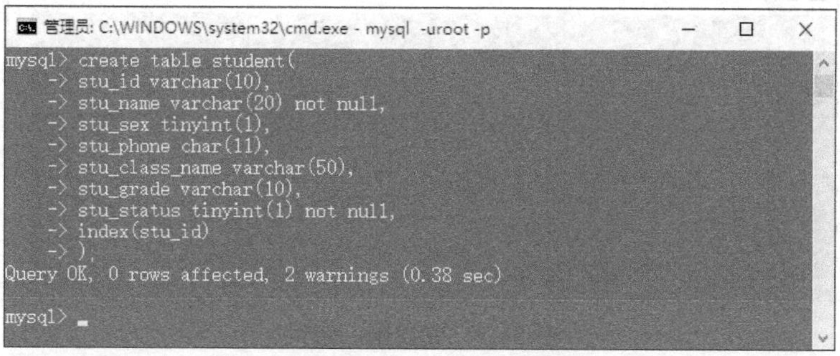

图 5-41　创建普通索引

创建好数据表之后，可通过 show index 语句查看索引，结果如图 5-42 所示。

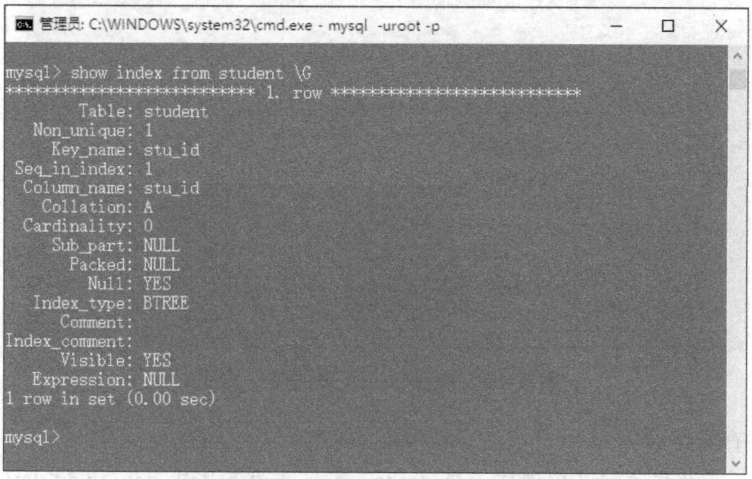

图 5-42　查看 student 表的普通索引

在上述结果中，Table 表示索引所在的数据表；Non_unique 表示索引非唯一，1 代表非唯一索引，0 代表唯一索引；Key_name 表示索引的名称；Seq_in_index 表示该字段在索引中的位置，1 表示单列索引，若为组合索引，其值则为每个字段在索引定义中的顺序；Column_name 表示定义索引的字段；Sub_part 表示索引的长度；Packed 表示关键字如何被压缩，若未被压缩则为 NULL；Null 表示字段是否可以为空；Index_type 表示索引的类型。

（2）创建并查看唯一索引

例 5-42　在数据库 shd 中创建一张 users 表，并为其字段 username 创建唯一索引，如图 5-43 和图 5-44 所示。

```
create table users (
user_id tinyint (4),
username varchar (20) not null,
password varchar (10) not null,
mobile char (11),
status tinyint (1) not null,
create_time datetime,
unique u_name (username)
);
```

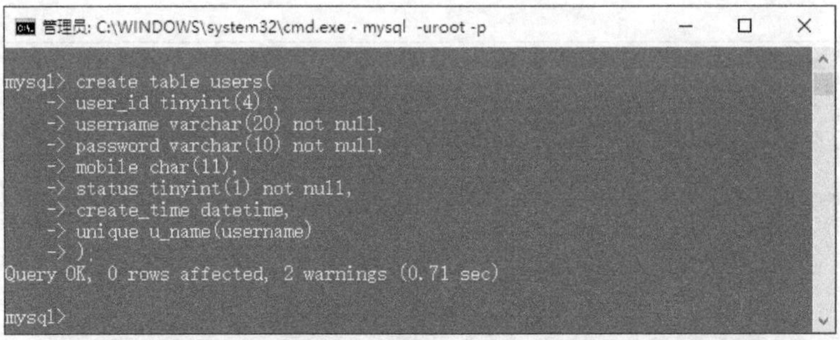

图 5-43　创建唯一索引

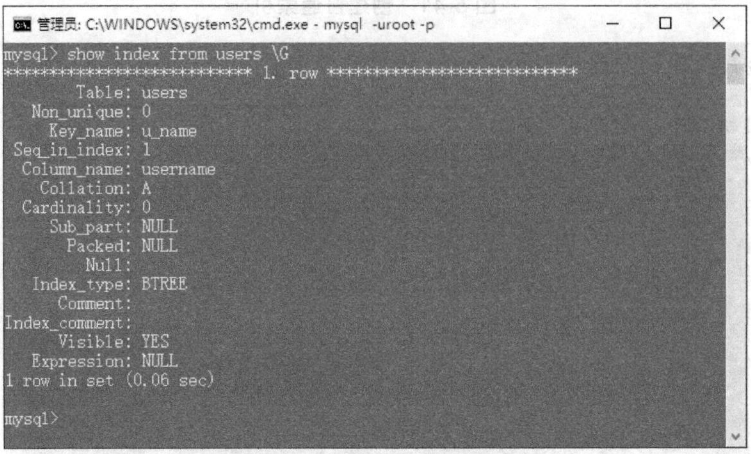

图 5-44　查看 users 表的唯一索引

（3）创建并查看组合索引

例 5-43　在数据库 shd 中创建一张 device 表，并为其字段 dev_id 和 dev_name 创建组合索引，如图 5-45 和图 5-46 所示。

```
create table device (
dev_id varchar (16),
dev_name varchar (20),
dev_status_code tinyint (1),
user_id tinyint (4),
index multiIdx (dev_id, dev_name)
);
```

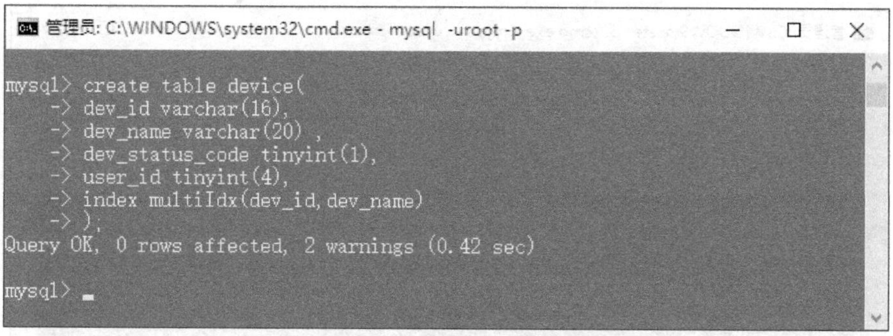

```
管理员: C:\WINDOWS\system32\cmd.exe - mysql  -uroot -p

mysql> create table device(
    -> dev_id varchar(16),
    -> dev_name varchar(20) ,
    -> dev_status_code tinyint(1),
    -> user_id tinyint(4),
    -> index multiIdx(dev_id, dev_name)
    -> );
Query OK, 0 rows affected, 2 warnings (0.42 sec)

mysql> _
```

图 5-45　创建组合索引

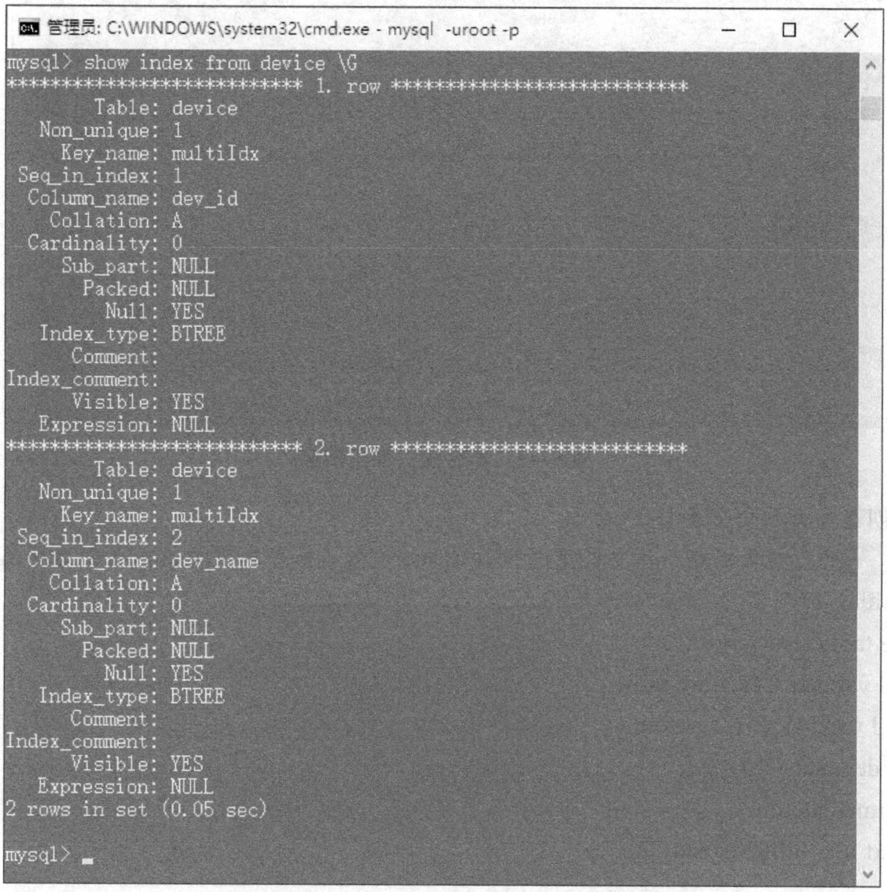

```
管理员: C:\WINDOWS\system32\cmd.exe - mysql  -uroot -p
mysql> show index from device \G
*************************** 1. row ***************************
        Table: device
   Non_unique: 1
     Key_name: multiIdx
 Seq_in_index: 1
  Column_name: dev_id
    Collation: A
  Cardinality: 0
     Sub_part: NULL
       Packed: NULL
         Null: YES
   Index_type: BTREE
      Comment:
Index_comment:
      Visible: YES
   Expression: NULL
*************************** 2. row ***************************
        Table: device
   Non_unique: 1
     Key_name: multiIdx
 Seq_in_index: 2
  Column_name: dev_name
    Collation: A
  Cardinality: 0
     Sub_part: NULL
       Packed: NULL
         Null: YES
   Index_type: BTREE
      Comment:
Index_comment:
      Visible: YES
   Expression: NULL
2 rows in set (0.05 sec)

mysql> _
```

图 5-46　查看 device 表的组合索引

从图 5-46 中的结果可以看出，在 dev_id 和 dev_name 字段上已成功创建了一个名为 multiIdx 的组合索引。值得注意的是，在使用组合索引时，要遵循“最左前缀”原则，即只有在查询条件中使用 dev_id 时，该索引才生效。MySQL 中可使用 explain 关键字来查看索引的使用情况。例如，在 device 表中，先以 dev_id 和 dev_name 为查询条件，然后再单独以 dev_name 为查询条件，查看索引使用情况，如图 5-47 所示。

从图 5-47 中的结果可以看出，以 dev_id 和 dev_name 为查询条件时，possible_keys 和 key 均为 multiIdx，表示用到了组合索引；以 dev_name 为查询条件时，possible_keys 和 key 均为 NULL，表示不能使用该组合索引。

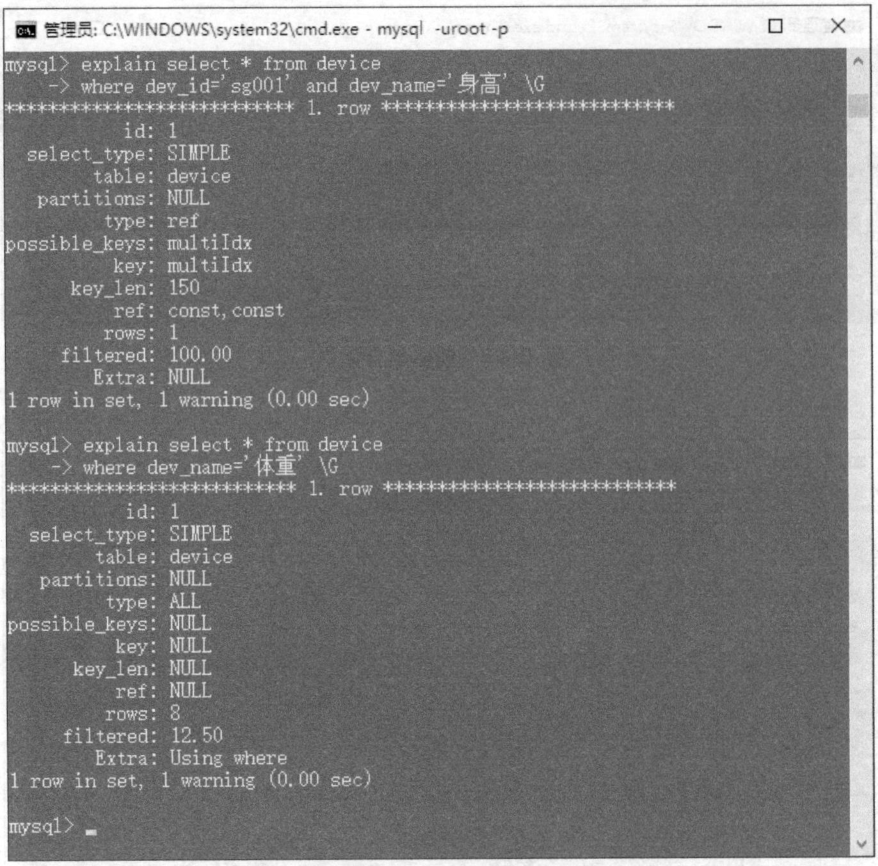

```
管理员: C:\WINDOWS\system32\cmd.exe - mysql  -uroot -p
mysql> explain select * from device
    -> where dev_id='sg001' and dev_name='身高' \G
*************************** 1. row ***************************
           id: 1
  select_type: SIMPLE
        table: device
   partitions: NULL
         type: ref
possible_keys: multiIdx
          key: multiIdx
      key_len: 150
          ref: const,const
         rows: 1
     filtered: 100.00
        Extra: NULL
1 row in set, 1 warning (0.00 sec)

mysql> explain select * from device
    -> where dev_name='体重' \G
*************************** 1. row ***************************
           id: 1
  select_type: SIMPLE
        table: device
   partitions: NULL
         type: ALL
possible_keys: NULL
          key: NULL
      key_len: NULL
          ref: NULL
         rows: 8
     filtered: 12.50
        Extra: Using where
1 row in set, 1 warning (0.00 sec)

mysql>
```

图 5-47　组合索引使用情况

（4）创建并查看全文索引

例 5-44　在数据库 shd 中创建一张 test_score 表，并为其字段 stu_id 创建全文索引，如图 5-48 和图 5-49 所示。

```
create table test_score (
stu_id varchar (10) not null,
dev_id varchar (16) not null,
score decimal (10, 2),
test_time datetime,
fulltext idx_fulltext (stu_id)
);
```

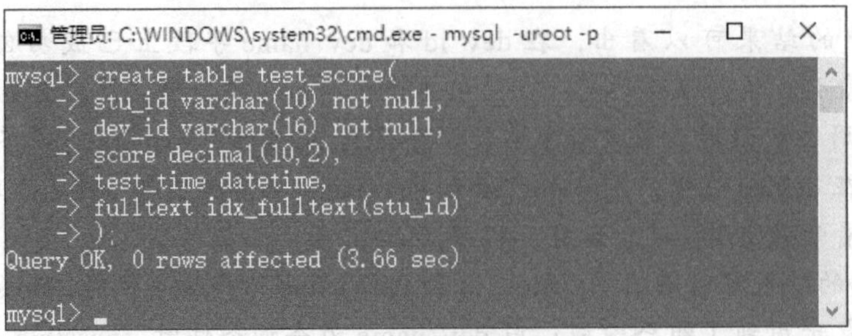

```
管理员: C:\WINDOWS\system32\cmd.exe - mysql  -uroot -p
mysql> create table test_score(
    -> stu_id varchar(10) not null,
    -> dev_id varchar(16) not null,
    -> score decimal(10,2),
    -> test_time datetime,
    -> fulltext idx_fulltext(stu_id)
    -> );
Query OK, 0 rows affected (3.66 sec)

mysql>
```

图 5-48　创建全文索引

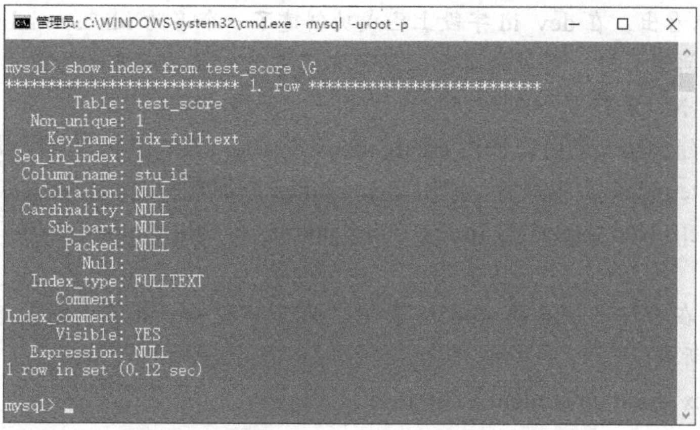

图 5-49　查看 test_score 表的全文索引

从图 5-49 可以看出，在 stu_id 字段上已成功创建了一个名为 idx_fulltext 的全文索引。

（5）创建并查看空间索引

例 5-45　在数据库 shd 中创建一张 test_score_copy 表，并为其字段 dev_id 创建空间索引，如图 5-50 和图 5-51 所示。

```
create table test_score_copy (
stu_id varchar (10) not null,
dev_id geometry not null,
score decimal (10, 2),
test_time datetime,
spatial idx_spatial (dev_id)
);
```

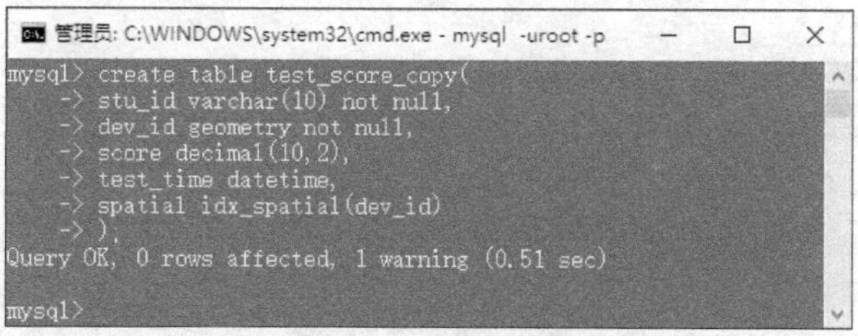

图 5-50　创建空间索引

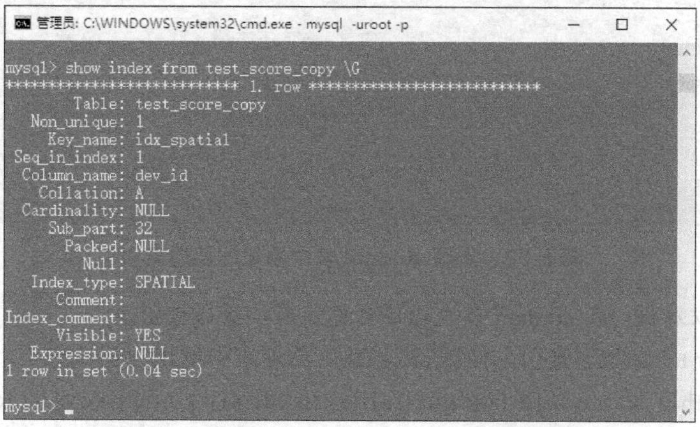

图 5-51　查看 test_score_copy 表的空间索引

从图 5-51 可以看出，在 dev_id 字段上已成功创建了一个名为 idx_spatial 的空间索引。值得注意的是，创建空间索引时，字段的类型必须是空间类型，且具有非空约束。

2. 在已有表中添加索引

如果表已经创建成功，则可以使用 create index 或 alter table 语句在其字段上添加索引。

（1）使用 create index 添加索引　使用 create index 添加索引的语法格式如下：

create [unique|fulltext|spatial] index index_name on table_name（col_name[（length）][asc|desc]）;

例 5-46　在数据库 shd 的 student 表中，为其字段 stu_id 添加普通索引 idx_stuid，如图 5-52 和图 5-53 所示。

create index idx_stuid on student（stu_id）;

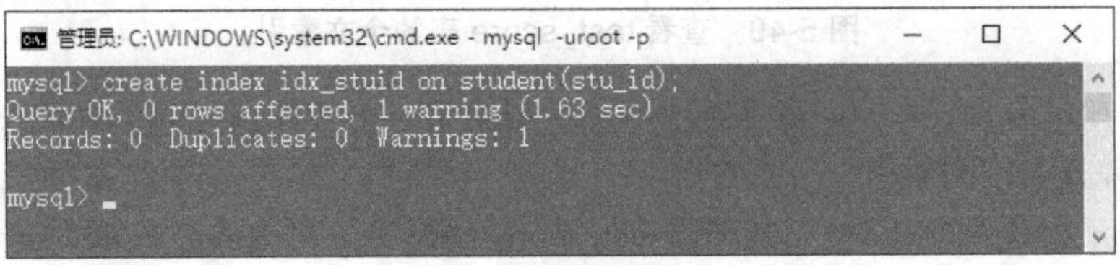
管理员: C:\WINDOWS\system32\cmd.exe - mysql -uroot -p
mysql> create index idx_stuid on student(stu_id);
Query OK, 0 rows affected, 1 warning (1.63 sec)
Records: 0 Duplicates: 0 Warnings: 1
mysql>

图 5-52　添加普通索引

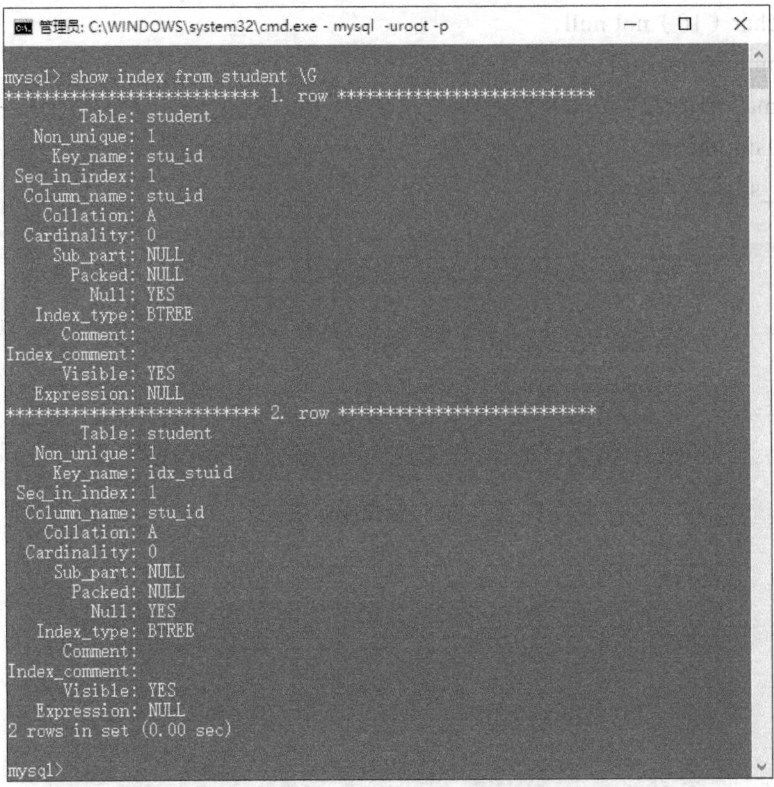
管理员: C:\WINDOWS\system32\cmd.exe - mysql -uroot -p
mysql> show index from student \G
*************************** 1. row ***************************
Table: student
Non_unique: 1
Key_name: stu_id
Seq_in_index: 1
Column_name: stu_id
Collation: A
Cardinality: 0
Sub_part: NULL
Packed: NULL
Null: YES
Index_type: BTREE
Comment:
Index_comment:
Visible: YES
Expression: NULL
*************************** 2. row ***************************
Table: student
Non_unique: 1
Key_name: idx_stuid
Seq_in_index: 1
Column_name: stu_id
Collation: A
Cardinality: 0
Sub_part: NULL
Packed: NULL
Null: YES
Index_type: BTREE
Comment:
Index_comment:
Visible: YES
Expression: NULL
2 rows in set (0.00 sec)
mysql>

图 5-53　查看 student 表中添加的普通索引

从图 5-53 可以看出，在 student 表中已经创建了两个普通索引。

（2）使用 alter table 添加索引　使用 alter table 添加索引的语法格式如下：

alter table table_name add [unique|fulltext|spatial] [index|key] [index_name]（col_name[（length）][asc|desc]）;

例 5-47 在数据库 shd 的 test_score 表中，为其字段 dev_id 添加唯一索引 idx_devid，如图 5-54 和图 5-55 所示。

alter table test_score add unique index idx_devid (dev_id);

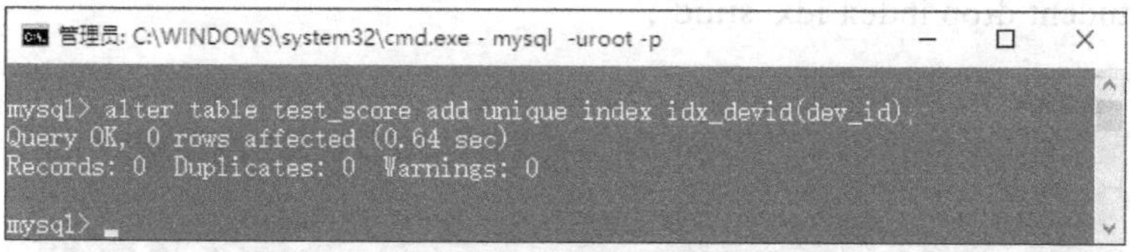

图 5-54 添加唯一索引

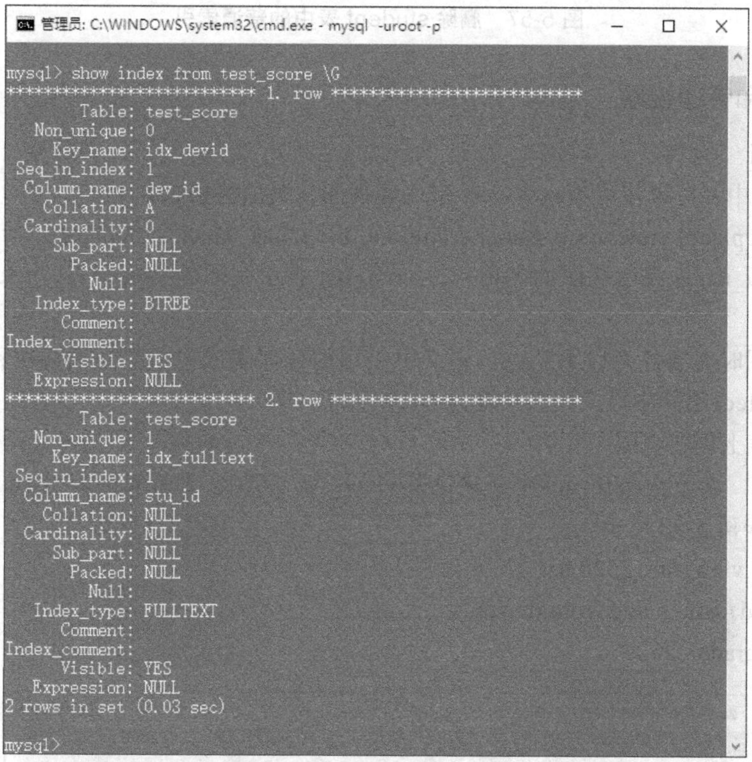

图 5-55 查看 test_score 表中添加的唯一索引

从图 5-55 可以看出，在 test_score 表中成功添加了一个唯一索引 idx_devid。

3. 删除索引

在 MySQL 中，可以使用 drop index 或 alter table 语句删除索引。

（1）使用 drop index 删除索引 使用 drop index 删除索引的语法格式如下：

drop index index_name on table_name ;

例 5-48 删除数据库 shd 的 test_score 表中的唯一索引 idx_devid，如图 5-56 所示。

drop index idx_devid on test_score ;

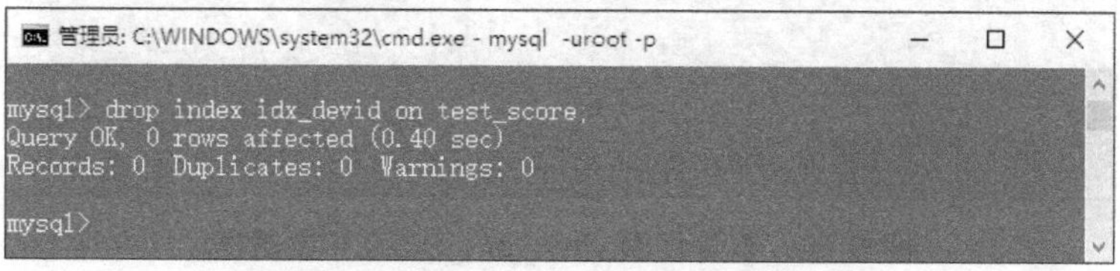

图 5-56 删除 test_score 表中的唯一索引

（2）使用 alter table 删除索引　使用 alter table 删除索引的语法格式如下：

alter table table_name drop index index_name ;

例 5-49　删除数据库 shd 的 student 表中的普通索引 idx_stuid，如图 5-57 所示。

alter table student drop index idx_stuid ;

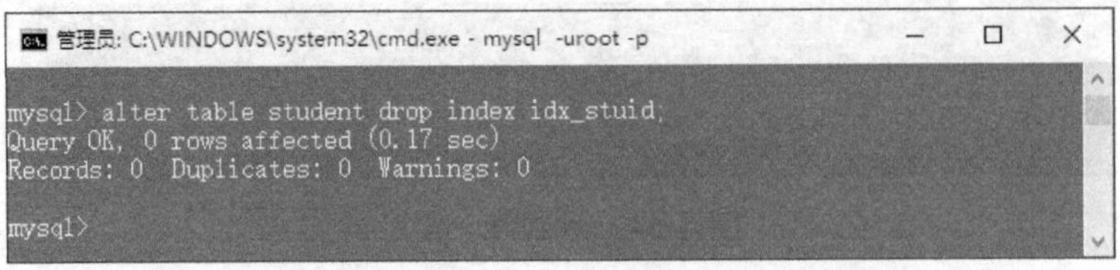

图 5-57　删除 student 表中的普通索引

二、创建和管理视图

1. 创建视图

在 MySQL 中，可以使用 create view 来创建视图，其语法格式如下：

create [or replace] view view_name[（column_list）] as select_statement ;

其中，view_name 表示视图的名称，column_list 表示视图的字段列表，select_statement 表示 select 语句。

在创建视图时需要注意以下几点：定义中引用的任何表或视图都必须存在；创建视图不能引用临时表；select 语句中最大列名长度为 64 个字符。

（1）在单表上创建视图

例 5-50　在学生表 tb_stu 中创建视图 view_stu_2020，里面只包含 2020 级学生的 stu_id 和 stu_name，如图 5-58 所示。

create view view_stu_2020 as

select stu_id，stu_name from tb_stu

where stu_grade='2020' ;

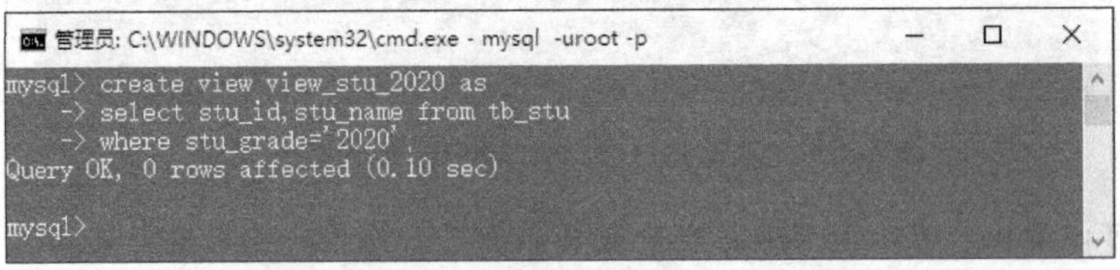

图 5-58　创建视图 view_stu_2020

创建视图后，可通过 select 语句查看视图中的数据，如图 5-59 所示。

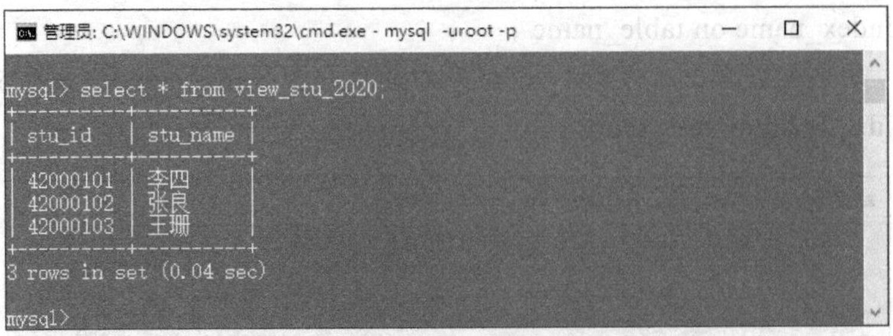

图 5-59　查看视图 view_stu_2020 中的数据

从图 5-59 可以看出，默认情况下，视图的字段名与基本表的字段名相同。但是，为了增强数据的安全性和可理解性，在创建视图时也可以指定不同的列名称。

例 5-51 在学生表 tb_stu 中创建视图 view_stu_2021，里面只包含 2021 级学生的 stu_id 和 stu_name，并把视图列名重新命名为“学号”和“姓名”，如图 5-60 和图 5-61 所示。

```
create view view_stu_2021（学号，姓名）as
select stu_id，stu_name from tb_stu
where stu_grade='2021'；
```

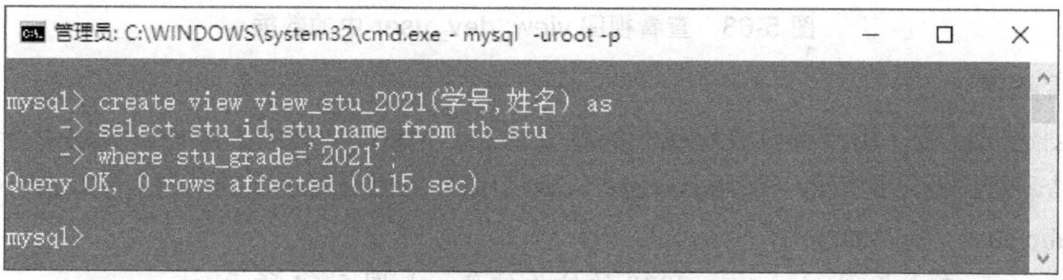
管理员: C:\WINDOWS\system32\cmd.exe - mysql -uroot -p
mysql> create view view_stu_2021(学号,姓名) as
-> select stu_id,stu_name from tb_stu
-> where stu_grade='2021';
Query OK, 0 rows affected (0.15 sec)
mysql>

图 5-60 创建视图 view_stu_2021

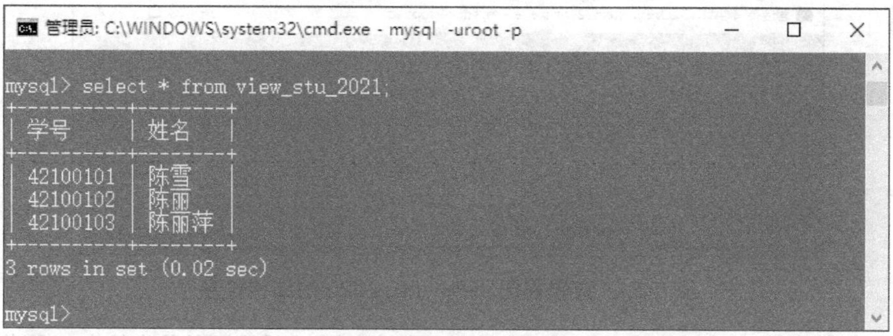
管理员: C:\WINDOWS\system32\cmd.exe - mysql -uroot -p
mysql> select * from view_stu_2021;
学号	姓名
42100101	陈雪
42100102	陈丽
42100103	陈丽萍
3 rows in set (0.02 sec)
mysql>

图 5-61 查看视图 view_stu_2021 中的数据

从图 5-61 可以看出，视图中的列名已经按要求重新命名。

（2）在多张表上创建视图

例 5-52 创建视图 view_dev_user，里面包含编号为 101 的管理员管理的 dev_id 和 username，列名显示为“设备号”和“管理人”，如图 5-62 所示。

```
create view view_dev_user（设备号，管理人）as
select dev_id，username from tb_dev，tb_user
where tb_dev.user_id = tb_user.user_id and tb_dev.user_id='101'；
```

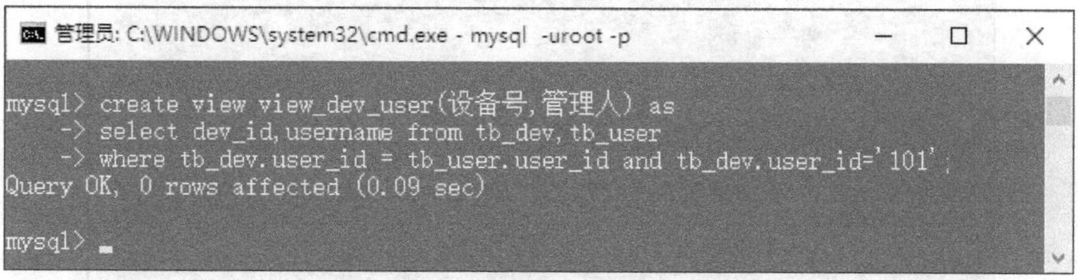
管理员: C:\WINDOWS\system32\cmd.exe - mysql -uroot -p
mysql> create view view_dev_user(设备号,管理人) as
-> select dev_id,username from tb_dev,tb_user
-> where tb_dev.user_id = tb_user.user_id and tb_dev.user_id='101';
Query OK, 0 rows affected (0.09 sec)
mysql>

图 5-62 创建视图 view_dev_user

创建视图后，查看视图 view_dev_user 中的数据，如图 5-63 所示。

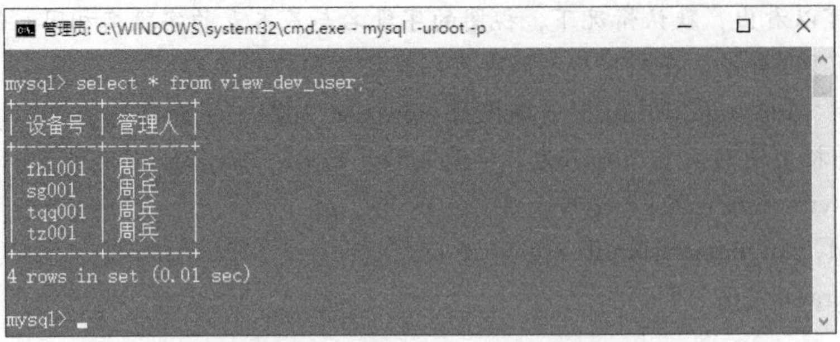
```
管理员: C:\WINDOWS\system32\cmd.exe - mysql -uroot -p

mysql> select * from view_dev_user;
+--------+--------+
| 设备号 | 管理人 |
+--------+--------+
| fh1001 | 周兵   |
| sg001  | 周兵   |
| tqq001 | 周兵   |
| tz001  | 周兵   |
+--------+--------+
4 rows in set (0.01 sec)

mysql> _
```

图 5-63　查看视图 view_dev_user 中的数据

2. 查看视图

视图创建完成后，用户可以查看视图的相关信息。MySQL 提供了多种方法用于查看视图。

（1）查看视图的结构信息　使用 describe（desc）语句可以查看视图的结构信息，语法格式如下：

describe|desc view_name ;

例 5-53　查看视图 view_stu_2020 的结构信息，如图 5-64 所示。

desc view_stu_2020 ;

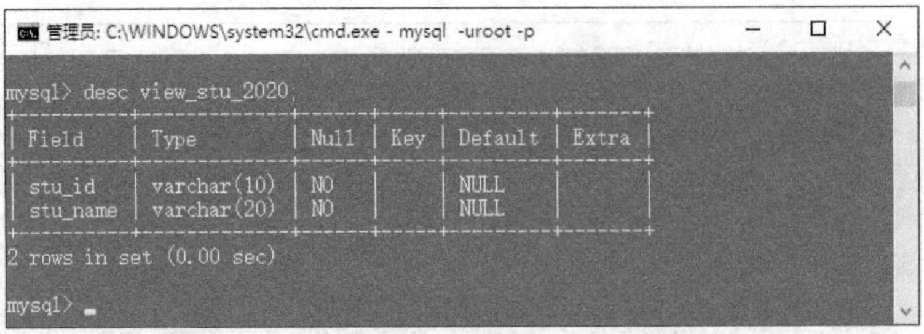
```
管理员: C:\WINDOWS\system32\cmd.exe - mysql -uroot -p

mysql> desc view_stu_2020;
+----------+-------------+------+-----+---------+-------+
| Field    | Type        | Null | Key | Default | Extra |
+----------+-------------+------+-----+---------+-------+
| stu_id   | varchar(10) | NO   |     | NULL    |       |
| stu_name | varchar(20) | NO   |     | NULL    |       |
+----------+-------------+------+-----+---------+-------+
2 rows in set (0.00 sec)

mysql> _
```

图 5-64　查看视图 view_stu_2020 的结构信息

（2）查看视图的状态信息　使用 show table status 语句可以查看视图的状态信息，语法格式如下：

show table status like 'view_name' ;

例 5-54　查看视图 view_stu_2020 的状态信息，如图 5-65 所示。

show table status like 'view_stu_2020' \G

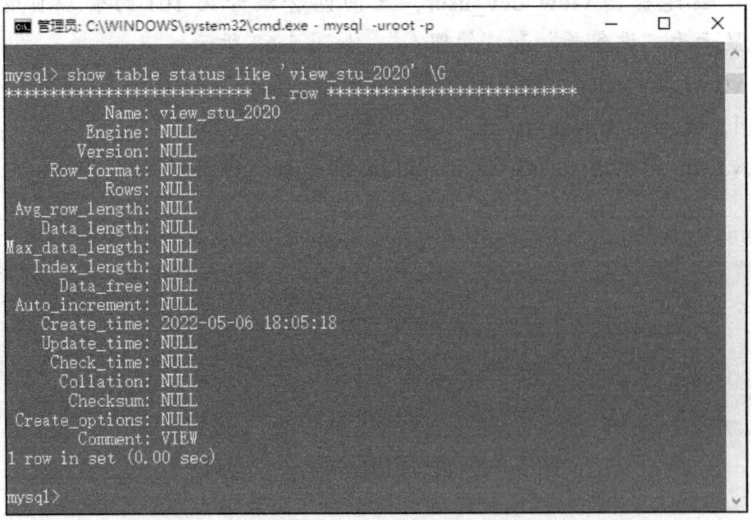
```
管理员: C:\WINDOWS\system32\cmd.exe - mysql -uroot -p

mysql> show table status like 'view_stu_2020' \G
*************************** 1. row ***************************
           Name: view_stu_2020
         Engine: NULL
        Version: NULL
     Row_format: NULL
           Rows: NULL
 Avg_row_length: NULL
    Data_length: NULL
Max_data_length: NULL
   Index_length: NULL
      Data_free: NULL
 Auto_increment: NULL
    Create_time: 2022-05-06 18:05:18
    Update_time: NULL
     Check_time: NULL
      Collation: NULL
       Checksum: NULL
 Create_options: NULL
        Comment: VIEW
1 row in set (0.00 sec)

mysql>
```

图 5-65　查看视图 view_stu_2020 的状态信息

从图 5-65 可以看出，Comment 的值为 VIEW，说明此表为视图；其他类似存储引擎、数据长度等信息均为 NULL，说明它是一张虚表。

（3）查看视图的详细信息　使用 Show create view 语句可以查看视图的属性、字符编码等详细信息，语法格式如下：

show create view view_name ;

例 5-55　查看视图 view_stu_2020 的详细信息，如图 5-66 所示。

show create view view_stu_2020 \G

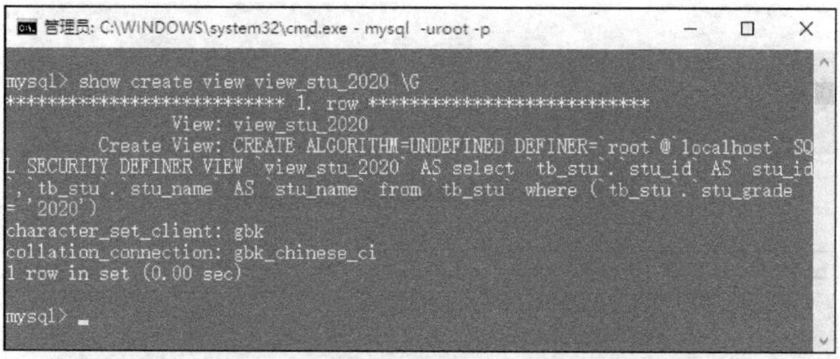

图 5-66　查看视图 view_stu_2020 的详细信息

3. 修改视图

当基本表的某些字段发生改变时，为了使视图与基本表保持一致，可以使用 create or replace view 或 alter view 语句来修改视图。

（1）使用 create or replace view 修改视图　使用 create or replace view 语句修改视图非常灵活。当视图存在时，可对视图进行修改；当视图不存在时，可以创建视图。其语法格式和参数与前文中创建视图一样。

例 5-56　修改视图 view_stu_2020，增加一个字段 stu_grade，如图 5-67 和图 5-68 所示。

create or replace view view_stu_2020 as

select stu_id，stu_name，stu_grade from tb_stu

where stu_grade='2020' ;

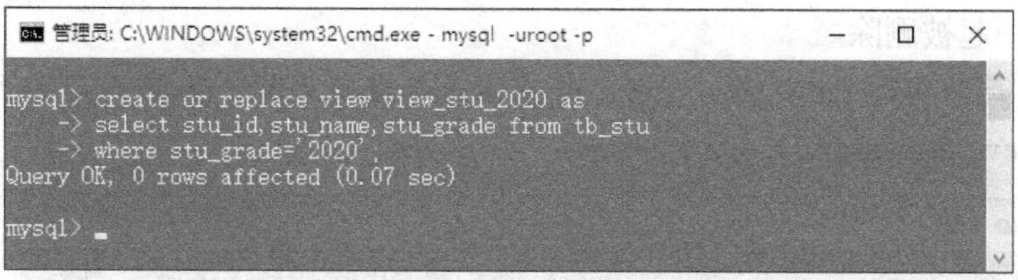

图 5-67　修改视图 view_stu_2020

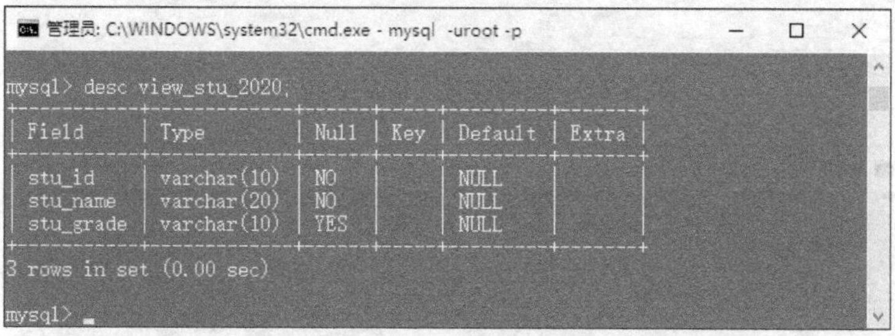

图 5-68　查看修改后的视图 view_stu_2020

从图 5-68 可以看出，修改后的视图 view_stu_2020 比原视图多了一个字段 stu_grade。

（2）使用 alter view 修改视图　使用 alter view 语句修改视图的语法格式如下：

alter view view_name[（col_list）] as select_statement ;

例 5-57　修改视图 view_stu_2021，增加一个字段 stu_grade，如图 5-69 和图 5-70 所示。

alter view view_stu_2021（学号，姓名，年级）as

select stu_id，stu_name，stu_grade from tb_stu

where stu_grade='2021' ;

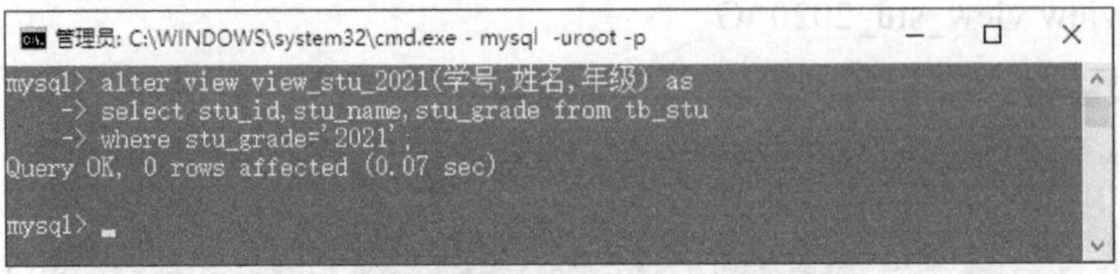

图 5-69　修改视图 view_stu_2021

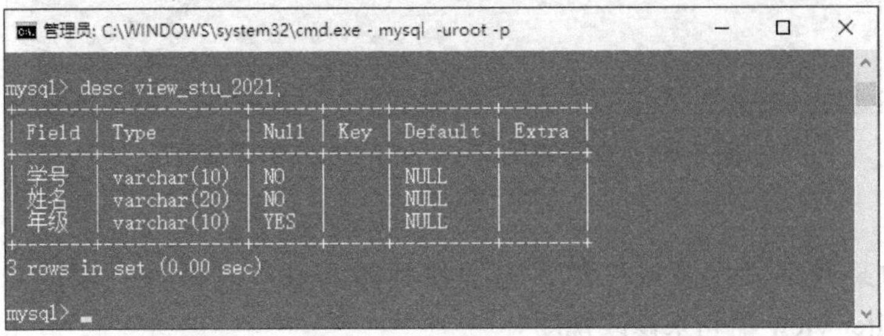

图 5-70　查看修改后的视图 view_stu_2021

从图 5-70 可以看出，修改后的视图 view_stu_2021 比原视图多了一个字段“年级”。

4. 删除视图

当某个或多个视图不再需要时，用户可以使用 drop view 将其删除。其语法格式如下：

drop view [if exists] view_name1[，view_name2，…，view_namen] [restrict|cascade] ;

其中，if exists 为可选参数，用于判断视图是否存在，若存在则执行删除操作，反之则不执行；restrict 表示只有不存在相关视图和完整性约束的视图才能被删除；cascade 表示任何相关视图和完整性约束一起被删除。

例 5-58　删除视图 view_dev_user，并查验是否成功删除，如图 5-71 和图 5-72 所示。

drop view view_dev_user ;

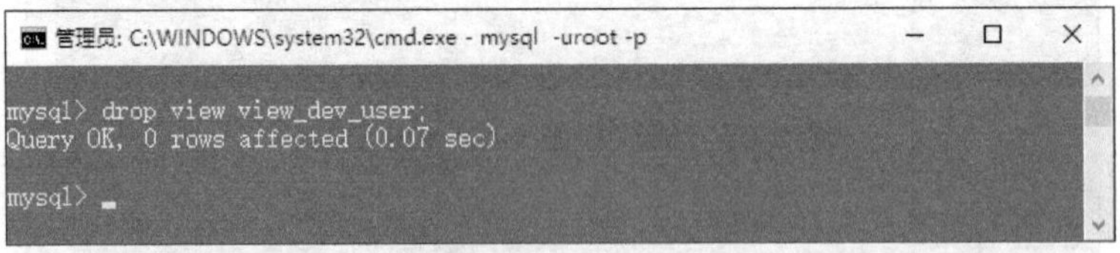

图 5-71　删除视图 view_dev_user

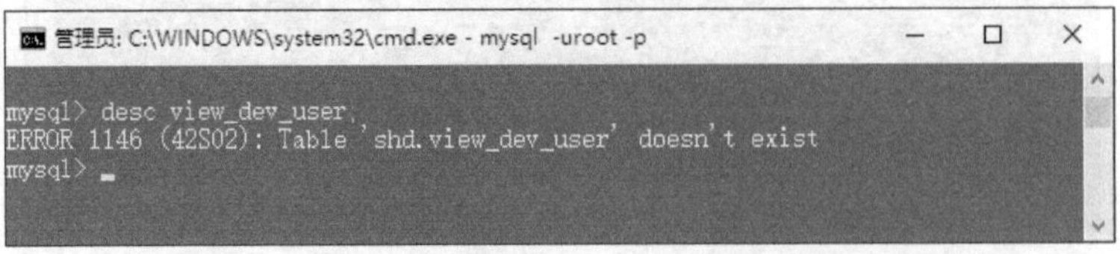

图 5-72　查验视图 view_dev_user 是否成功删除

从图 5-72 可以看出，视图 view_dev_user 已经不存在，表示该视图删除成功。

5. 更新视图中的数据

当视图中的数据被修改时，基本表中的数据同时被修改，反之亦然。由于视图是一张虚表，所以更新视图实质上是对基本表的更新。更新视图的方法与更新基本表一样，可通过 insert、update 和 delete 来实现。

（1）向视图中插入数据　使用 insert 语句向视图中插入数据时需要注意的是，视图中必须包含基本表中不允许为 NULL 的所有列，否则在插入数据时会报错。

例 5-59　创建视图 view_stu_status，其中包含 stu_id，stu_name 和 stu_status，并向其中插入一条记录，如图 5-73 和图 5-74 所示。

```
create view view_stu_status as
select stu_id，stu_name，stu_status from tb_stu；

insert into view_stu_status
values（'42000202'，' 王正阳 '，0）;
```

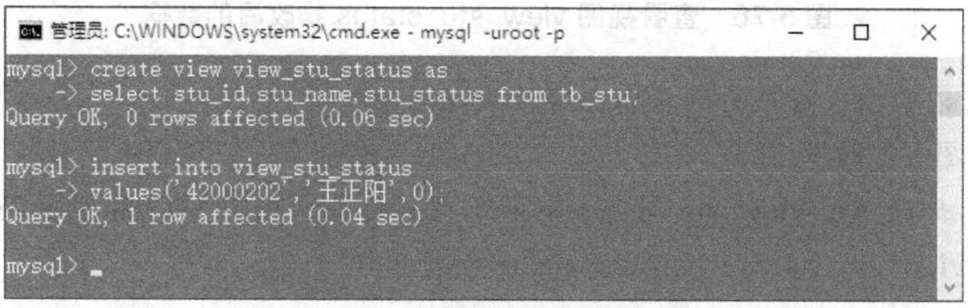

图 5-73　创建视图并插入数据

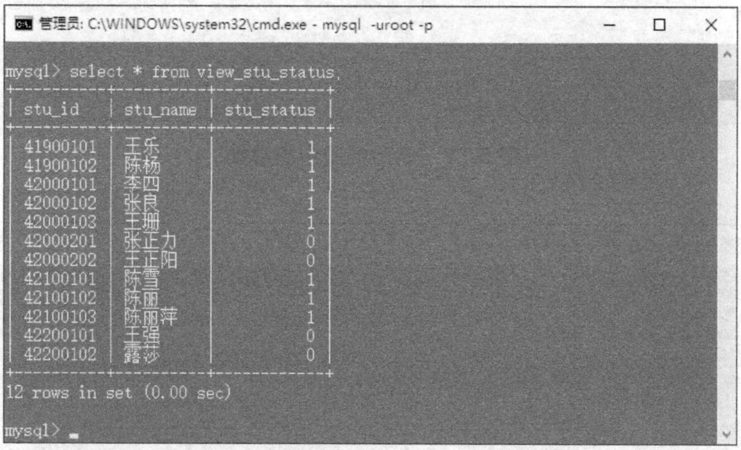

图 5-74　查看视图 view_stu_status 中的数据

（2）修改视图中的数据

例 5-60　修改视图 view_stu_status 中的数据，把张正力的状态改成 1，如图 5-75 和图 5-76 所示。

```
update view_stu_status set stu_status=1 where stu_name=' 张正力 '；
```

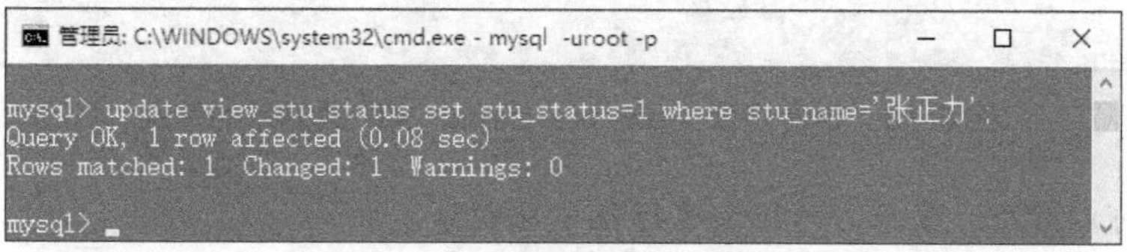

图 5-75　修改视图中的数据

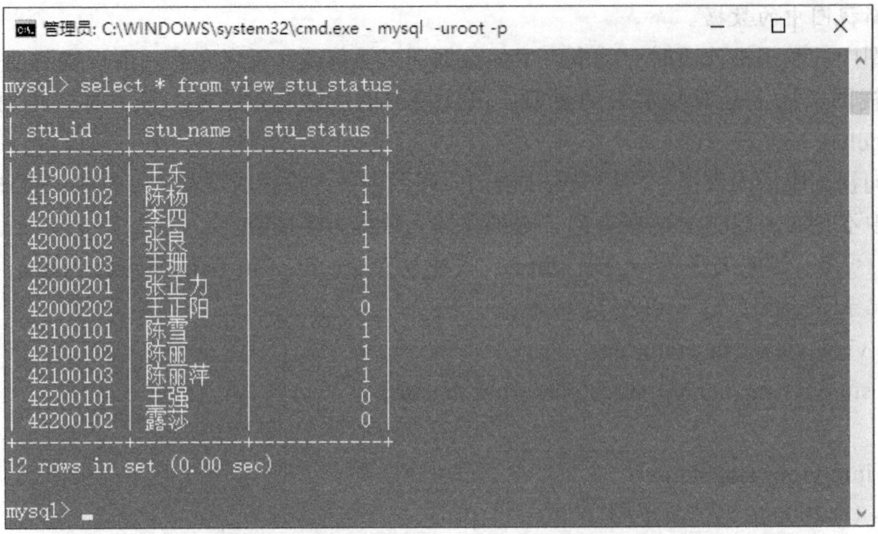

图 5-76　查看视图 view_stu_status 修改后的数据

从图 5-76 可以看出，张正力的状态已经被成功修改。

（3）删除视图中的数据

例 5-61　删除视图 view_stu_status 中张正力的记录，如图 5-77 和图 5-78 所示。

delete from view_stu_status where stu_name='张正力';

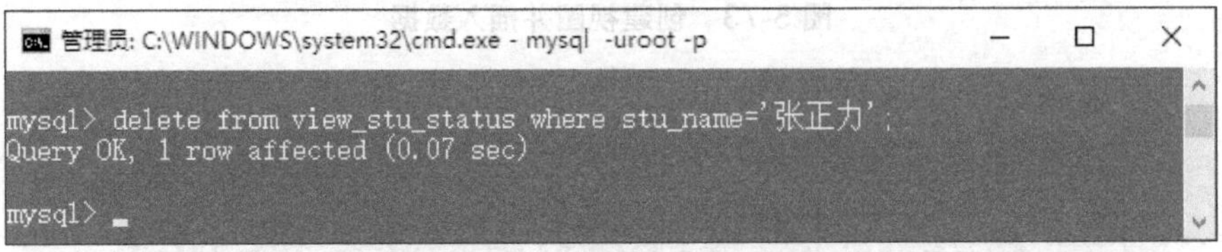

图 5-77　删除视图中的数据

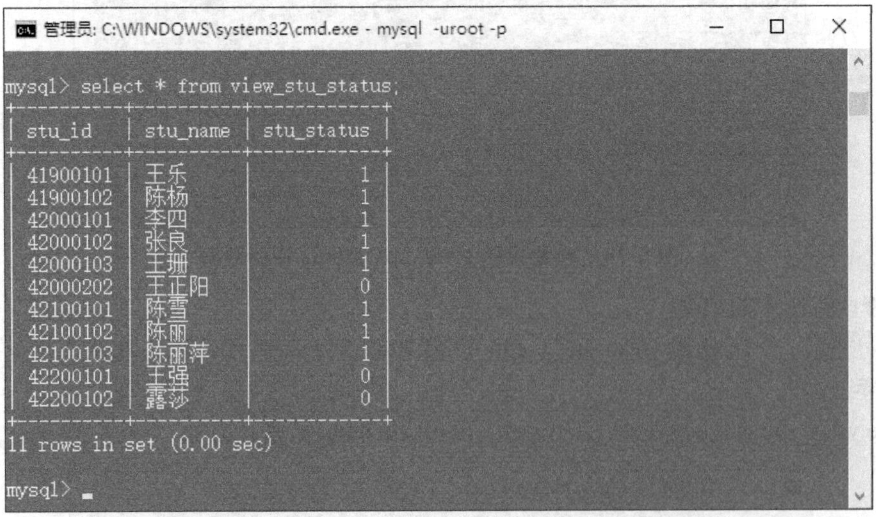

图 5-78　查看视图 view_stu_status 删除数据后的情况

从图 5-78 可以看出，张正力的记录已经被成功删除。

任务总结

本任务主要介绍了索引和视图的概念、特点等基础知识，并结合体测系统中的数据阐述了索引和视图的创建与管理操作。在实际应用中，用户应综合考虑查询速度、磁盘空间、维护开销等因素，选用合适的索引，从而提高数据库的性能，并根据实际需求创建合理的视图，以保证数据的安全性。

任务五　使用 Navicat 可视化图形管理工具实现数据库表数据的操作

任务描述

使用 Navicat 可视化图形管理工具对数据库的表数据进行操作，掌握操作的主要方法和步骤。

任务分析

本任务主要结合体能健康数据库 shd 中的数据表，采用 Navicat 对数据进行可视化管理，包括数据的更新和查询，索引、视图的创建和管理。

任务实现

一、使用 Navicat 更新数据

1. 通过打开表更新数据

使用 Navicat 更新数据时，只需要选中相应的表，然后单击“打开表”按钮（见图 5-79），即可在表中添加、修改和删除数据。需要注意的是，若更新的数据中包含中文，则要求表字段所用的字符集支持中文才可以正常录入。

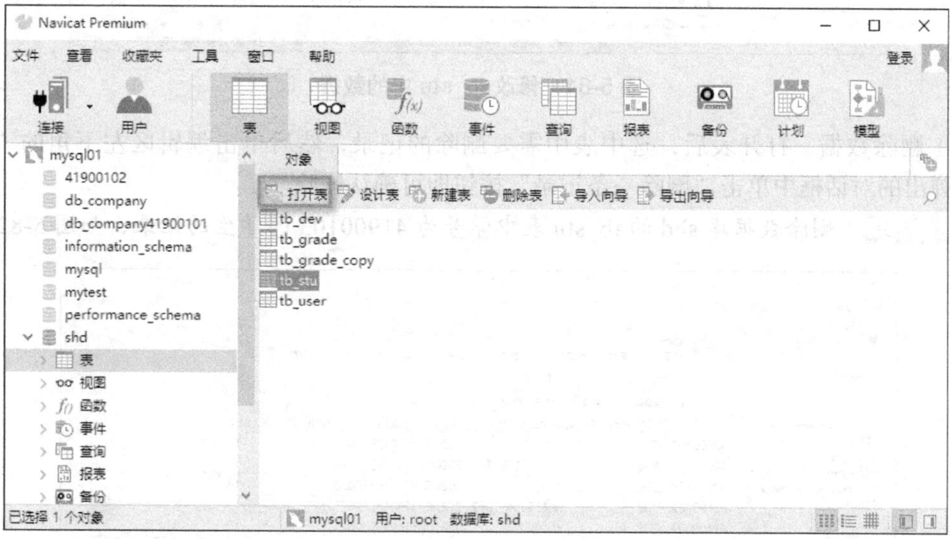

图 5-79 “打开表”按钮

（1）插入数据　打开表后，单击编辑区左下角的“+”按钮可增加一行空白记录。在记录中填写相应的数据后单击“✓”按钮即可插入一条记录。若要插入多条记录，重复上述操作即可。

例 5-62　在数据库 shd 的 tb_stu 表中插入一条学生信息，如图 5-80 所示。

图 5-80　在 tb_stu 中插入数据

（2）修改数据　打开表后，单击表中需要修改的数据，删除并重新输入数据，然后单击编辑区左下角的“✓”按钮即可确认修改。

例 5-63　将数据库 shd 的 tb_stu 表中学号为 41900103 的学生的状态改成 1，如图 5-81 所示。

图 5-81　修改 tb_stu 中的数据

（3）删除数据　打开表后，选中表中需要删除的记录，然后单击编辑区左下角的“−”按钮，在弹出的对话框中单击“删除一条记录”按钮即可确认删除。

例 5-64　删除数据库 shd 的 tb_stu 表中学号为 41900103 的学生的记录，如图 5-82 所示。

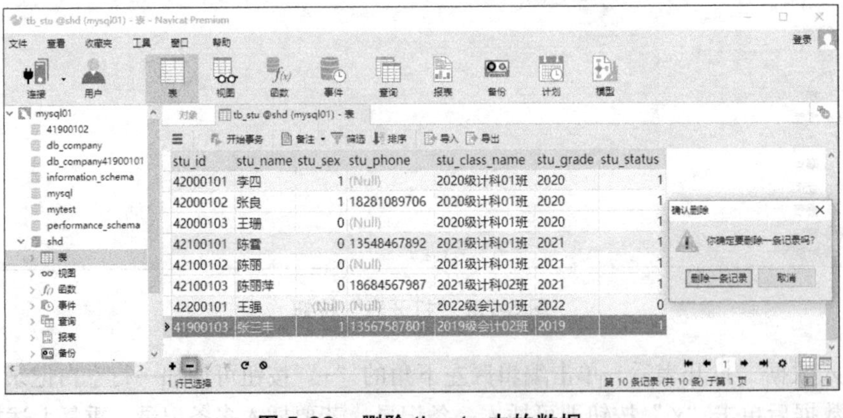

图 5-82　删除 tb_stu 中的数据

2. 通过查询窗口更新数据

在 Navicat 中选中数据库 shd，单击“查询”按钮，然后在编辑区上方单击“新建查询”按钮，如图 5-83 所示。在“查询编辑器”选项卡中输入 SQL 语句，单击“运行”按钮执行相应的语句。运行成功后，可在下方的“信息”选项卡中查看语句执行的情况。

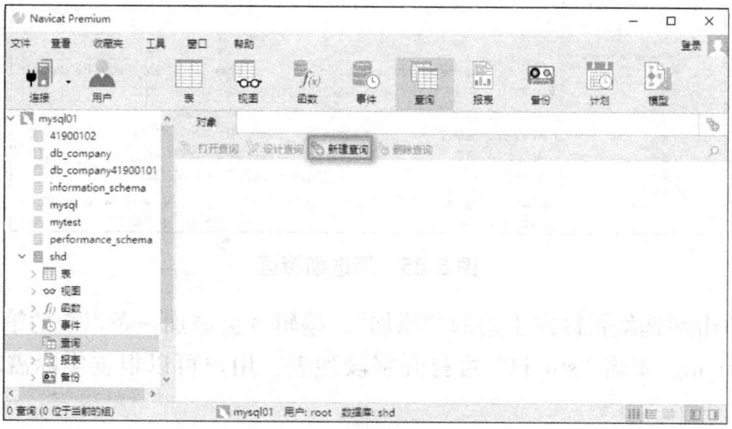

图 5-83　“新建查询”按钮

例 5-65　在数据库 shd 的 tb_stu 表中同时插入两条学生记录，如图 5-84 所示。

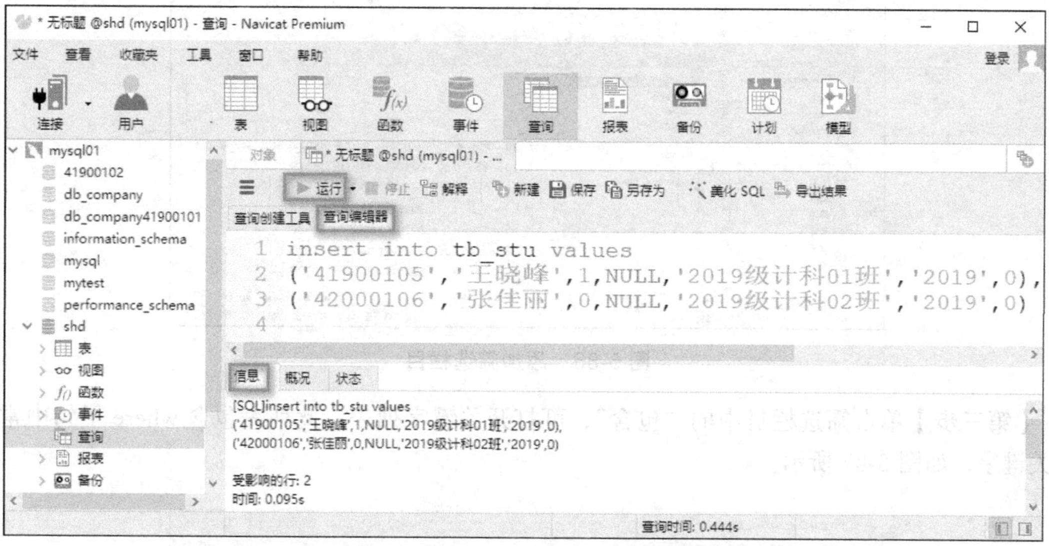

图 5-84　执行 SQL 语句并查看运行结果

同理，可根据实际需求在查询窗口输入修改、删除数据的相关 SQL 语句，执行并查看运行结果。

二、使用 Navicat 查询数据

1. 通过筛选实现单表查询

Navicat 可以实现在查询数据时按照一定条件进行筛选。以数据库 shd 中的 tb_stu 表为例，具体步骤如下：

【第一步】选中 tb_stu 表，单击“打开表”按钮，在打开表界面单击“筛选”按钮，打开筛选编辑区，如图 5-85 所示。

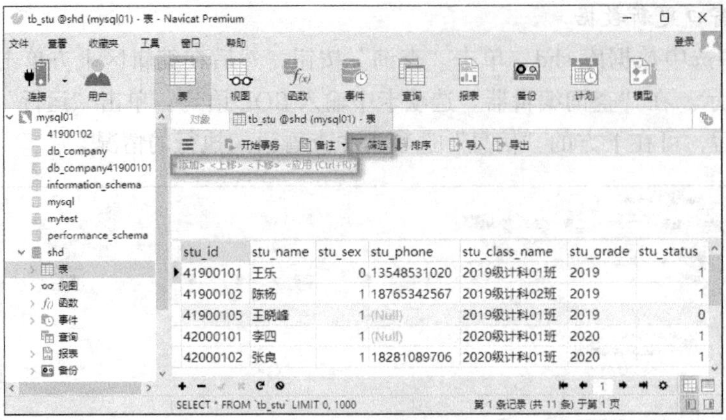

图 5-85 筛选编辑区

【第二步】单击筛选编辑区左上角的“添加”，编辑区会添加一条以表的第一个字段开头的栏目，此处为 stu_id。单击“stu_id”可打开字段列表，用户可以根据实际需求选择字段，如图 5-86 所示。

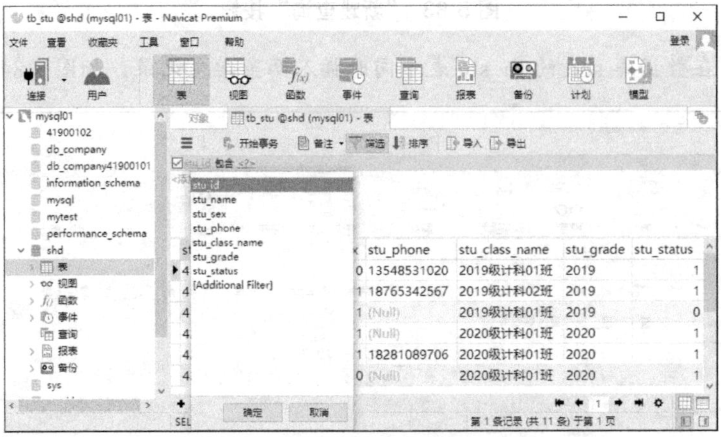

图 5-86 添加筛选栏目

【第三步】单击筛选栏目中的“包含”，可打开关键字列表，此列表包含 where 子句中常用的关键字，如图 5-87 所示。

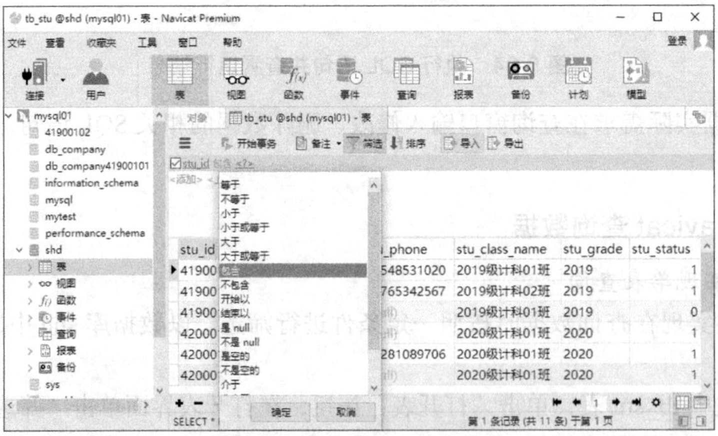

图 5-87 打开关键字列表

【第四步】单击筛选栏目中的“<?>”，可打开输入框，在此框中填写关键字后的值，并单击“确定”按钮，如图 5-88 所示。

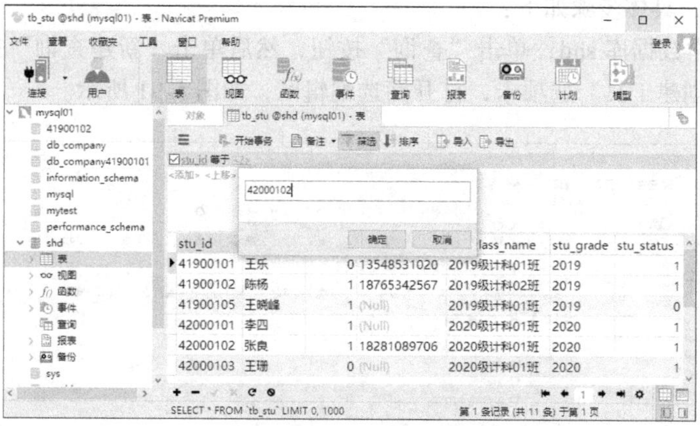

图 5-88　填写筛选值

【第五步】再次单击“添加”，可添加其他筛选条件。重复上述步骤，设置第二个筛选条件。然后单击“and”，选择两个筛选条件之间的逻辑关系，如图 5-89 所示。

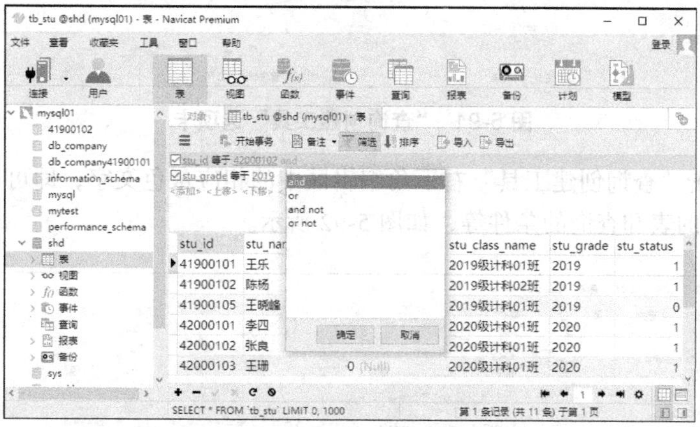

图 5-89　选择筛选关系

【第六步】单击“上移”或“下移”可调整筛选条件的顺序。设置完所有筛选条件后单击“应用（Ctrl+R）”即可执行查询，结果如图 5-90 所示。

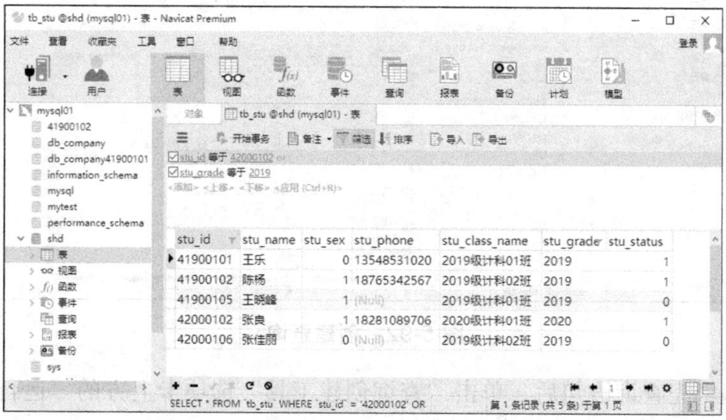

图 5-90　查询结果

2. 通过新建查询实现数据查询

在 Navicat 中，还可以通过新建查询来实现单表和多表查询。以查询 shd 数据库中的 2019 级学生的成绩为例，具体步骤如下：

【第一步】选中数据库 shd，单击“查询”按钮，然后单击“新建查询”按钮。在打开的查询窗口选择“查询创建工具”选项卡，打开筛选编辑区，如图 5-91 所示。

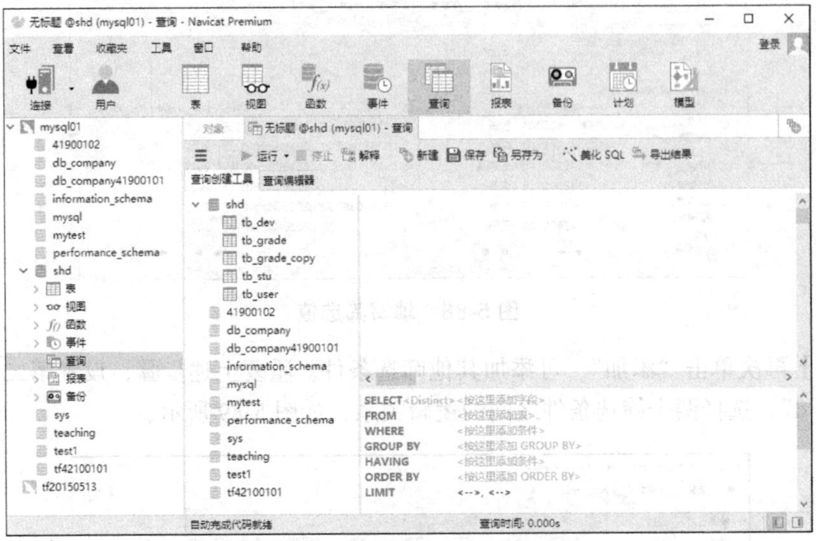

图 5-91 “查询创建工具”选项卡

【第二步】单击“查询创建工具”右下角编辑区中的相应灰色文字，即可根据查询需求添加查询的字段、查询的表和查询的条件等，如图 5-92 所示。

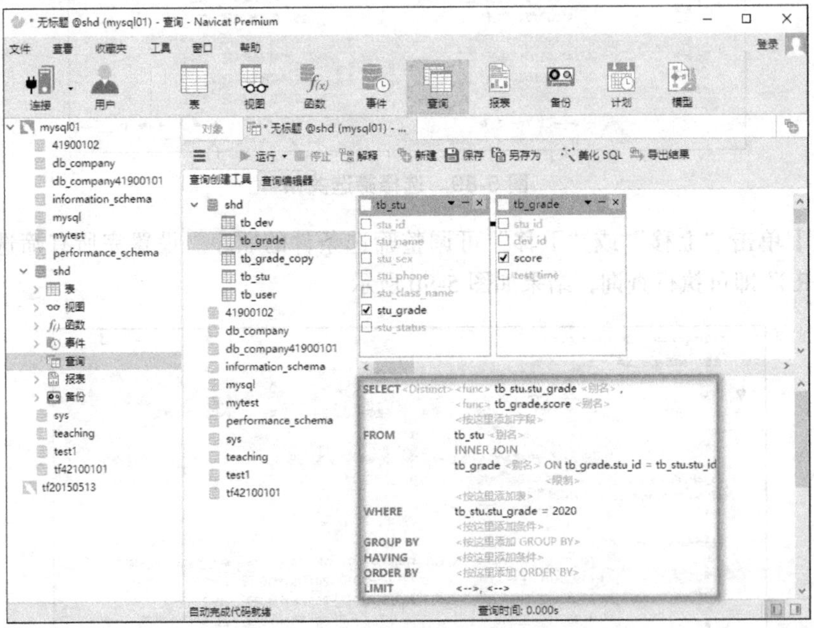

图 5-92 创建查询

【第三步】编辑完查询语句后，单击“查询创建工具”选项卡上方的“运行”按钮，查询语句和查询结果即可显示在“查询编辑器”选项卡中，如图 5-93 所示。

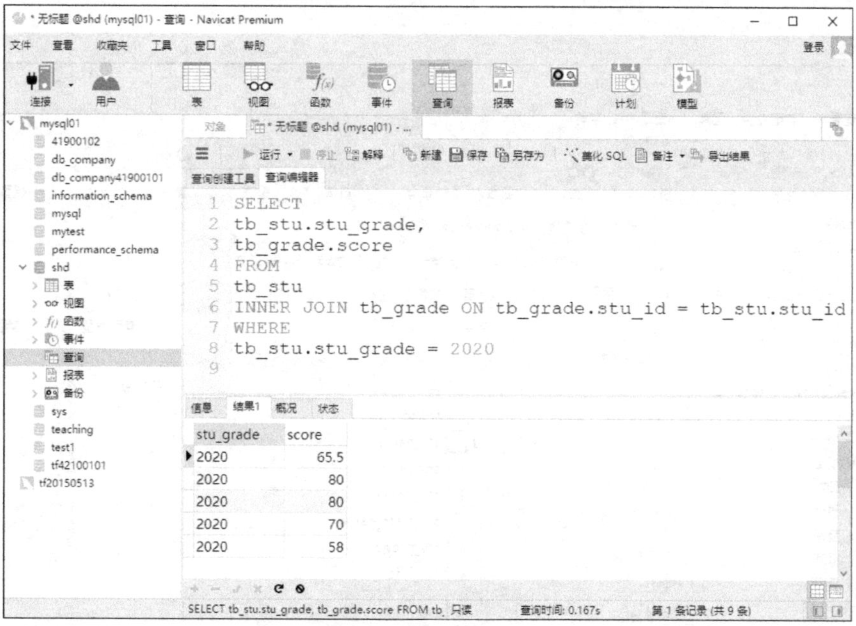

图 5-93 查询结果

三、使用 Navicat 创建和管理索引

使用Navicat创建和管理索引时，只需要选中相应的表，单击“设计表”按钮（见图5-94），在设计表界面切换到“索引”选项卡，就可以看到已有的索引。单击“添加索引”或“删除索引”按钮则可以创建新的索引或删除已存在的索引。

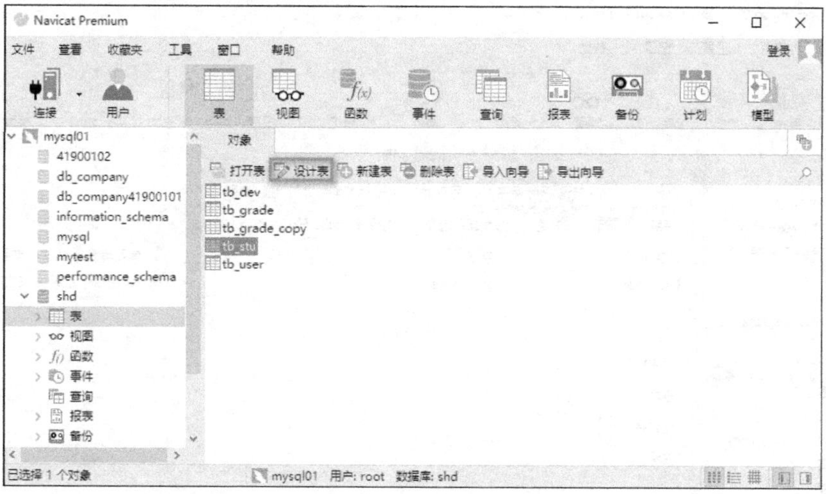

图 5-94 “设计表”按钮

1. 创建索引

在设计表界面单击“索引”选项卡，单击“添加索引”按钮，输入索引的名称，选择创建索引的字段、索引类型和索引方法后，单击“保存”按钮即可创建索引。若想创建多个索引，再单击“添加索引”按钮重复上述步骤即可。

例 5-66 在tb_stu表的stu_name字段上创建一个普通索引idx_name，如图5-95和图5-96所示。

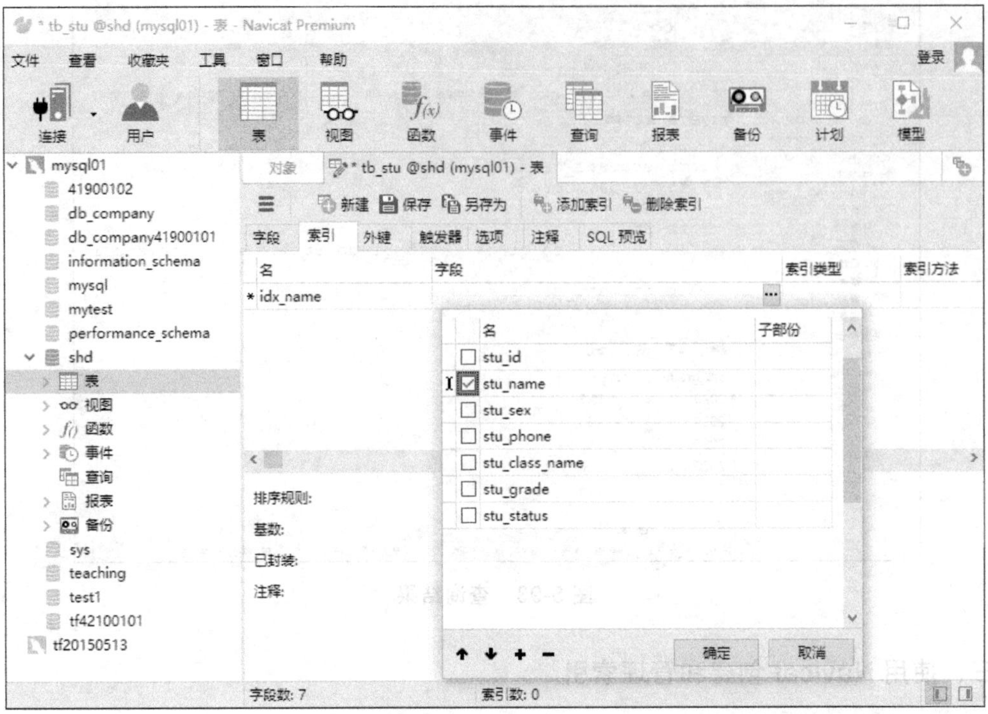

图 5-95 选择创建索引的字段

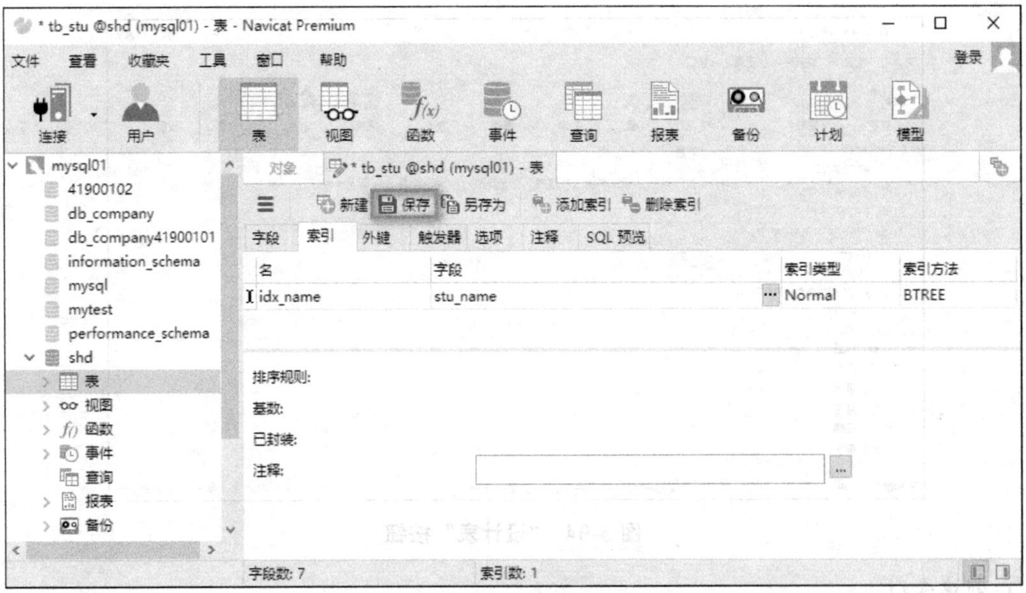

图 5-96 创建普通索引

2. 删除索引

在设计表界面单击“索引”选项卡，选择要删除的索引，单击“删除索引”按钮，在弹出的对话框中单击“删除”按钮即可删除索引。

例 5-67 删除 tb_stu 表中的普通索引 idx_name，如图 5-97 所示。

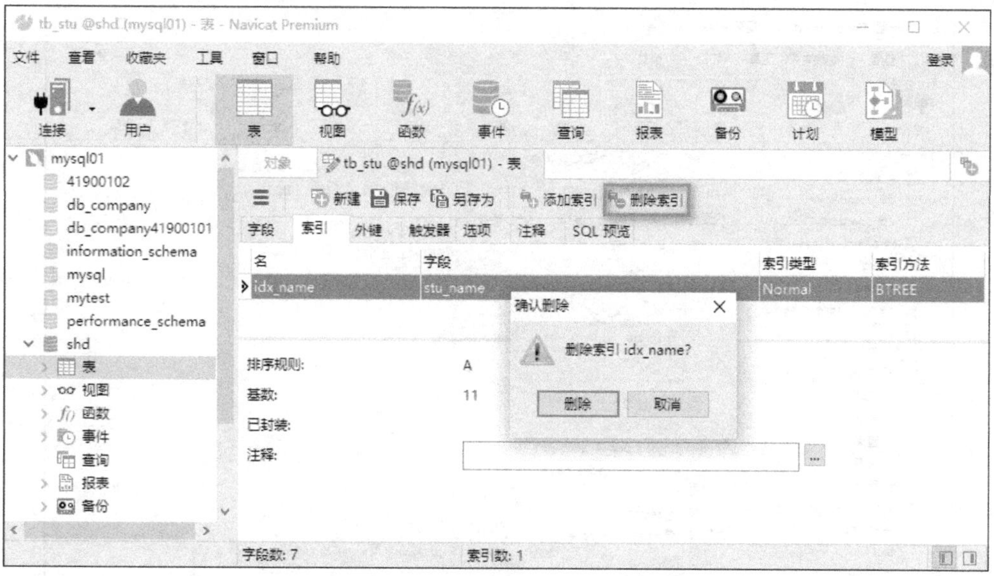

图 5-97　删除索引 idx_name

四、使用 Navicat 创建和管理视图

在 Navicat 中，双击需要操作的数据库，单击“视图”按钮，在右边的视图对象界面中可以新建视图，也可以对已存在的视图进行查看、修改和删除等操作，如图 5-98 所示。

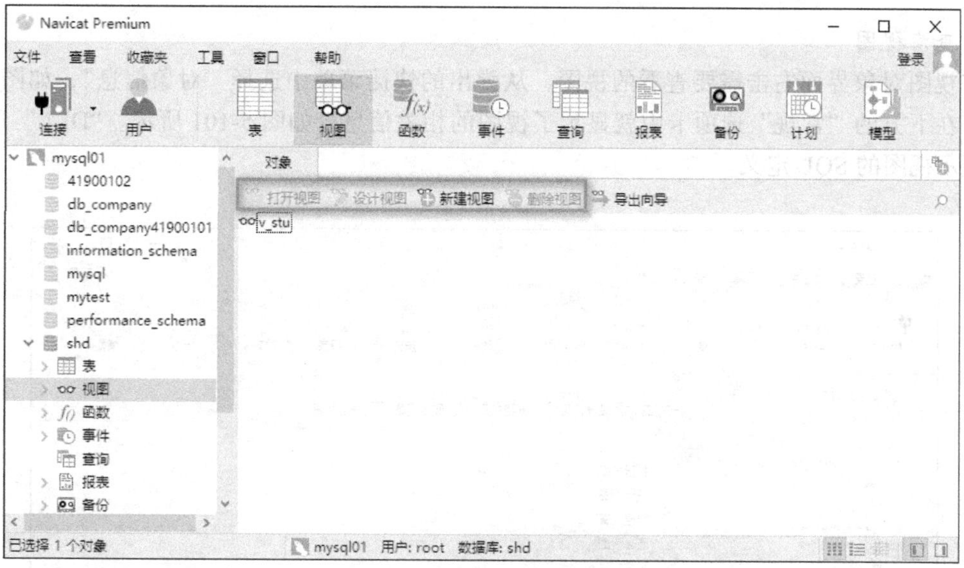

图 5-98　视图对象界面

1. 创建视图

在视图对象界面单击“新建视图”按钮，打开视图编辑界面。切换到“视图创建工具”选项卡，双击左边需要创建视图的表将其添加到右侧窗口，然后在右侧表中选择需要在视图中显示的字段，最后在右下方窗口中进一步编辑创建视图的 SQL 语句，如图 5-99 所示。编辑完成后单击“保存”按钮，在弹出的对话框中输入视图名，单击“确定”按钮即可创建视图。由于视图的本质就是“查询”，所以其创建的方法与在“查询创建工具”创建查询的操作相似。

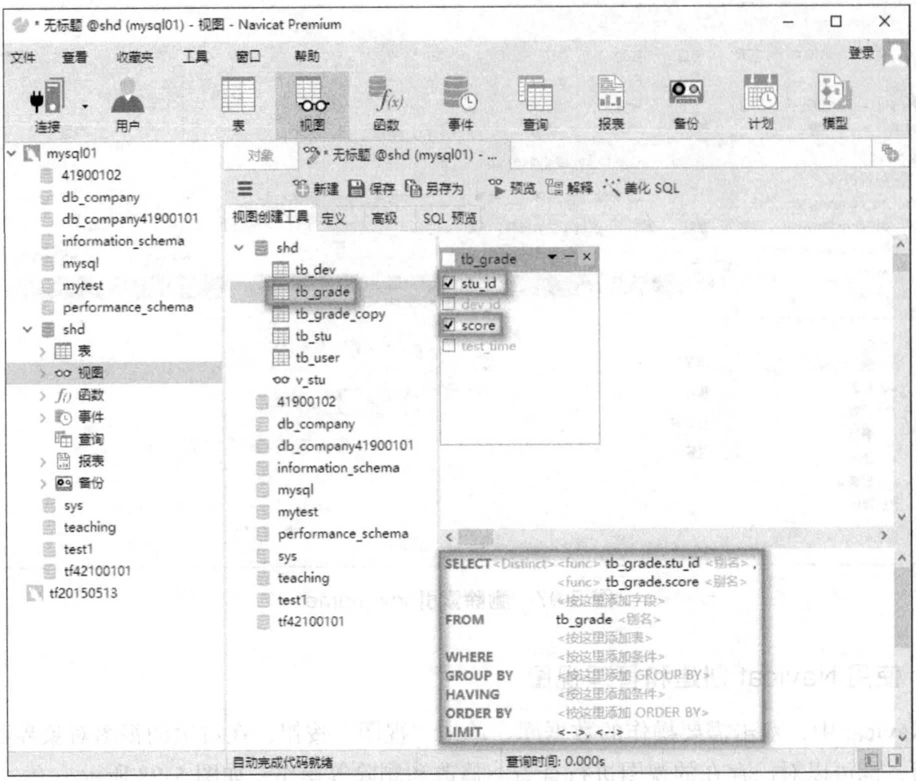

图 5-99　创建视图

2. 查看视图

在视图对象界面右击需要查看的视图，从弹出的快捷菜单中选择“对象信息”，如图 5-100 所示，在下方的“常规”选项卡中就显示了视图的相关信息，如图 5-101 所示。“DLL”选项卡用于显示视图的 SQL 定义。

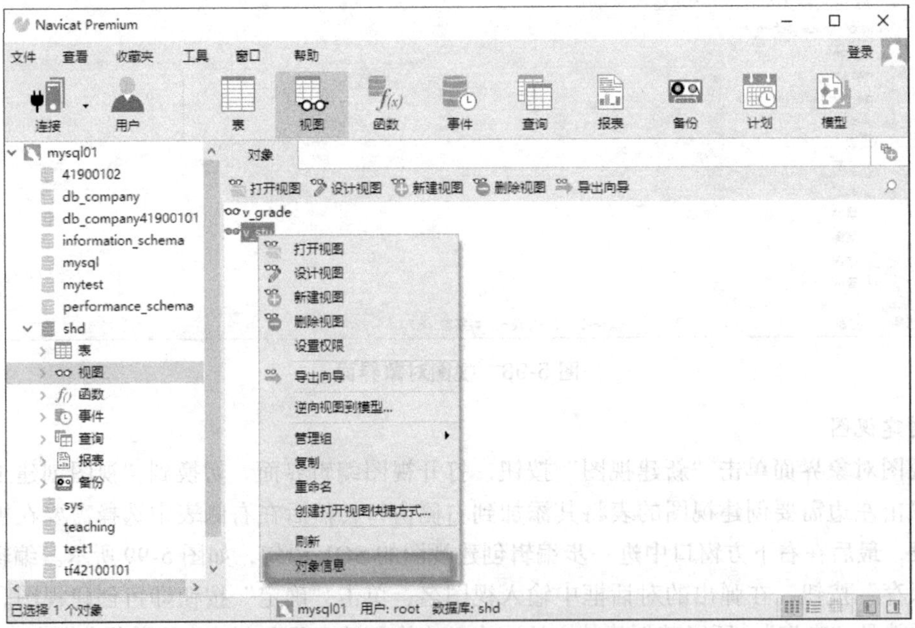

图 5-100　快捷菜单中的“对象信息”

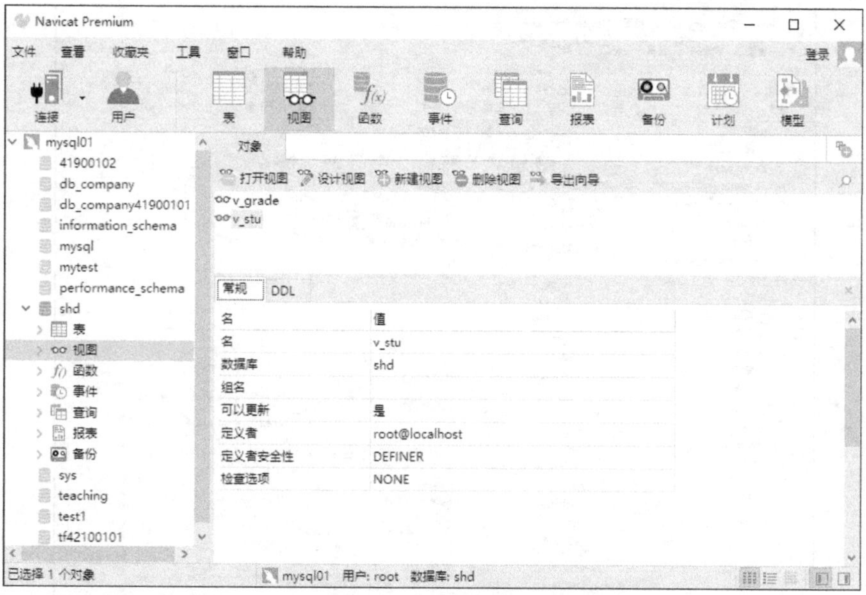

图 5-101　视图相关信息

3. 修改视图

在视图对象界面单击需要修改的视图名，单击“设计视图”按钮，如图 5-102 所示，打开视图编辑界面。切换到“视图创建工具”选项卡，在其右下方编辑 SQL 语句保存即可，如图 5-103 所示。

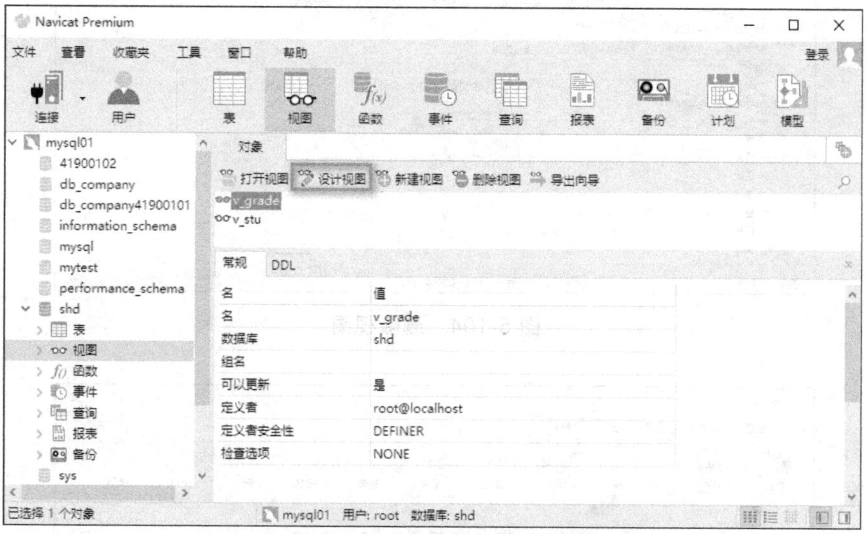

图 5-102　“设计视图”按钮

4. 删除视图

在视图对象界面单击需要删除的视图名，单击“删除视图”按钮，在弹出的对话框中单击“删除”按钮即可删除视图，如图 5-104 所示。

5. 编辑视图中的数据

在视图对象界面单击需要查看的视图名，单击“打开视图”按钮，如图 5-105 所示。在打开的界面中不仅可以查询视图中的数据，单击下方的“+”“−”或“✓”按钮，还可以添加、删除数据，或修改相应的数据，如图 5-106 所示。

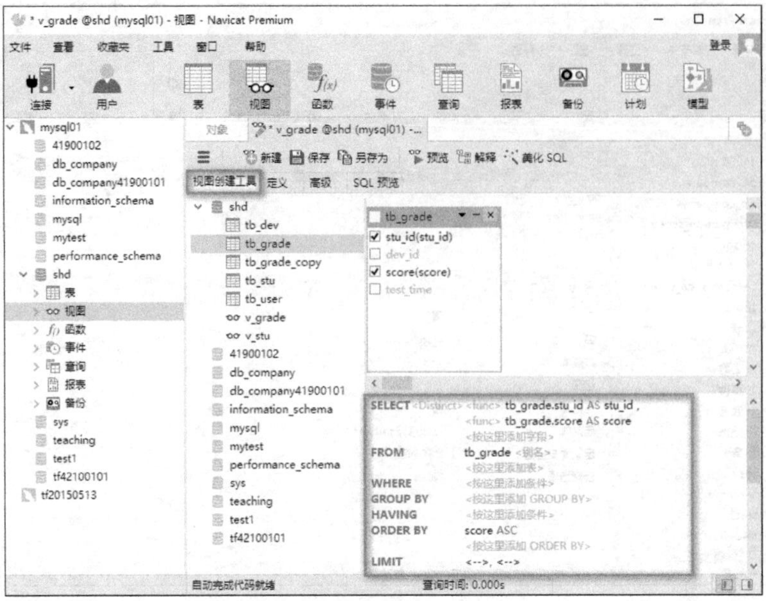

图 5-103　修改视图

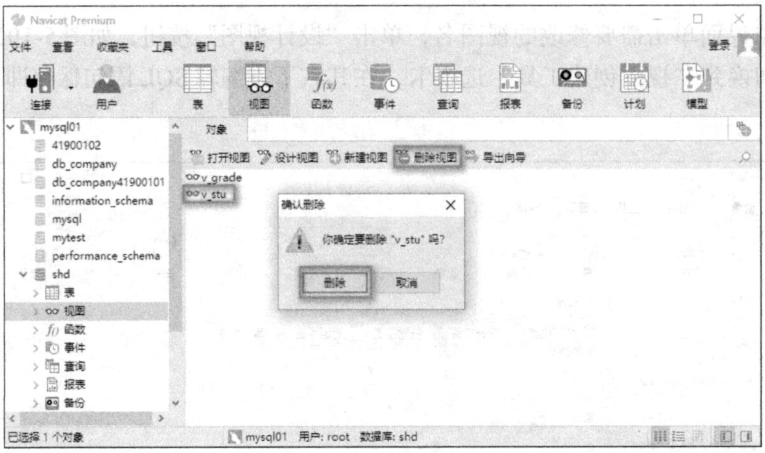

图 5-104　删除视图

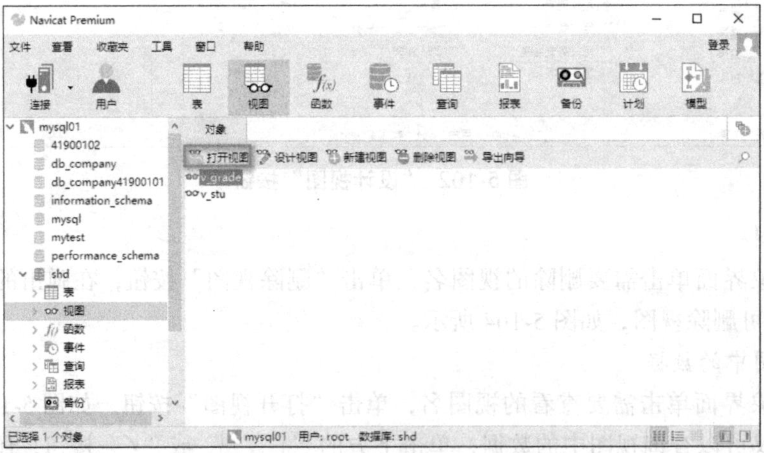

图 5-105　“打开视图”按钮

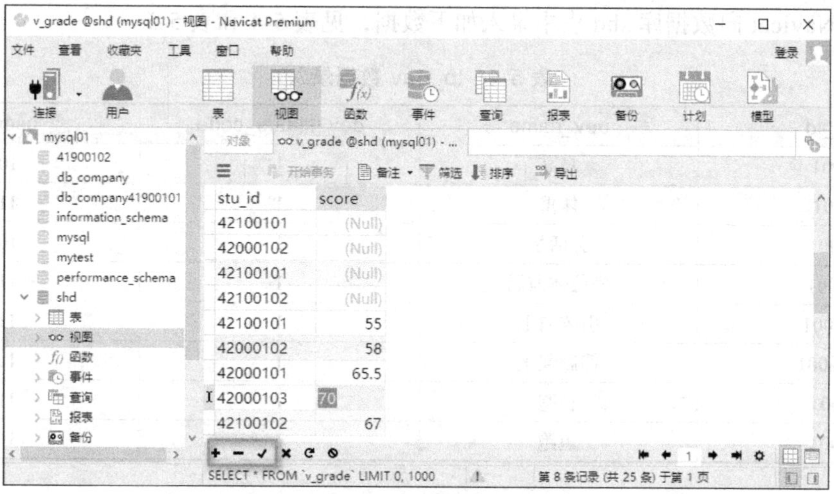

图 5-106 编辑视图中的数据

任务总结

使用 Navicat 对数据进行增加、删除、修改、查询等操作，既可以通过单击相应的按钮一步一步设置参数来实现，也可以通过新建查询直接编写相应的 SQL 语句来实现，操作非常灵活。用户可以根据实际情况选用不同的操作方式。

实践训练

【实践项目 1】

1. 使用 SQL 语句向数据库 shd 表中录入如下数据，见表 5-2 和表 5-3。

表 5-2 tb_stu 数据录入

stu_id	stu_name	stu_sex	stu_phone	stu_class_name	stu_grade	stu_status
41900111	张敏	0	13689200123	2019 级计科 01 班	2019	1
41900112	王小龙	1	18565342567	2019 级计科 01 班	2019	1
41900104	王晓峰	1	18584567986	2019 级计科 02 班	2019	0
41900105	张佳丽	0		2019 级会计 01 班	2019	0
42000121	李思敏	0		2020 级计科 02 班	2020	1
42000112	陈雪梅	0	18081089706	2020 级计科 02 班	2020	0
42000113	王雪	1		2020 级会计 01 班	2020	1

表 5-3 tb_user 数据录入

user_id	username	password	mobile	status	create_time
112	周兵	M123456	13458626990	1	2020/1/15
102	赵明	M654321		1	2019/9/15
101	赵萌	M121233		0	2018/1/15

2. 使用 Navicat 向数据库 shd 表中录入如下数据，见表 5-4 和表 5-5。

表 5-4　tb_dev 数据录入

dev_id	dev_name	dev_status_code	user_id
sg001	身高	1	102
tz001	体重	1	112
fhl001	肺活量	1	102
tqq001	坐位体前屈	1	112
ytxs001	引体向上	1	112
ywqz001	仰卧起坐	1	102
cp001	长跑	1	112
dp001	短跑	1	102

表 5-5　tb_grade 数据录入

stu_id	dev_id	score	test_time
41900111	sg001	87	2020/6/15
41900111	dp001	90.5	2020/6/15
41900111	cp001	72	2020/6/15
41900112	tz001	86	2020/6/15
41900112	sg001	75	2020/6/16
41900112	dp001		
41900112	fhl001	65.5	2020/6/16
42000121	tz001	80	2020/9/22
42000121	sg001	80	2020/9/22
42000121	tqq001	70	2020/9/22
42000121	fhl001	58	2020/9/23
42000113	tz001	85	2020/9/22
42000113	ytxs001	85.5	2020/9/22
42000113	tqq001	67	2020/9/22
42000113	fhl001	90	2020/9/23
42000113	cp001		

3. 修改学号为 41900105 的学生的手机号为 13778904523，状态为 1。

4. 删除编号为 101 的管理员的信息。

【实践项目 2】

在实践项目 1 的基础上完成如下内容：

1. 查询所有学生的基本信息。

2. 查询 2020 级在校学生的学号和姓名。

3. 查询姓张和姓王的学生的信息。

4. 查询学号为 41900112 的学生的最高成绩、最低成绩和平均成绩（列名显示为“最高分”“最低分”和“平均分”）。

5. 统计各个年级的学生人数。

6. 统计各项体测项目的平均成绩，并按平均成绩的降序排列。

7. 查询比 2020 级所有学生的体测项目成绩高的学生的学号和姓名。
8. 查询长跑成绩为空的学生的学号和姓名。
9. 查询没有参加体测项目的学生的学号和姓名。
10. 查询至少参加了 3 项体测项目且有短跑成绩的学生的学号。

【实践项目 3】

在实践项目 1 的基础上完成如下内容:
1. 给学生表的 stu_grade 字段创建一个普通索引 idx_grade。
2. 给管理员表的 password 字段创建一个唯一索引 idx_password，并查看此索引信息。
3. 删除索引 idx_grade 和 idx_password。
4. 创建视图 view_stu0，包含所有女学生的 stu_id，stu_name 和 stu_status，列名显示为“学号”“姓名”和“状态”。
5. 查看视图 view_stu0 的结构信息。
6. 修改视图 view_stu0，使其包含所有在校学生的 stu_id，stu_name，stu_sex 和 stu_status。
7. 向视图 view_stu0 中插入一条数据（'42100151'，' 陈雪 '，0，1）。
8. 删除视图 view_stu0 中男学生的信息。
9. 删除视图 view_stu0。

6 Project 项目六

程序化操作学生体能健康数据库的表数据

项目描述

在项目五中，已经完成学生体能健康数据库表数据的增加、删除、修改和查询等操作，本项目主要是对该数据库的表数据进行程序化操作，从而实现学生体能健康数据库的程序化管理。

学习目标

知识目标：

1. 掌握 MySQL 编程基础。
2. 理解 MySQL 存储过程与函数。
3. 理解 MySQL 触发器、事件、事务与锁。

能力目标：

能对表数据进行程序化操作。

素质目标：

1. 培养学生的编程能力和职业素养。
2. 培养学生认真做事的态度和品格。

任务一 MySQL 编程基础

任务描述

函数对于每个程序设计人员来说都很重要，即丰富的函数往往能使程序设计人员的工作事半功倍。MySQL 软件支持各种函数以方便用户使用，如果想程序化处理数据库中的大量数据，需要掌握 MySQL 的编程基础，即函数的使用。

任务分析

虽然每种数据库软件都支持 SQL 语句，但是每种数据库却拥有各自所支持的函数。如果想使用数据库软件，除了需要会使用 SQL 语句外，还需要掌握函数。MySQL 软件中常用的函数包含字符串函数、数值函数、日期与时间函数、系统信息函数和流程控制函数等。

MySQL 中的函数不仅可以出现在 select 语句及其子句中，还可以出现在 update、delete 语句中。

任务实现

一、字符串函数

字符串函数是常用函数之一。在 MySQL 软件中，字符串类型数据的处理占了很大一部分，因此灵活地使用字符串函数是衡量 MySQL 用户的标准之一。

1. 函数

MySQL 软件所支持的字符串函数见表 6-1。

表 6-1 字符串函数

函 数	功 能
Ascii（char）	返回字符的 ASCII 码值
Bit_length（str）	返回字符串的比特长度
Concat（s1，s2，…，sn）	将 s1，s2，…，sn 连接成字符串
Insert（str，x，y，instr）	将字符串 str 从第 x 位置开始，y 个字符长的子串替换为字符串 instr，返回结果
Find_in_set（str，list）	分析逗号分隔的 list 列表，如果发现 str，返回 str 在 list 中的位置
Lcase（str）或 Lower（str）	返回将字符串 str 中所有字符转变为小写后的结果
Left（str，x）	返回字符串 str 中最左边的 x 个字符
Length（str）	返回字符串 str 中的字符数
Ltrim（str）	从字符串 str 中切掉开头的空格
Position（substr，str）	返回子串 substr 在字符串 str 中第一次出现的位置
Quote（str）	用反斜杠转义 str 中的单引号
Repeat（str，srchstr，rplcstr）	返回字符串 str 重复 x 次的结果
Reverse（str）	返回颠倒字符串 str 的结果
Right（str，x）	返回字符串 str 中最右边的 x 个字符
Rtrim（str）	返回字符串 str 尾部的空格
Strcmp（s1，s2）	比较字符串 s1 和 s2
Trim（str）	去除字符串首部和尾部的所有空格
Ucase（str）或 Upper（str）	返回将字符串 str 中所有字符转变为大写后的结果

2. 示例

1）Lower（column|str）：将字符串参数值转变为小写字母后返回。

Select Lower（'SQL Course'）;

2）Upper（column|str）：将字符串参数值转变为大写字母后返回。

Select Upper（'Use MYsql'）;

3）Concat（column|str1，column|str2，…）：将多个字符串参数首尾相连后返回。

Select Concat（'My'，'S'，'QL'）;

如果有任何参数为 null，则函数返回 null。

Select Concat ('My', null, 'QL');

如果参数是数字，则自动转换为字符串。

Select Concat (14.3, 'mysql');

4) Concat_ws (separator, str1, str2, …): 将多个字符串参数以给定的分隔符 separator 首尾相连后返回（函数圆括号里的第一个项目用来指定分隔符）。

Select Concat_ws (' ; ', 'First name', 'Second name', 'Last name');

注意：如果有任何参数为 null，则函数不返回 null，而是直接忽略它。

5) Substr (str, pos[, len]): 从源字符串 str 中的指定位置 pos 开始取一个子串并返回。

注意：len 用于指定子串的长度，如果省略则一直取到字符串的末尾；len 若为负值则表示从源字符串的尾部开始取起。

函数 Substr ( ) 是函数 Substring ( ) 的同义词。

Select Substring ('hello world', 5);

Select Substr ('hello world', 5, 3);

Select Substr ('hello world', −5);

6) Length (str): 返回字符串的存储长度。

Select Length ('text'), Length (' 你好 ');

注意：编码方式不同，字符串的存储长度就不一样（"你好"：utf8 是 6，gbk 是 4）。

7) Char_length (str): 返回字符串中的字符个数。

Select Char_length ('text'), Char_length (' 你好 ');

8) Instr (str, substr): 从源字符串 str 中返回子串 substr 第一次出现的位置。

Select Instr ('foobarbar', 'bar');

9) Lpad (str, len, padstr): 在源字符串的左边填充给定的字符 padstr 到指定的长度 len，返回填充后的字符串。

Select Lpad ('hi', 5, '??');

10) Rpad (str, len, padstr): 在源字符串的右边填充给定的字符 padstr 到指定的长度 len，返回填充后的字符串。

Select Rpad ('hi', 6, '??');

11) Trim ([{both | leading | trailing} [remstr] from] str), Trim ([remstr from] str): 从源字符串 str 中去掉两端、前缀或后缀字符 remstr 并返回。如果不指定 remstr，则去掉 str 两端的空格；如果不指定 both、leading、trailing，则默认为 both。

Select Trim ('   bar   ');

Select Trim (leading 'x' from 'xxxbarxxx');

12) Replace (str, from_str, to_str): 在源字符串 str 中查找所有的子串 form_str（大小写敏感），找到后使用替代字符串 to_str 替换它，返回替换后的字符串。

Select Replace ('www.mysql.com', 'w', 'Ww');

13) Ltrim (str), Rtrim (str): 去掉字符串的左边或右边的空格（左对齐、右对齐）。

Select Ltrim ('   barbar   ') rs1, Rtrim ('   barbar   ') rs2 ;

14）Repeat（str，count）：将字符串 str 重复 count 次后返回。

Select Repeat（'MySQL'，3）;

15）Reverse（str）：将字符串 str 反转后返回。

Select Reverse（'abcdef'）;

16）Char（N，… [USING charset_name]）：将每个参数 N 解释为整数（字符的编码），并返回每个整数对应的字符所构成的字符串（null 值被忽略）。

Select Char（77，121，83，81，'76'），Char（77，77.3，'77.3'）;

17）Format（X，D[，locale]）：以格式“#，###，###.##”格式化数字 X，D 指定小数位数。locale 指定国家语言（默认的 locale 为 en_US）。

Select Format（12332.123456，4），Format（12332.2，0）;

18）Space（N）：返回由 N 个空格构成的字符串。

Select Space（3）;

19）Left（str，len）：返回最左边的 len 长度的子串。

Select Left（'chinaitsoft'，5）;

20）Right（str，len）：返回最右边的 len 长度的子串。

Select Right（'chinaitsoft'，5）;

21）Strcmp（expr1，expr2）：如果两个字符串是一样的则返回 0；如果第一个小于第二个则返回 -1；否则返回 1。

Select Strcmp（'text'，'text'）;

Select Strcmp（'text'，'text2'），Strcmp（'text2'，'text'）;

例 6-1 执行 SQL 语句的 Concat（）函数，合并字符串“My”“Score”“is”“10 分”。具体 SQL 语句如下：

Select Concat（"My" "Score" "is" "10 分 "）合并后字符串；

运行结果如图 6-1 所示。

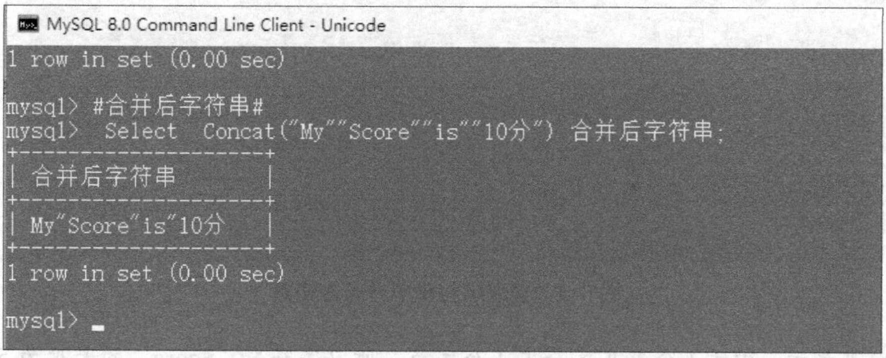

图 6-1 合并字符串函数

例 6-2 执行 SQL 语句的 Strcmp（）函数，比较一些字符串。具体 SQL 语句如下：

Select Strcmp（'abc'，'abd'），

Strcmp（'abc'，'abc'），

Strcmp（'abc'，'abb'）;

运行结果如图 6-2 所示。

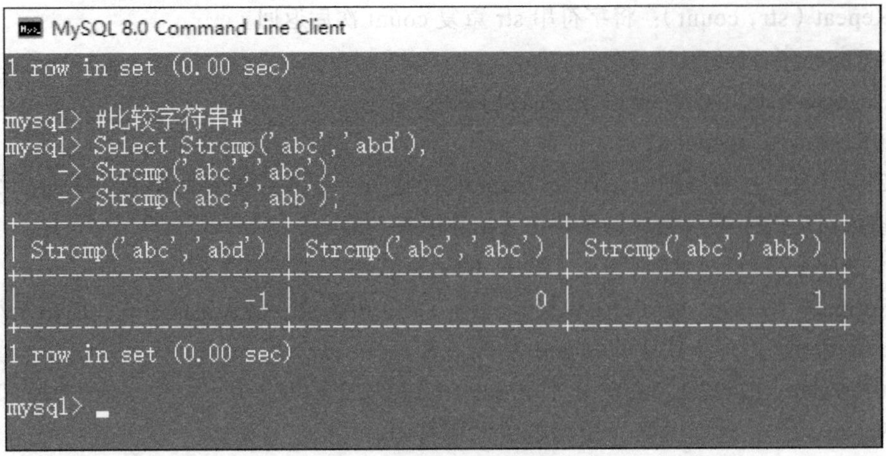

图 6-2　比较字符串函数

运行结果显示，由于字符串“abc”小于“abd”，所以返回结果为 -1；由于字符串“abc”等于“abc”，所以返回结果为 0；由于字符串“abc”大于“abb”，所以返回结果为 1。

例 6-3　执行 SQL 语句的 Length ( ) 函数，计算英文字符串“Score”和中文字符串“我的体测成绩是满分”的字节长度。具体 SQL 语句如下：

Select 'Score' 英文字符串，

Length ('Score') 字符串字节长度，

' 我的体测成绩是满分 ' 中文字符串，

Length (' 我的体测成绩是满分 ') 字符串字节长度；

运行结果如图 6-3 所示。

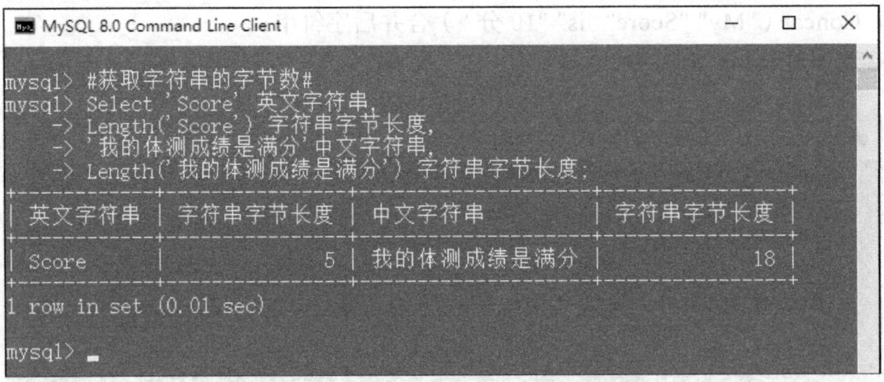

图 6-3　获取字符串字节长度函数

运行结果显示，由于 1 个英文字符占 1 个字节，所以字符串“Score”的长度为 5；由于 1 个汉字字符占 2 个字节，所以字符串“我的体测成绩是满分”的长度为 18。

例 6-4　执行 SQL 语句的 Char_Length ( ) 函数，计算英文字符串“Score”和中文字符串“我的体测成绩是满分”的字符长度。具体 SQL 语句如下：

Select 'Score' 英文字符串，

Char_Length ('Score') 字符串字符长度，

' 我的体测成绩是满分 ' 中文字符串，

Char_Length (' 我的体测成绩是满分 ') 字符串字符长度；

运行结果如图 6-4 所示。

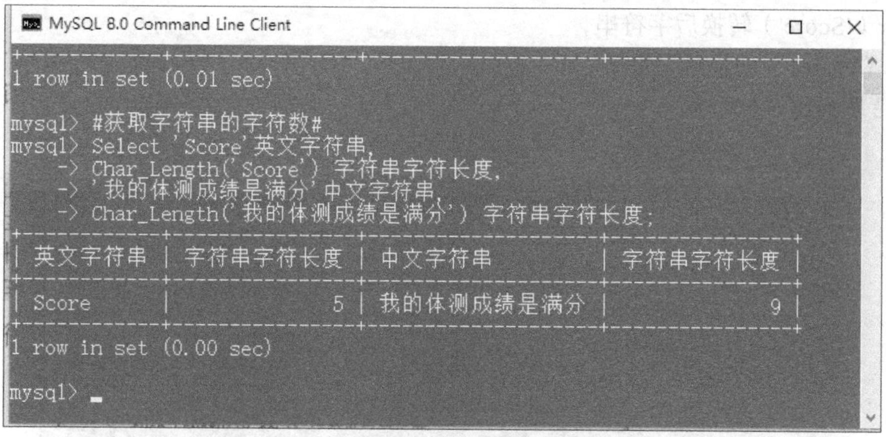

图 6-4　获取字符串字符长度函数

运行结果显示，字符串“Score”的字符长度为 5，字符串“我的体测成绩是满分”的字符长度为 9。

字符串“Score”共有 5 个字符，但是占有 6 个字节空间。这是因为每个字符串都会以 \0 结束，结束符 \0 也会占用 1 个字节空间。

例 6-5　执行 SQL 语句的 Upper ( ) 和 Ucase 函数 ( )，将字符串“Score”中的所有小写字母转换成大写字母。具体 SQL 语句如下：

Select 'Score' 字符串，

Upper ('Score') 转换后字符串，

Ucase ('Score') 转换后字符串；

运行结果如图 6-5 所示。

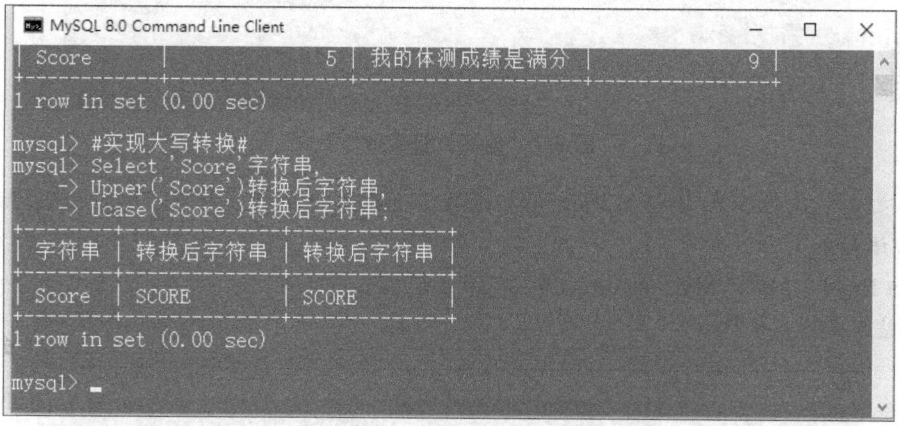

图 6-5　大写字母转换函数

运行结果显示，传入字符串中的所有字母全部被转换成大写字母，即返回的字符串为“SCORE”。

与 Upper ( ) 函数的作用相反，MySQL 软件提供 Lower ( ) 和 Lcase ( ) 函数来实现将字符串中的所有大写字母转换成小写字母。

例 6-6　执行 SQL 语句的 Lower ( ) 和 Lcase 函数 ( )，将字符串“Score”中的所有大写字母转换成小写字母。具体 SQL 语句如下：

Select 'Score' 字符串，

Lower（'Score'）转换后字符串，

Lcase（'Score'）转换后字符串；

运行结果如图 6-6 所示。

图 6-6　小写字母转换函数

例 6-7　执行 SQL 语句的 Find_in_set（）函数，查找与字符串“My”相匹配的位置。具体 SQL 语句如下：

Select Find_in_set（'My'，'My score is 10'）位置；

运行结果如图 6-7 所示，成功显示出了字符串相匹配的位置。

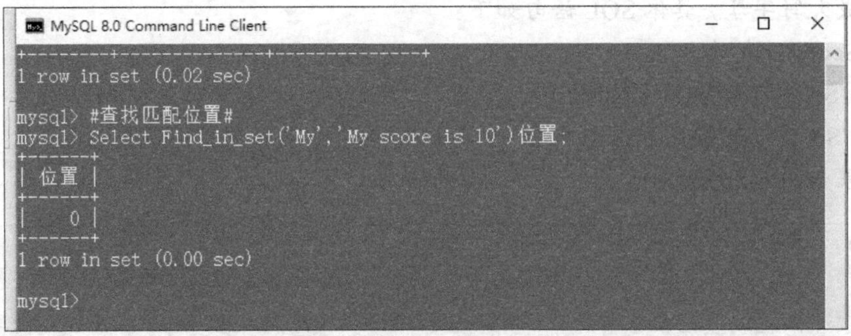

图 6-7　返回位置函数（1）

例 6-8　执行 SQL 语句的 Field（）函数，查找第一个与字符串“My”相匹配的位置。具体 SQL 语句如下：

Select Field（'My'，'My'，'score'，'is'，'10'）位置；

运行结果如图 6-8 所示。

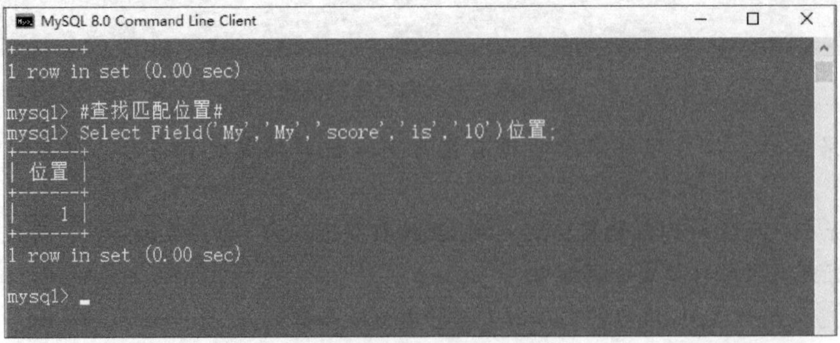

图 6-8　返回位置函数（2）

例 6-9　执行 SQL 语句的 Locate ( ), Position ( ) 和 Instr ( ) 函数，查找与字符串“Score”相匹配的开始位置。具体 SQL 语句如下：

Select Locate ('Score', 'My Score') 位置,

Position ('Score' In 'My Score') 位置,

Instr ('My Score', 'Score') 位置;

运行结果如图 6-9 所示。

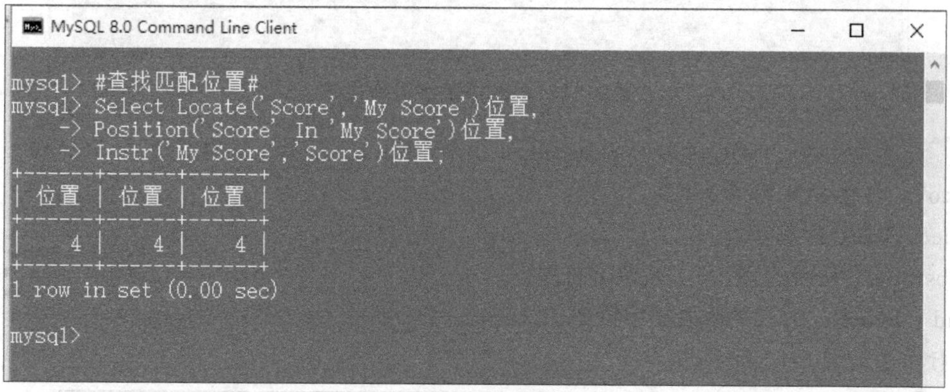

图 6-9　返回位置函数 (3)

例 6-10　执行 SQL 语句的 Elt ( ) 函数，查找指定位置的字符串。具体 SQL 语句如下：

Select Elt (1, 'Score', 'My', 'Score', 'is', '10') 第 1 个位置的字符串;

运行结果如图 6-10 所示。

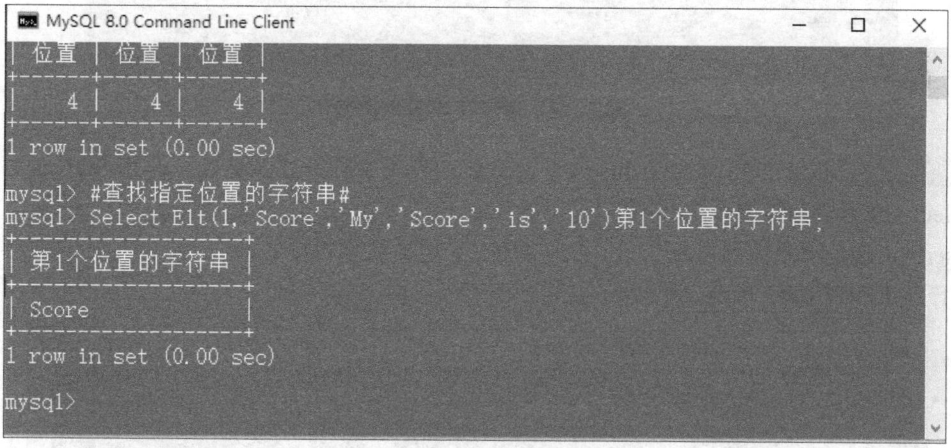

图 6-10　返回指定位置函数

例 6-11　执行 SQL 语句的 Left ( ) 和 Right ( ) 函数，获取字符串“Score”中的前 2 个字母和后 2 个字母的字符串。具体 SQL 语句如下：

Select 'Score' 字符串, Left ('Score', 2) 前 2 个字符串,

Right ('Score', 2) 后 2 个字符串;

运行结果如图 6-11 所示。

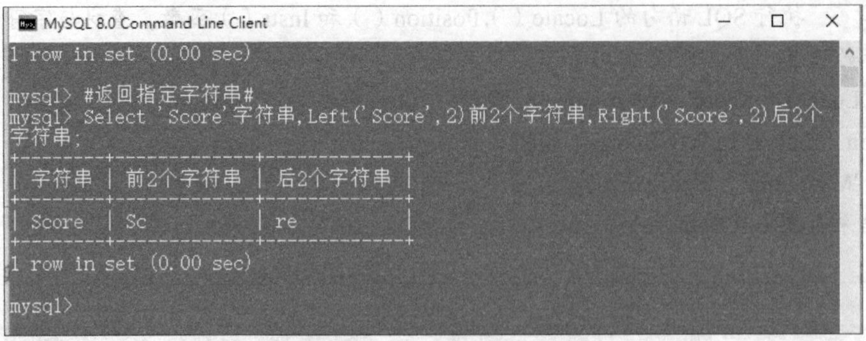

图 6-11　返回指定字符串函数

例 6-12　执行 SQL 语句的 Substring ( ) 和 Mid ( ) 函数，获取字符串“Score”中的字符串“co”。具体 SQL 语句如下：

Select 'Score' 字符串，

Substring ('Score'，2，2) 截取字符串，

Mid ('Score'，2，2) 截取子字符串；

运行结果如图 6-12 所示。

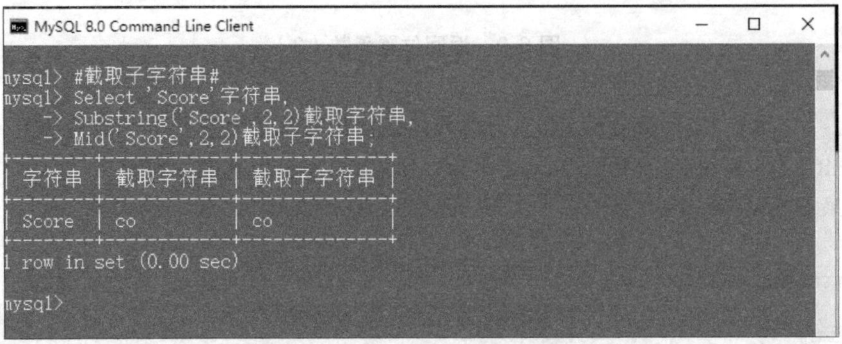

图 6-12　截取子字符串函数

例 6-13　执行 SQL 语句的 Insert ( ) 函数，实现字符串替换功能。具体 SQL 语句如下：

Select '这是学生体测系统' 字符串，

Insert ('这是学生体测系统'，3，2，'智能') 转换后字符串；

运行结果如图 6-13 所示。

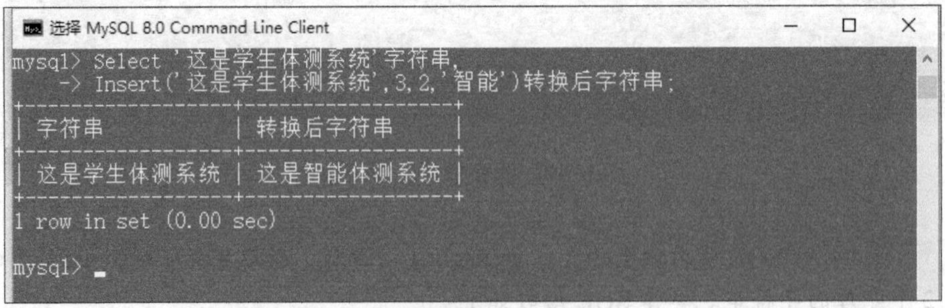

图 6-13　字符串替换函数（1）

例 6-14　执行 SQL 语句的 Replace( ) 函数，实现字符串替换功能。具体 SQL 语句如下：

Select '这是学生体测系统' 原字符串，

Replace ('这是学生体测系统'，'学生'，'智能') 替换后字符串；

运行结果如图 6-14 所示。

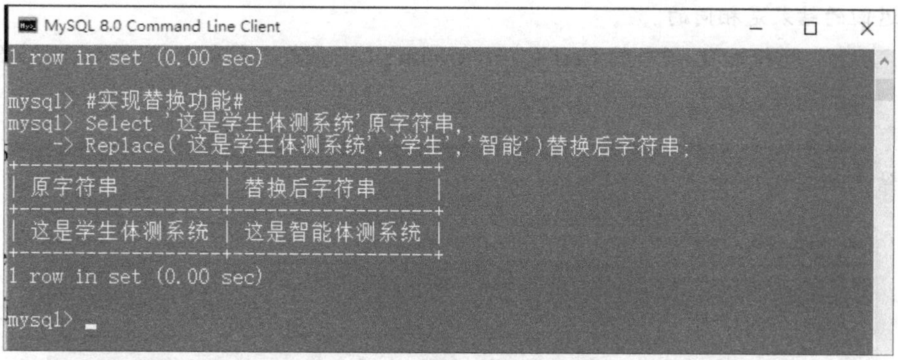

图 6-14　字符串替换函数（2）

二、数值函数

MySQL 软件所支持的数值函数见表 6-2。

表 6-2　数值函数

函　数	功　能
Abs（x）	返回数值 x 的绝对值
Ceil（x）	返回大于或等于 x 的最小整数值
Floor（x）	返回小于或等于 x 的最大整数值
Mod（x，y）	返回结果 x 模 y 的值
Rand（）	返回 0 ~ 1 内的随机数
Round（x，y）	返回 x 四舍五入后的有 y 位小数的数值
Truncate（x，y）	返回数值 x 截断为 y 位小数的数值

在具体的应用中，随机函数是常用到的函数之一。随机函数有 Rand（）和 Rand（x）两种。两种函数都会返回 0~1 之间的随机数。两者的区别在于，Rand（）返回的数值是完全随机的，而 Rand（x）返回的随机数值是相同的。

例 6-15　执行 SQL 语句的随机函数，获取随机数。具体 SQL 语句如下：

Select Rand（），Rand（），Rand（5），Rand（5）;

运行结果如图 6-15 所示。

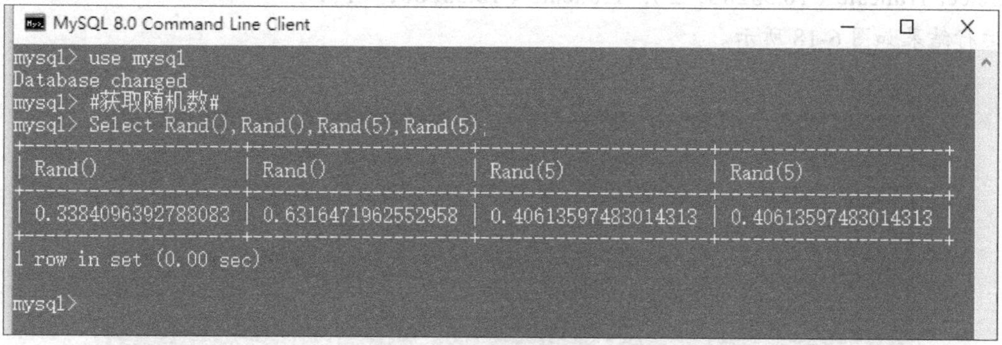

图 6-15　获取随机数函数

运行结果显示，Rand（）函数每次运行返回的结果是不一样的，而带有相同参值数的 Rand（x）函数返回的结果是相同的。

例 6-16　执行 SQL 语句的 Ceil（）和 Ceiling（）函数，获取整数的值。具体 SQL 语句如下：

Select Ceil（3.1），Ceil（−1.2），Ceiling（3.1），Ceiling（−1.2）;

运行结果如图 6-16 所示。

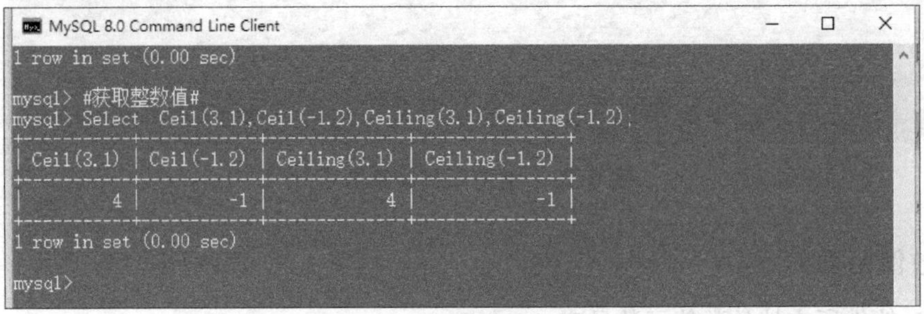

图 6-16　获取整数函数（1）

运行结果显示，Ceil（）和 Ceiling（）函数会获取大于或等于数值的最小整数。

例 6-17　执行 SQL 语句的 Floor（）函数，获取整数的值。具体 SQL 语句如下：

Select Floor（3.1），Floor（−1.2）;

运行结果如图 6-17 所示。

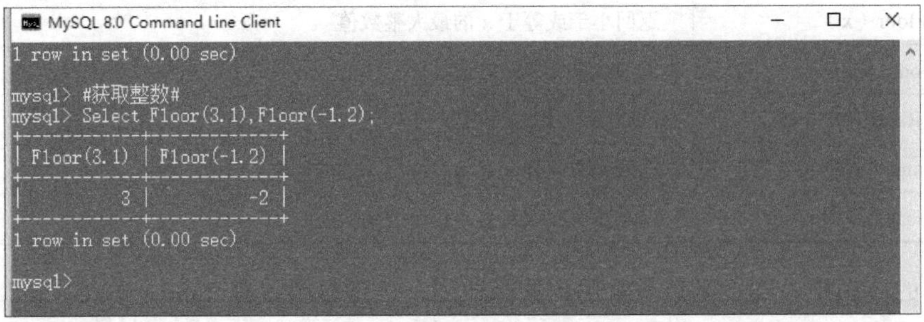

图 6-17　获取整数函数（2）

运行结果显示，Floor（）函数会获取小于或等于数值的最大整数。

例 6-18　执行 SQL 语句的 Truncate（）函数，获取截取操作后的数值。具体 SQL 语句如下：

Select Truncate（10.53286，2），Truncate（10.53286，−1）;

运行结果如图 6-18 所示。

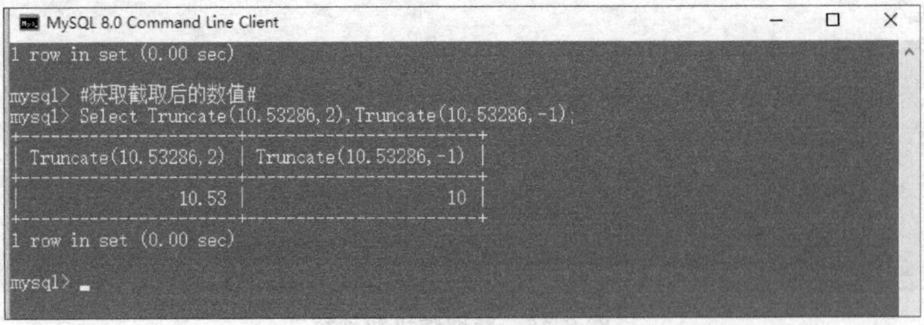

图 6-18　获取截取后的数值函数

例 6-19　执行 SQL 语句的 Round（ ）函数，获取四舍五入操作后的数值。具体 SQL 语句如下：

Select Round（10.53286），Round（−10.53286），Round（10.53286，3），Round（10.53286，−2）;

运行结果如图 6-19 所示。

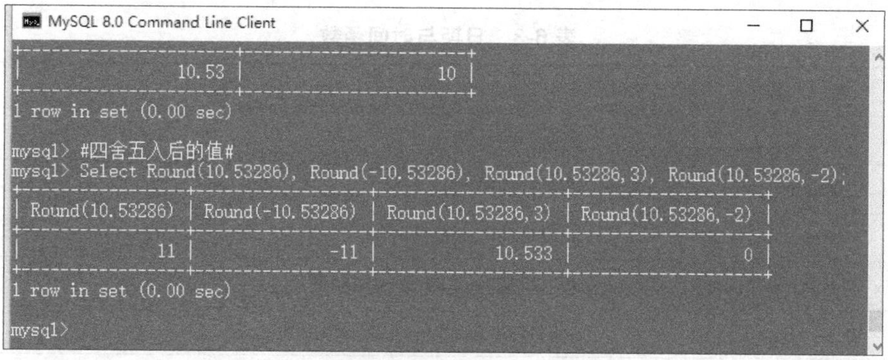

图 6-19　四舍五入函数

运行结果显示，Round（x）函数将会获取四舍五入后的整数。

例 6-20　执行 SQL 语句的绝对值函数，观察运行后的结果。具体 SQL 语句如下：

Select Abs（8），Abs（−8），Abs（8.8）;

运行结果如图 6-20 所示。

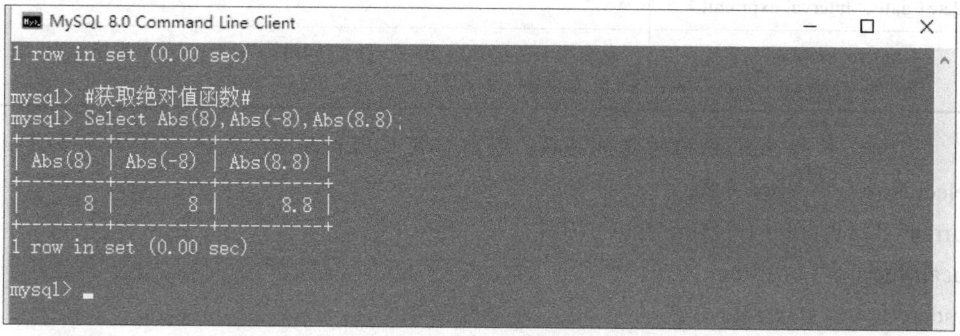

图 6-20　绝对值函数

运行结果显示，Abs（ ）函数中，正数的绝对值是其本身，负数的绝对值是它的相反数。

例 6-21　执行 SQL 语句的求余函数，观察运行后的结果。具体 SQL 语句如下：

Select Mod（8，3），Mod（8，−3），Mod（Null，3），Mod（8，0），Mod（0，3）;

运行结果如图 6-21 所示。

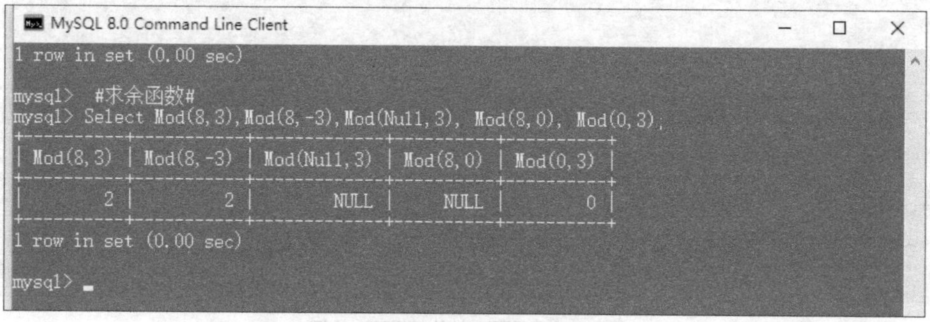

图 6-21　求余函数

三、日期与时间函数

在实际应用中，可能会遇到获取当前时间或者查看一个时间对应的是星期几等类似问题，这样的需求就需要通过日期与时间函数来实现。

MySQL 软件所支持的常见的日期与时间函数见表 6-3。

表 6-3 日期与时间函数

函　数	功　能
Curdate ( )	获取当前日期
Curtime ( )	获取当前时间
Now ( )	获取当前的日期和时间
Unix_Timestamp (date)	获取日期 date 的 Unix 时间戳
Week (date)	返回日期 date 为一年中的第几周
Year (date)	返回日期 date 的年份
Hour (time)	返回时间 time 的小时值
Minute (time)	返回时间 time 的分钟值
Date_Format (d，format)	按 format 指定的格式显示日期 d 的值
Adddate (date，Interval expr unit) Subdate (date，Interval expr unit)	获取一个日期或时间值加上一个时间间隔的时间值
Time_to_sec (d) Sec_to_time (d)	获取将 HH : MM : SS 格式的时间换算为秒，或将秒数换算为 HH : MM : SS 格式的值

例 6-22　执行 SQL 语句的相关函数，获取当前日期和时间。具体 SQL 语句如下：

Select Now ( ) Now 方式，
Current_Timestamp ( ) Timestamp 方式，
Localtime ( ) Localtime 方式，
Sysdate ( ) Systemdate 方式；

运行结果如图 6-22 所示。

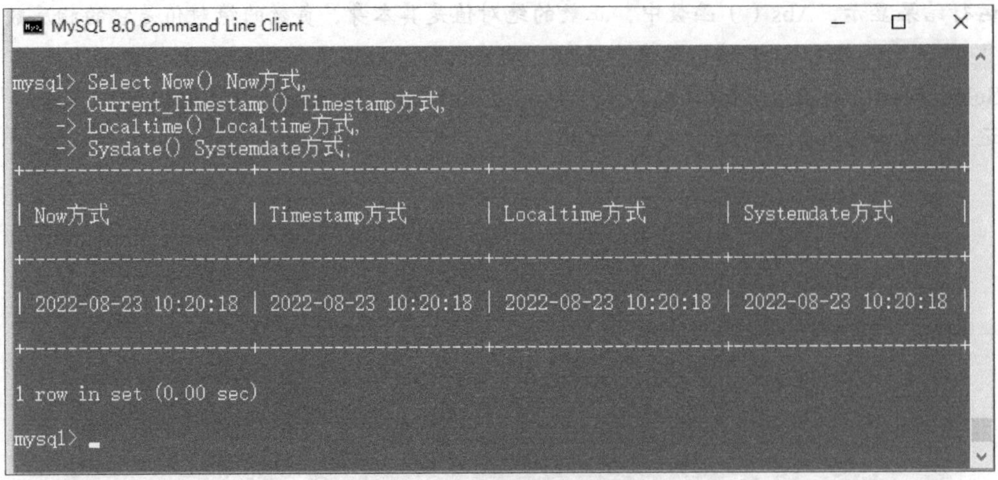

图 6-22　获取当前日期和时间

例 6-23 执行 SQL 语句的相关函数，获取当前日期。具体 SQL 语句如下：

Select Curdate（ ）Curdate 方式，

Current_Date（ ）Current_Date 方式；

运行结果如图 6-23 所示。

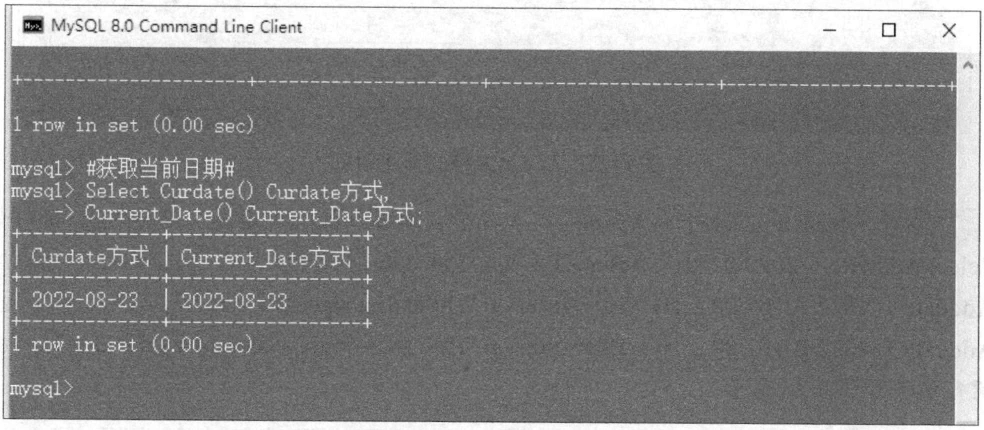

图 6-23 获取当前日期

例 6-24 执行 SQL 语句的相关函数，获取当前时间。具体 SQL 语句如下：

Select Curtime（ ）Curtime 方式，

Current_Time（ ）Current_Time 方式；

运行结果如图 6-24 所示。

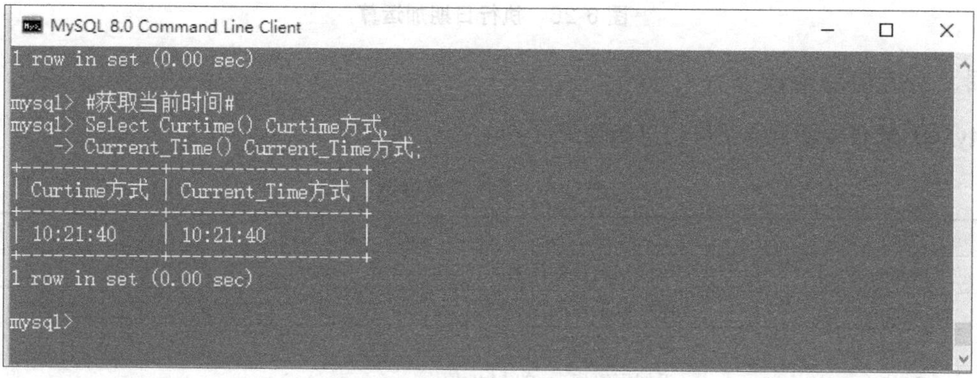

图 6-24 获取当前时间

例 6-25 执行 SQL 语句的相关函数，以 Unix 格式显示时间。具体 SQL 语句如下：

Select Now（ ）当前时间，

Unix_Timestamp（Now（ ））Unix 格式，

From_Unixtime（Unix_Timestamp（Now（ ）））普通格式；

运行结果如图 6-25 所示。

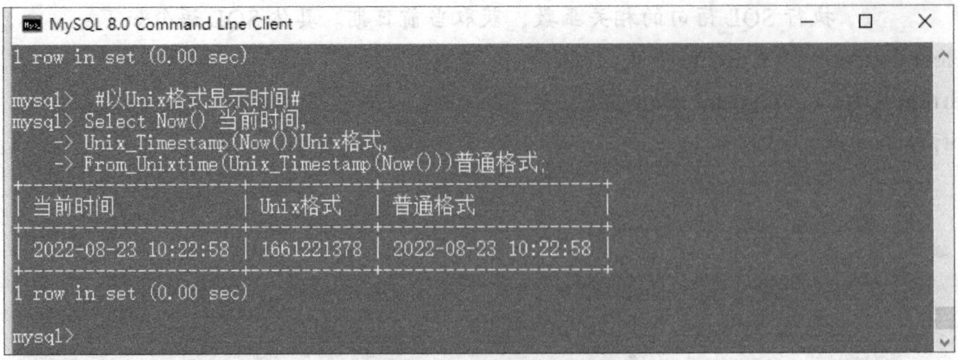

图 6-25　以 Unix 格式显示时间

例 6-26　执行 SQL 语句的 Adddate ( ) 函数，对日期执行加运算。具体 SQL 语句如下：

Select Adddate ('2022-01-01', Interval 2 year) as date1,

Adddate ('2022-01-01 08 : 10 : 10', Interval 2 hour) as date2,

Adddate ('2022-01-01 08 : 10 : 10', Interval '10 : 10' minute_second) as date3 ;

运行结果如图 6-26 所示。

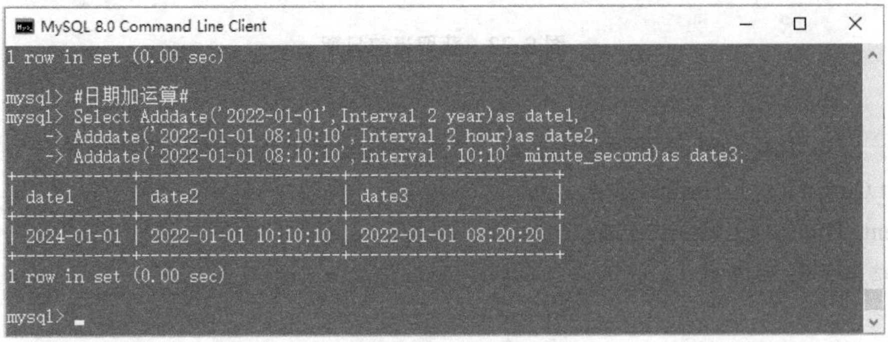

图 6-26　执行日期加运算

四、系统信息函数

MySQL 软件中常见的系统信息函数见表 6-4。

表 6-4　系统信息函数

函　数	功　能
Database ( )	返回当前数据库名
Version ( )	返回数据库的版本号
User ( )	返回当前用户
Md5 (str)	返回字符串 str 的 Md5 值
Password (str)	返回字符串 str 的加密版本

例 6-27　执行 SQL 语句的相应函数，获取常用的系统信息。具体 SQL 语句如下：

Select

Version ( ) 版本号,

Database ( ) 数据库名,

User ( ) 用户名;

运行结果如图 6-27 所示。

图 6-27 获取系统信息

例 6-28 执行 SQL 语句，验证 Md5( ) 函数的用法，观察运行结果。具体 SQL 语句如下：

Select Md5 ('2'), Md5 ('bac');

运行结果如图 6-28 所示。

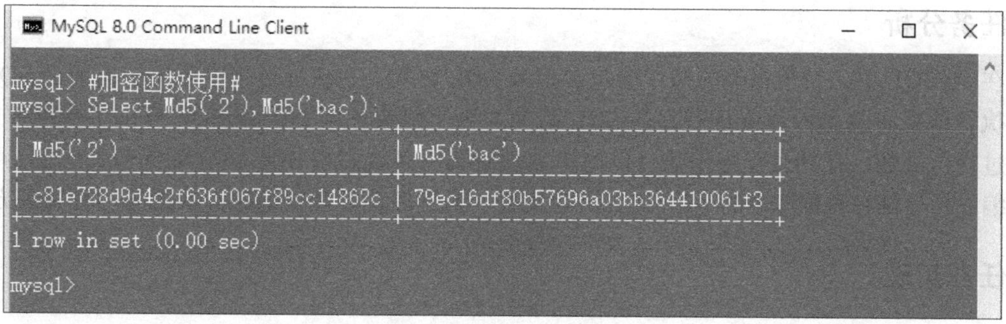

图 6-28 加密函数

函数 Md5 (str) 可以对字符串 str 进行加密，计算出一个 128 位二进制形式的信息，同时系统会显示为 32 位十六进制形式的信息；如果参数是 Null，则返回 Null 值。此函数通常用于对一些普通的不需要解密的数据进行加密。

五、流程控制函数

流程控制函数又称为条件判断函数，也是 MySQL 中使用比较多的一种函数。在实际应用中，用户可以通过流程控制函数实现条件选择，程序化处理数据库数据，提高 SQL 语句的执行效率。MySQL 软件中常见的流程控制函数见表 6-5。

表 6-5 流程控制函数

函 数	功 能
If (value, v1, v2)	如果 value 为真，返回 v1，否则返回 v2
Ifnull (v1, v2)	如果 v1 不为空，返回 v1，否则返回 v2
Case When [v] Then [v1]…Else[v2] End	如果 v 为真，返回 v1，否则返回 v2
Case [value] When [v] Then [v1]…Else [v2] End	如果 value 等于 v，返回 v1，否则返回 v2

任务总结

本任务主要介绍了 MySQL 软件中的字符串函数、数值函数、日期与时间函数以及系统信息函数的相关操作，并简单介绍了流程控制函数。MySQL 软件提供的函数很多，本书没有一一列举，感兴趣的读者可查找相关资料继续学习。

任务二　MySQL 的存储过程与函数

任务描述

在 MySQL 中，表是用来存储和操作数据的逻辑结构的。通过前面的学习，用户不仅能够编写操作单表的单条 SQL 语句，而且能够编写操作多表的 SQL 单条语句。但是，如何将一组关于表操作的 SQL 语句当作一个整体来执行呢？这就是本任务将要学习的存储过程与函数。

任务分析

在 MySQL 中，一个完整的操作会包含多条 SQL 语句，在执行过程中需要根据前面 SQL 语句的执行结果有选择性地执行后面的 SQL 语句。为了解决该问题，MySQL 提供了数据库对象存储过程与函数。存储过程与函数可以简单地理解为一条或多条 SQL 语句的集合，它们是事先经过编译并存储在数据库中的一段 SQL 语句集合，是程序化处理数据库中数据的一种实现方式。

任务实现

一、存储过程与函数的概念

存储过程与函数是一段 SQL 语句集合，但是存储过程与函数的执行不是由程序调用，也不是由手动启动，而是由事件触发激活实现执行。存储过程与函数的执行需要手动调用存储过程与函数的名字，并需要指定相应的参数。

存储过程与函数的区别在哪里呢？这两者的区别主要在于函数必须有返回值，而存储过程则没有。存储过程的参数类型远远多于函数的参数类型。

存储过程与函数具有以下优点：

1）存储过程与函数在创建后可以在程序中被多次调用，可以提高 SQL 语句的重用性、共享性和可移植性。

2）如果一个操作包含大量的事务处理代码，而且需要多次调用执行，存储过程与函数能够实现较快的执行速度，减少网络负载。

3）数据库可以通过执行存储过程的权限，限制相应数据的访问权限，避免非授权用户对数据的访问，保证数据的安全，从而可以作为一种安全机制利用。

存储过程与函数也有一定的缺陷。首先，存储过程与函数的编写比单条 SQL 语句复杂很多，需要用户具有更高的技能和更丰富的经验；其次，在编写存储过程与函数时，需要创建这些数据库对象的权限。

二、创建存储过程与函数

1. 创建存储过程

使用 Create procedure 可直接创建存储过程，其语法格式如下：

Create procedure proc_name（[proc_parameter[，…]]）
[characteristic…] routine_body

其中，proc_name 为要创建的存储过程名称；proc_parameter 为存储过程的参数；characteristic 为存储过程的特性；routine_body 为存储过程的 SQL 语句代码，可以用 Begin…End 来标示 SQL 语句的开始和结束。

注意：在创建存储过程时，存储过程名不能与已经存在的存储过程名重名。

proc_parameter 中每个参数的语法格式如下：

[In|Out|Inout]Parameter_name Type

其中，每个参数由 3 部分组成，分别为输入 / 输出、参数名和参数类型。输入 / 输出类型有 3 种：In 表示输入类型；Out 表示输出类型；Inout 表示输入 / 输出类型。Parameter_name 表示参数名。Type 表示参数的数据类型。

characteristic 的参数取值和意义如下：

1）Language SQL：表示存储过程的 routine_body 部分使用 SQL 语言编写，是 MySQL 软件支持的 SQL 语言。

2）[Not]Deterministic：表示存储过程的执行结果是否确定。如果值为 Deterministic，表示执行结果是确定的，也就是说，每次执行存储过程时，每次输入相同的参数并执行存储过程后，得到的结果是相同的；如果值为 Not Deterministic，表示执行结果不确定，也就是相同的输入可能得到不同的输出。默认值是 Deterministic。

例 6-29　执行 SQL 语句 Create procedure，在体能健康数据库 shd 中，创建查询学生表（tb_stu）中所有学生电话号码的存储过程，具体步骤如下：

【第一步】执行 SQL 语句 use，选择数据库 shd。

use shd；

运行结果如图 6-29 所示。

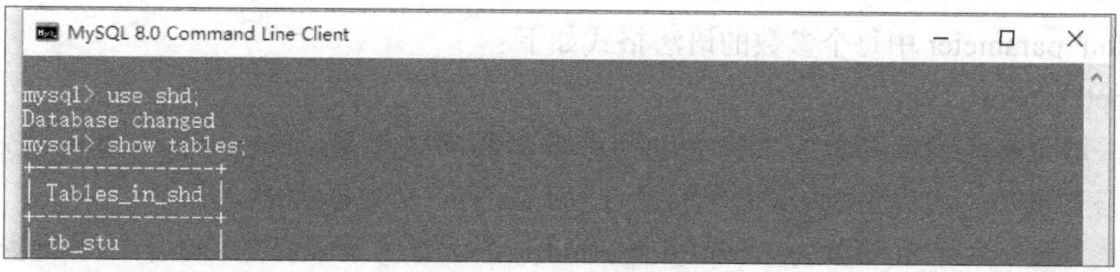

图 6-29　选择数据库

【第二步】执行 SQL 语句 Create procedure，创建名为 proce_stu_phone 的存储过程。

```
Delimiter $$
Create procedure proce_stu_phone（）Comment' 查询所有学生的电话号码 '
Begin
Select stu_phone from tb_stu；
End$$
Delimiter；
```

在上述代码中，创建了一个名为 proce_stu_phone 的存储过程，主要用来实现通过 Select 语句从 tb_stu 表中查询 stu_phone 字段值，从而实现查询学生电话号码的功能。

运行结果如图 6-30 所示。

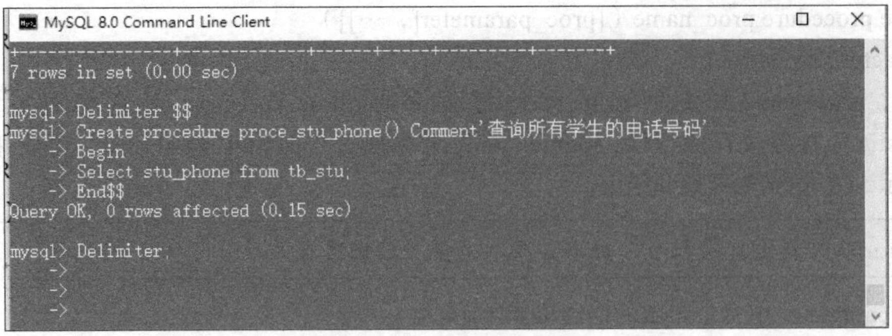

图 6-30　创建存储过程

运行结果显示存储过程创建成功，表示该存储过程对象 proce_stu_phone 已经创建成功。

通常在创建存储过程时，经常会通过命令“Delimiter $$”将 SQL 语句的结束符由“；”符号修改成“$$”。这主要是因为 SQL 语句中默认语句结束符为分号“；”，即存储过程中的 SQL 语句也需要用分号来结束，当将结束符修改成“$$”后就可以在执行过程中避免冲突。但是最后一定要通过命令“Delimiter ；”将结束符修改成 SQL 语句中默认的结束符。

2. 创建函数

使用 Create Function 可直接创建函数，其语法格式如下：

Create Function function_name（[function_parameter[，…]]）

[characteristic…] routine body

其中，function_name 表示所要创建的函数名称；function_parameter 表示函数的参数；characteristic 表示函数的特性，该参数的取值与存储过程中的取值相同；routine body 表示函数的 SQL 语句代码，可以用 Begin…End 来标示 SQL 语句的开始和结束。

> **注意：**在创建具体函数时，函数名不能与已经存在的函数名重名。除了上述要求外，推荐函数名命名（标识符）为 function xxx 或者 func xxx。

function_parameter 中每个参数的语法格式如下：

Parameter_name Type

其中，每个参数由两部分组成，分别为参数名和参数类型。Parameter_name 表示参数名。Type 表示参数类型，可以是 MySQL 软件所支持的任意一个数据类型。

例 6-30　执行 SQL 语句 Create Function，在体能健康数据库 shd 中，创建查询学生表（tb_stu）中某个学生电话号码的存储函数，具体步骤如下：

【第一步】执行 SQL 语句 use，选择数据库 shd。

use shd；

运行结果如图 6-31 所示。

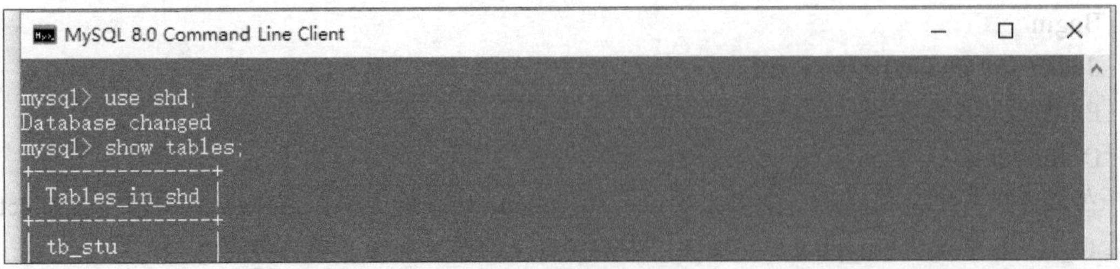

图 6-31　选择数据库

【第二步】执行 SQL 语句 Create Function，创建名为 Func_stu_phone 的存储函数。

```
Delimiter $$
Create Function Func_stu_phone ( stu_id varchar ( 10 ))
Returns  char ( 11 )
Comment '查询一个学生的电话号码'
Begin
Return ( Select stu_phone
        from tb_stu
        Where tb_stu.stu_id=stu_id );
End$$
Delimiter ;
```

在上述代码中，创建了一个名为 Func_stu_phone 的函数，该函数拥有一个类型为 varchar（10）、名为 stu_id 的参数，返回值为 char（11）类型。Select 语句从 tb_stu 表中查询 stu_id 字段值等于所传入参数 stu_id 值的记录，并将该条记录的 stu_phone 字段的值返回。

运行结果如图 6-32 所示。

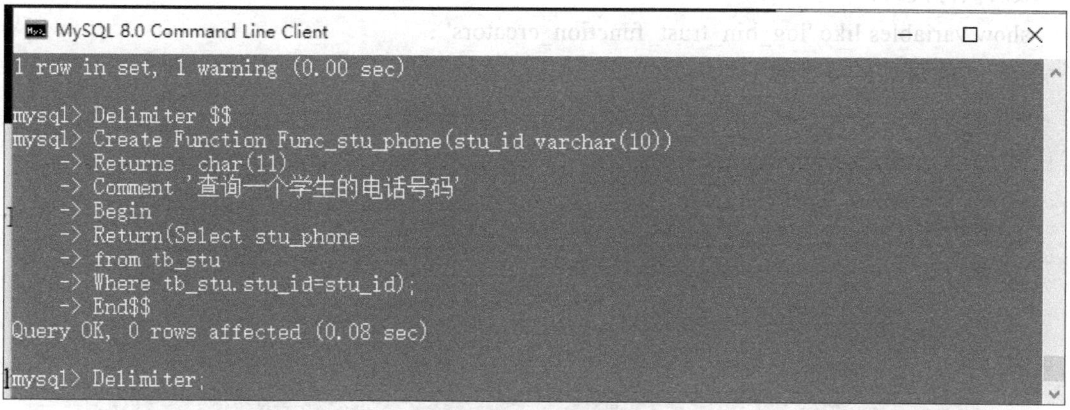

图 6-32　创建存储函数

运行结果显示存储函数创建成功，表示该存储函数对象 Func_stu_phone 已经创建成功。

通常在创建存储函数时，经常会通过命令“Delimiter $$”将 SQL 语句的结束符由“；”符号修改成“$$”。与创建存储过程一样，当将结束符修改成“$$”后就可以在执行过程中避免冲突。但是最后一定要通过命令“Delimiter ;”将结束符修改成 SQL 语句中默认的结束符。

注意，如果创建函数时出现错误信息“ERROR 1418（HY000）：This function has none of DETERMINISTIC，NO SQL，or READS SQL DATA in its declaration and binary logging is enabled（you *might* want to use the less safe log_bin_trust_function_creators variable）”，需要处理后才能成功创建函数。原因是此时开启了 bin_log，这时候必须指定函数是否为：

1）Deterministic：不确定的。

2）No SQL：没有 SQL 语句，当然不会修改数据。

3）Reads SQL Data：只是读取数据，当然也不会修改数据。

4）Modifies SQL Data：要修改数据。

5）Contains SQL：包含了 SQL 语句。

其中，在 Function 里面，只有 Deterministic、No SQL、Reads SQL Data 被支持。如果开启

了 bin_log，就必须为 Function 指定一个参数。

解决办法如下：

首先执行代码：

show variables like 'log_bin_trust_function_creators' ;

运行结果如图 6-33 所示。

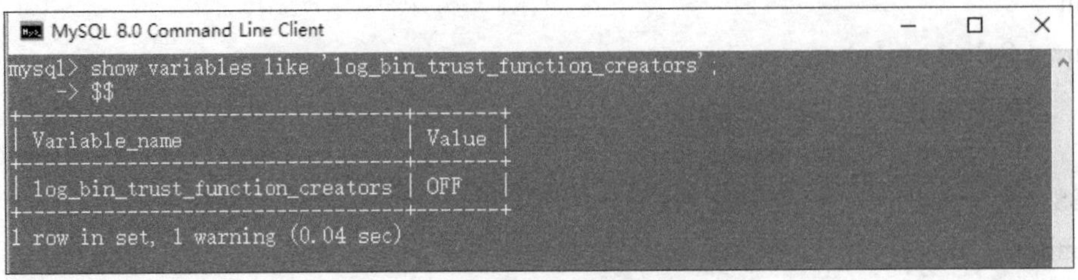

图 6-33　查看设置

然后执行代码：

set global log_bin_trust_function_creators=1 ;

最后执行代码：

show variables like 'log_bin_trust_function_creators' ;

运行结果如图 6-34 所示。

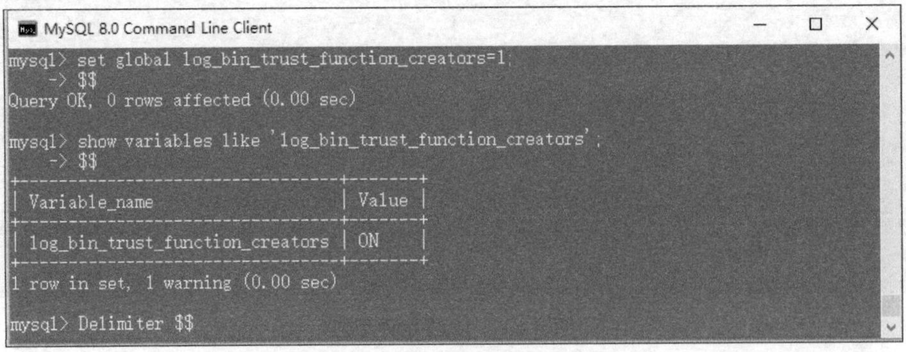

图 6-34　修改参数后查看设置

这样添加了参数后，就可以成功创建函数了。

需要注意的是，如果 Mysqld 重启，设置的参数就会消失，所以需要在 my.cnf 配置文件中添加 “log_bin_trust_function_creators=1”。

三、调用存储过程与函数

1. 调用存储过程

通常使用关键字 Call 调用存储过程，其语法格式如下：

Call procedure_name ([parameter[, …]]);

其中，parameter 表示变量名，存储过程的返回值将赋予该变量。

例 6-31　调用例 6-29 创建的存储过程 proce_stu_phone ( )，查看其返回值。

首先登录 MySQL，并选择体能健康数据库 shd，然后调用存储过程。具体 SQL 语句如下：

use shd ;

Call proce_stu_phone ( );

运行结果如图 6-35 所示。

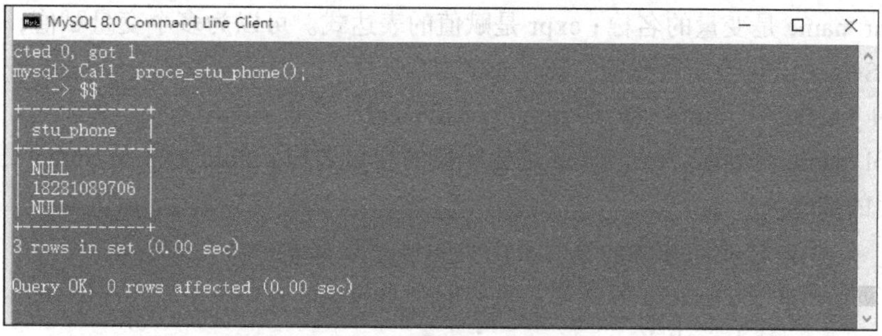

图 6-35 调用存储过程

2. 调用存储函数

通常使用关键字 Select 调用存储函数，其语法格式如下：

Select Function_name（[parameter[，…]]）;

例 6-32 调用例 6-30 创建的存储函数 Func_stu_phone（），查看其返回值。

首先登录 MySQL，并选择体能健康数据库 shd，然后创建存储函数并定义变量。具体 SQL 语句如下：

use shd ;

Select Func_stu_phone（'42000102'）;

运行结果如图 6-36 所示。

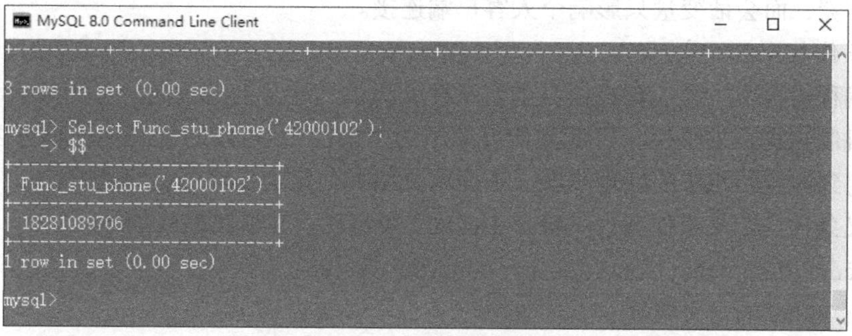

图 6-36 调用存储函数

四、关于存储过程与函数的表达式

表达式主要由变量、运算符和流程控制语句构成。变量是表达式中最基本的元素，可以用来临时存储数据。变量可以分为局部变量、用户变量和系统变量。

1. 局部变量

（1）Declare 语句申明局部变量　用户可以使用 Declare 关键字来定义变量，然后可以为变量赋值。使用 Declare 语句申明局部变量只适用于 Begin…End 程序段中。

Declare 的语法格式如下：

Declare var_name1 [, var_name2] … type [default value]

其中，var_name1，var_name2 是声明的变量的名称，这里可以定义多个变量；type 用来指明变量的类型；default value 子句将变量默认值设置为 value。

（2）赋值变量

1）使用 Set 语句给变量赋值。语法格式如下：

Set var_name = expr[，var_name = expr]

其中，var_name 是变量的名称；expr 是赋值的表达式。可以为多个变量赋值，用逗号隔开。

2）使用 Select 语句给变量赋值。语法格式如下：

Select col_name[, …] into var_name[,…] table_expr

其中，col_name 是列名；var_name 是要赋值的变量名称；table_exp 是 Select 语句中的 from 子句以及后面的部分。

例 6-33 下面将通过具体的实例来演示如何声明变量和为变量赋值。

1）执行带有关键字 Declare 的语句，声明一个名为 stu_sex 的变量。具体 SQL 语句如下：

Declare stu_sex int default 1 ;

上述语句声明了一个变量 stu_sex，并设置该变量的默认值为 1。

2）执行带有关键字 Set 的语句，为变量 stu_sex 赋值。具体 SQL 语句如下：

Declare stu_sex int default 1 ;

Set stu_sex=0 ;

上述语句首先声明了一个变量 stu_sex，其默认值为 1，然后设置该变量的值为 0。

2. 用户变量

使用 @ 关键字创建用户变量。用户变量带有前缀 @，其作用范围在整个当前对话中，只能被定义它的用户使用。用户变量不用提前定义就可以直接使用。

3. 系统变量

在 MySQL 中，系统变量带有前缀 @@。系统变量包含全局变量和会话变量。全局变量会影响整个服务器，而会话变量只影响个人客户端连接。

4. 定义条件与处理程序

在高级编程语言中，为了提高语言的安全性，提供了异常处理机制。对于 MySQL 软件，也提供了一种机制来提高安全性，这就是所要介绍的“条件”。条件的定义和处理可以用来定义在处理过程中遇到问题时相应的处理步骤。下面将介绍如何定义条件与处理程序。

（1）定义条件　定义条件通过关键字 Declare 来实现，其语法格式如下：

Declare condition_name Condition For condition_value

condition_value 的定义格式：

SQLstate[Value] sqlstate_value|mysql_error_code

其中，condition_name 表示所要定义的条件名称；condition_value 用来设置条件的类型；sqlstate_value 和 mysql_error_code 用来设置条件的错误。

（2）定义处理程序　定义处理程序通过关键字 Declare 来实现，其语法格式如下：

Declare handler_type Handler For condition_value[，…] sp_statement

handler_type 的定义格式：

Continue|Exit|Undo

condition_value 的定义格式：

SQLstate[Value] sqlstate_value |condition_name |SQLWarning |Not Found |SQLexception|mysql_error_code

五、查看存储过程与函数

1. 查看存储过程的状态

语法格式如下：

show {procedure | function} status [like 'pattern']\G

其中，procedure 表示查询存储过程；function 表示查询自定义函数；like'pattern' 用来匹配存储过程或自定义函数的名称。

例 6-34 执行 SQL 语句 show procedure status，查询存储过程 proce_stu_phone。具体 SQL 语句如下：

show procedure status like 'proce_stu_phone'\G

运行结果如图 6-37 所示。

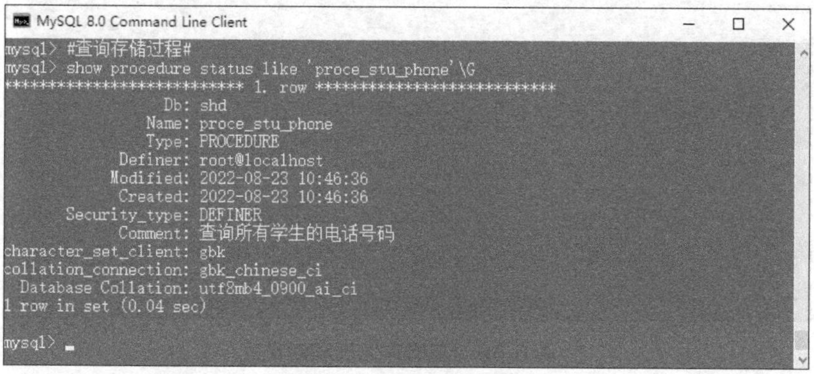

图 6-37 查询存储过程

图 6-37 显示了指定存储过程对象 proce_stu_phone 的各种详细信息。

2. 查看存储函数的状态

语法格式如下：

show function status [like 'pattern']\G

其中，function 表示查询函数；like'pattern' 用来设置要查询的函数的名称。

例 6-35 执行 SQL 语句 show function status，查询存储函数 Func_stu_phone。具体 SQL 语句如下：

show function status like 'Func_stu_phone'\G

运行结果如图 6-38 所示。

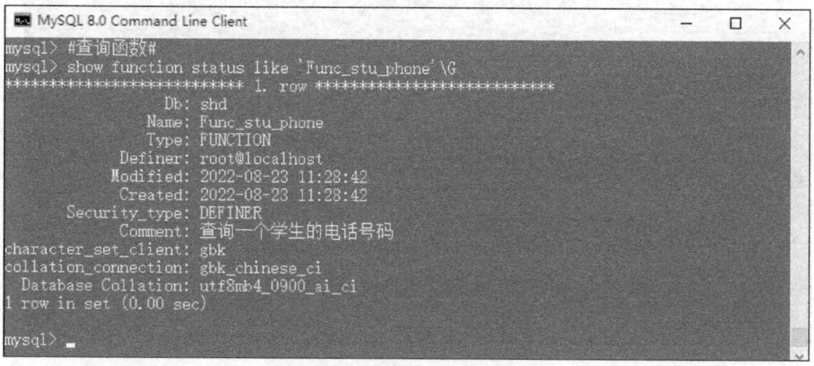

图 6-38 查询存储函数

图 6-38 显示了指定存储函数对象 Func_stu_phone 的各种详细信息。

3. 查看存储过程的定义

用户可以通过关键字 show create procedure 来查看存储过程的定义信息，其语法格式如下：

show create procedure proce_name \G

其中，show create procedure 表示查看存储过程的定义信息；proce_name 用来设置所要查询的存储过程名称。

例 6-36　执行 SQL 语句 show create procedure，查询存储过程 proce_stu_phone。具体 SQL 语句如下：

show create procedure proce_stu_phone\G

运行结果如图 6-39 所示。

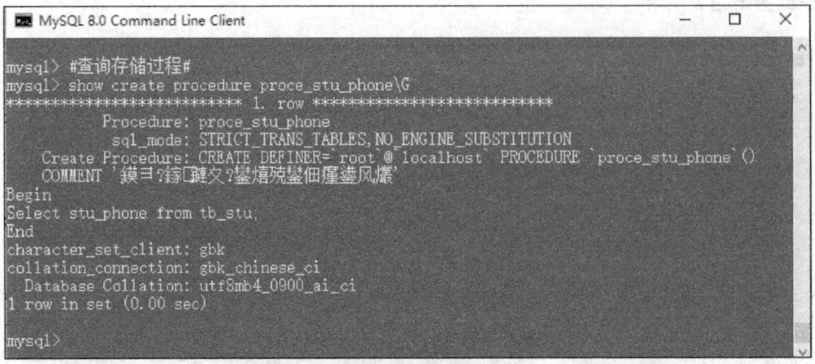

图 6-39　查询存储过程定义

4. 查看存储函数的定义

用户可以通过关键字 show create function 来查看存储函数的定义信息，其语法格式如下：

show create function func_name \G

其中，show create function 表示查看存储函数的定义信息；func_name 用来设置所要查询的存储函数名称。

例 6-37　执行 SQL 语句 show create function，查询存储函数 Func_stu_phone。具体 SQL 语句如下：

show create function Func_stu_phone\G

运行结果如图 6-40 所示。

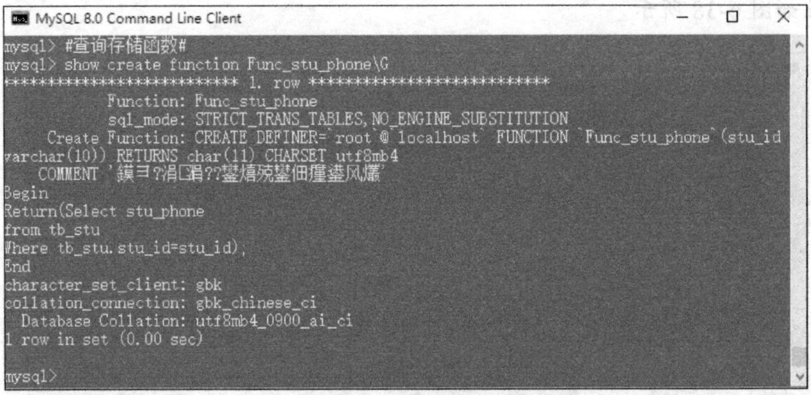

图 6-40　查询存储函数定义

5. 修改和删除存储过程与函数

对于已经创建好的存储过程与函数，当使用一段时间后，就会需要进行一些定义上的修改。

（1）修改存储过程　在 MySQL 中修改存储过程可以通过 SQL 语句 alter procedure 来实现，其语法格式如下：

alter procedure procedure_name
[characteristic…]

其中，procedure_name 表示要修改的存储过程的名字；characteristic 用于指定修改后存储过程的特性。characteristic 在以下特性中取：

{ contains SQL | no SQL | reads SQL data | modifies SQL data }

| SQL security { definer | invoker }| comment 'string'

注意：要修改的存储过程必须在数据库中已经存在。

（2）修改存储函数　在 MySQL 中修改存储函数可以通过 SQL 语句 alter function 来实现，其语法格式如下：

alter function function_name

[characteristic…]

其中，function_name 表示要修改的存储函数的名字；characteristic 用于指定修改后存储函数的特性。characteristic 在以下特性中取：

{ contains SQL | no SQL | reads SQL data | modifies SQL data }

| SQL security { definer | invoker }| comment 'string'

注意：要修改的存储函数必须在数据库中已经存在。

（3）删除存储过程或函数　删除存储过程是指删除数据库中已经存在的存储过程。其语法格式如下：

drop procedure [if exists]procdure_name ;

其中，procdure_name 表示存储过程的名称；if exists 子句是 MySQL 的扩展，如果程序或函数不存在，防止删除命令发生错误。

删除存储函数的语法格式如下：

drop function [if exists]function_name ;

其中，function_name 表示存储函数的名称；if exists 子句是 MySQL 的扩展，如果程序或函数不存在，防止删除命令发生错误。

六、游标

当使用 MySQL 作为数据库时，程序员肯定要写很多存储过程和函数等。其中，游标肯定是少不了的。我们可以认为游标是一个 cursor，也就是一个标识，用来标识数据取到什么地方了，你也可以把它理解成数组中的下标。通过前面的学习可以知道，MySQL 软件的查询语句可以返回多条记录结果，那么在表达式中如何遍历这些记录结果呢？MySQL 软件提供了游标来实现。由 Select 语句返回的行集合（包括满足该语句的 Where 子句所列条件的所有行）叫作结果集。应用程序需要一种机制来一次处理结果集中的一行或连续的几行，而游标通过每次指向一条记录完成与应用程序的交互。

游标可以看作一种数据类型，可以用来遍历结果集，相当于指针，或者是数组中的下标。处理结果集的方法是通过游标定位到结果集的某一行，从当前结果集的位置搜索一行或一部分行或者对结果集中的当前行进行数据修改。

下面将介绍如何声明游标、打开游标、使用游标和关闭游标。

1. 声明游标

语法格式如下：

declare cursor_name cursor for select_statement ;

其中，cursor_name 是游标的名称，游标名称使用与表名同样的规则；select_statement 是一个 select 语句，返回的是一行或多行的数据。

2. 打开游标

语法格式如下：

open cursor_name

在程序中，一个游标可以打开多次。由于其他用户或程序本身已经更新了表，所以每次打开的结果可能有所不同。

3. 使用游标

游标打开后，就可以使用 fetch…into 语句从中读取数据了。

语法格式如下：

fetch cursor_name into var_name [, var_name]…

其中，var_name 是存放数据的变量名。fetch…into 语句与 select…into 语句具有相同的意义。fetch 语句是将游标指向的一行数据赋给一些变量，子句中变量的数目必须等于声明游标时 select 子句中列的数目。

4. 关闭游标

游标使用完以后要及时关闭。关闭游标时使用 close 语句。

语法格式如下：

close cursor_name

七、流程控制语句的使用

流程控制语句主要用来控制程序中各语句的执行顺序，例如顺序、条件和循环。下面将介绍如何使用条件控制语句和循环控制语句。

1. 条件控制语句

在 MySQL 中可以通过关键字 If 和 Case 来实现条件控制。If 语句进行条件控制时，根据是否满足条件，执行不同的语句；而 Case 语句则可以实现更复杂的条件控制。

（1）If 语句　其语法格式如下：

If search_condition Then statement_list
[Elseif search_condition Then statement_listl]…
[Else search_condition]
End If

其中，search_condition 表示条件的判断；statement_list 表示不同条件的执行语句。

（2）Case 语句　其语法格式如下：

Case case_value
When when_value Then statement_list
[When when_value Then statement_list]…
[Else statement_list]
End Case

其中，case_value 表示条件判断的变量；when_value 表示条件判断变量的值；statement_list 表示不同条件的执行语句。

2. 循环控制语句

在 MySQL 中可以通过关键字 Loop While 和 Repeat 来实现循环控制。其中后两个关键字用来实现带有条件的循环控制，即对于关键字 While，只有在满足条件的基础上才执行循环体，而关键字 Repeat 则是在满足条件时退出循环体。

（1）Loop 语句　其语法格式如下：

```
[begin_label：] Loop
statement_list
End Loop [end_label]
```

其中，begin_label 和 end_label 分别为循环开始和循环结束的标志，这两个标志必须相同，并且可以省略；Loop 表示循环体的开始；End Loop 表示循环体的结束；statement_list 表示所执行的循环体语句。

如果想退出正在执行的循环体，可以通过关键字 Leave 来实现，其语法格式如下：

```
Leave label
```

其中，label 表示循环的标志。

（2）While 语句　While 是带有条件控制的循环，即当满足条件时才执行循环体语句，其语法格式如下：

```
[begin_label：] While search_condition Do
statement_list
End While [end_label]
```

其中，search_condition 表示循环的执行条件，当满足该条件时才执行循环体 statement_list。

（3）Repeat 语句　Repeat 同样也是带有条件控制的循环，不过当满足条件时则跳出循环体语句，其语法格式如下：

```
[begin_label：] Repeat search_condition Do
statement_list
End Repeat [end_label]
```

其中，search_condition 表示循环的执行条件，当满足该条件时则跳出循环体 statement_list。

任务总结

本任务主要介绍了 MySQL 的存储过程与函数的创建与调用、关于存储过程与函数的表达式、存储过程与函数的查看、游标以及流程控制语句等。通过对本任务的学习，读者不仅可以掌握存储过程与函数的基本概念，而且可以熟悉其基本操作，为程序化处理数据库数据奠定基础。

任务三　触发器

任务描述

触发器是 MySQL 的数据库对象之一，该对象与编程语言中的函数非常类似，都需要声明、执行等。但是触发器的执行不是由程序调用，也不是由手工启动，而是由事件来触发、激活从而实现执行。

为什么要使用数据库对象触发器呢？

在开发学生体测系统时，会遇到如下情况：在学生表中拥有字段学生姓名、学生总数，每当添加一条关于学生的记录，学生的总数就必须同时改变。

上述实例需要在表发生更改时，自动进行一些处理。这时就可以使用触发器处理数据库对象。例如，对于此实例，可以创建一个触发器对象，每添加一条学生记录，就执行一次计算学生总数的操作，这样就可以保证每添加一条学生记录后，学生总数与学生记录数保持一致。这就是学习触发器的目的所在。

任务分析

在学生体测系统中，若要查询不同年级学生的各项体测成绩，仅从一张表是无法获取到相应数据的。此时，需要把学生表和成绩表联合起来使用才能得到所需要的记录。MySQL 数据库管理系统中关于触发器的操作，主要包含触发器和事件的创建、使用、查看和删除。触发器是由事件来触发某个操作，这些事件包括 Insert 语句、Update 语句和 Delete 语句。当数据库系统执行这些事件时，就会激活触发器执行相应的操作。

任务实现

一、创建触发器

触发器是一种特殊的存储过程，它在插入、删除或修改特定表中的数据时触发执行，它比数据库本身标准的功能有更精细和更复杂的数据控制能力。

1. 触发器的作用

触发器具有以下作用：

1）安全性。

2）审计。

3）实现复杂的数据完整性规则。

4）实现复杂的非标准数据库相关完整性规则。

2. 触发器的创建

在 MySQL 中，创建触发器的基本语法格式如下：

Create trigger trigger_name trigger_time trigger_event on tbl_name for each row trigger_stmt

其中，触发程序与命名为 tbl_name 的表相关，tbl_name 必须引用永久性表，不能将触发程序与 temporary 表或视图关联起来；trigger_time 是触发程序的动作时间，它可以是 before 或 after；trigger_event 指明了激活触发程序的语句的类型，可以是 Insert、Update 或 Delete。

下面请看示例：

【第一步】登录 MySQL，并选择学生体能健康数据库 shd。

【第二步】分别执行以下 SQL 语句，创建学生表 stu 和设备表 device。

创建 stu 表：

```
Create table stu（
Id int（11）primary key auto_increment,
name varchar（30）unique,
num int（11）default 0
）;
```

创建 device 表：

```
Create table device（
oid int（11）primary key,
```

gid int（11），

amount int（11）

）;

【第三步】执行以下 SQL 语句，向表 stu 中添加 3 条记录，完成表的创建。

Insert into stu（id，name，num）values（1，'小玉'，10），（2，'王俊'，10），（3，'小杰'，10）;

运行结果如图 6-41 所示。

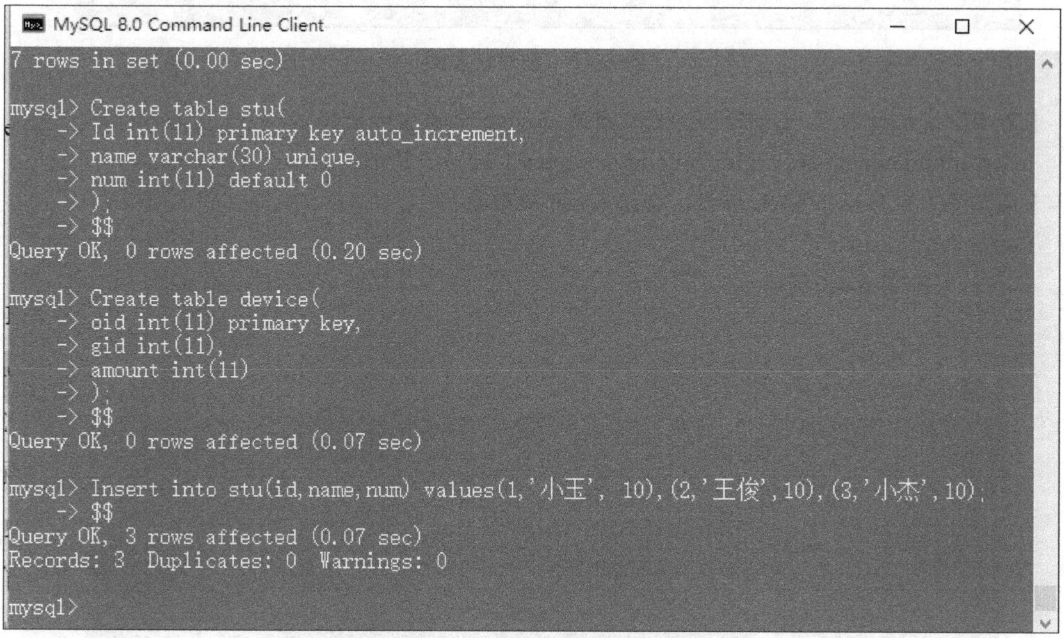

图 6-41　创建表并添加记录

如果没有为表 device 创建触发器，每次学生使用设备进行测试时，系统都需要执行两步操作：第一步是向设备表 device 中插入一条记录，第二步是更新学生表 stu 中设备的状态。如果为表 device 创建了触发器，就可以在向设备表 device 插入记录的同时自动更新学生表 stu 中设备的状态。

下面通过一个实例介绍触发器的创建和应用。

例 6-38　为设备表 device 创建 Insert 型触发器，并验证其应用。

【第一步】执行以下 SQL 语句，为设备表 device 创建触发器。

```
Delimiter $S
Create trigger tg1
after insert on device
for each row
begin
update stu set num=num-1 where id=1 ;
end $$
Delimiter;
```

运行结果如图 6-42 所示。

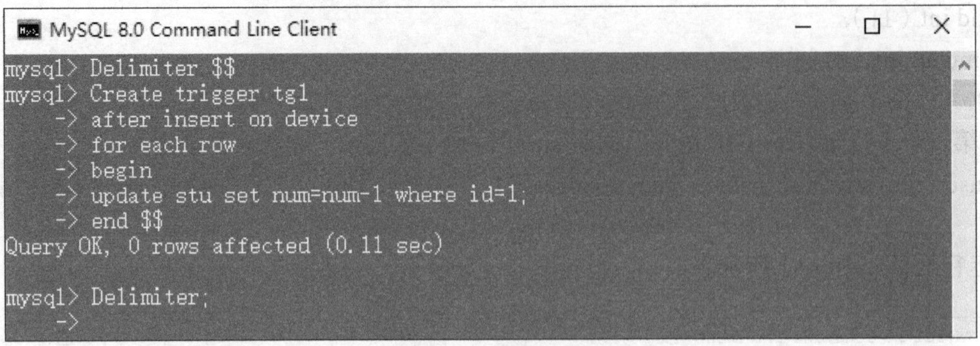

图 6-42　创建触发器

【第二步】执行以下 SQL 语句，在设备表 device 中插入一条记录。

insert into device（oid，gid，amount）values（1，1，1）;

【第三步】执行以下 SQL 语句，查看表 stu 中的数据。

Select * from stu ;

运行结果如图 6-43 所示。

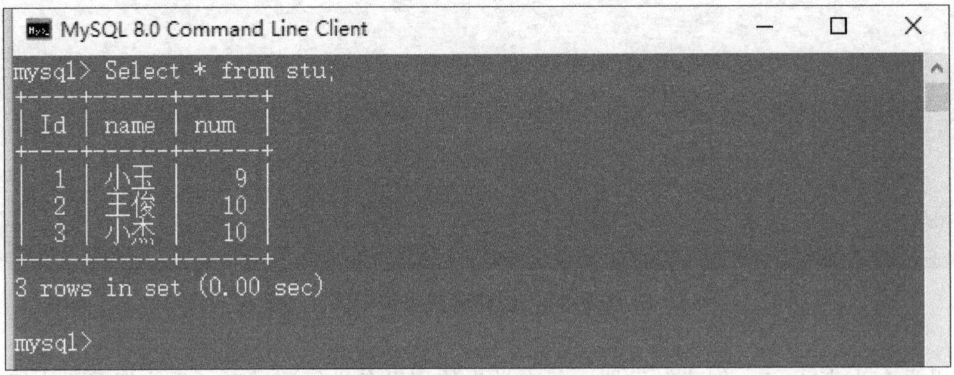

图 6-43　查看表数据

从图 6-43 可以看出，表 stu 中小玉的 num 变成了 9，说明在插入一条记录后，触发器自动更新操作，将小玉的 num 减去了 1。

例 6-39　为设备表 device 重新创建触发器，使其更符合实际需要。

【第一步】执行以下 SQL 语句，为设备表 device 创建触发器 tg2。

```
Delimiter $$
Create trigger tg2
after insert on device
for each row
begin
update stu set num=num−NEW.amount where id=NEW.gid ;
end $$
Delimiter ;
```

运行结果如图 6-44 所示。

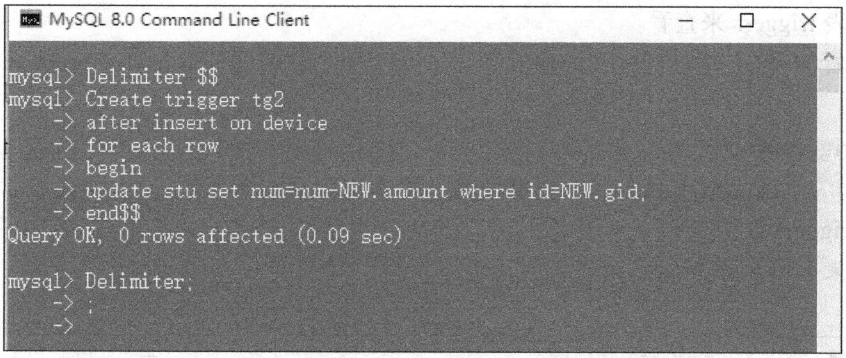

图 6-44　创建触发器

对于 Insert 型触发器而言，新插入的行使用 NEW 表示，引用行中的字段值可以使用“NEW.字段名”。

【第二步】激活触发器 tg2 之前，需要先把触发器 tgl 删除。执行以下 SQL 语句删除触发器 tgl。

Drop trigger tg1；

【第三步】执行以下 SQL 语句，在表 device 中插入一条新记录。

Insert into device（oid，gid，amount）values（2，2，3）;

【第四步】执行以下 SQL 语句，查看表 stu 中的数据。

Select*from stu；

运行结果如图 6-45 所示。

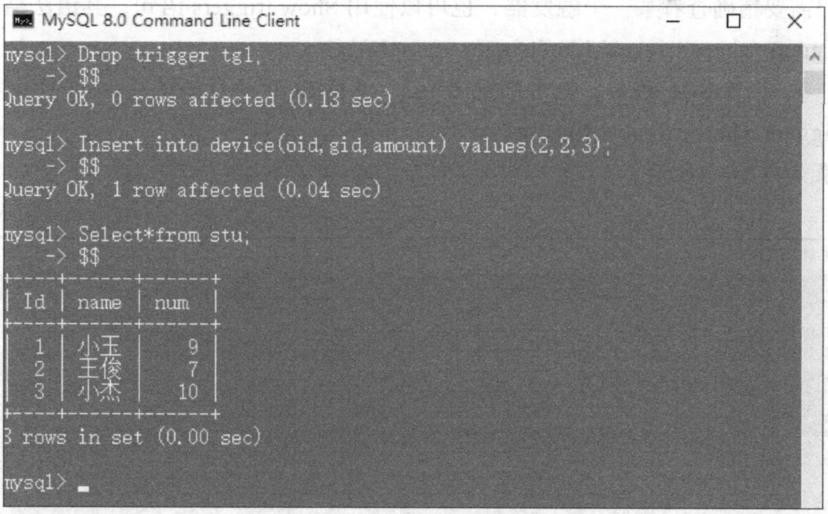

图 6-45　查看表数据

从图 6-45 可以看出，第 2 条记录的 num 变成了 7，说明触发器执行更新操作所需的参数值会随着触发事件中插入值的改变而改变。

二、查看触发器

在 MySQL 中可以通过两种方式来查看触发器，分别为通过 Show triggers 语句来查看和通过查看系统表 triggers 来查看。

如何查看 MySQL 中已经存在的触发器呢？可以通过 SQL 语句 Show triggers 来实现，其语法格式如下：

Show triggers\G

例 6-40　执行 SQL 语句，查看触发器。具体 SQL 语句如下：

Show triggers\G

运行结果如图 6-46 所示。

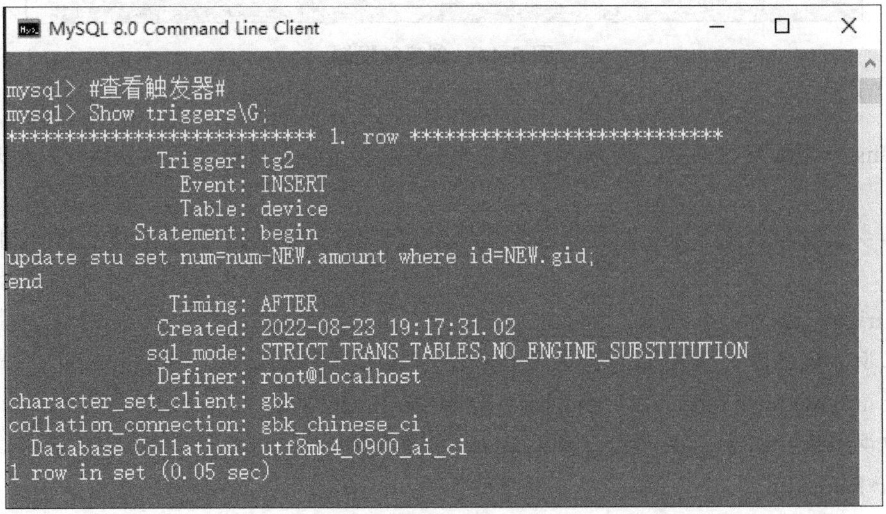

图 6-46　查看触发器

如果用户需要精确查看某一个触发器，也可以使用 Show triggers 语句，其语法格式如下：

Show triggers where`trigger` like 'trigger_name%' \G

例 6-41　执行 SQL 语句，查看触发器 tg2。具体 SQL 语句如下：

Show triggers where`trigger` like 'tg2%' \G

运行结果如图 6-47 所示。

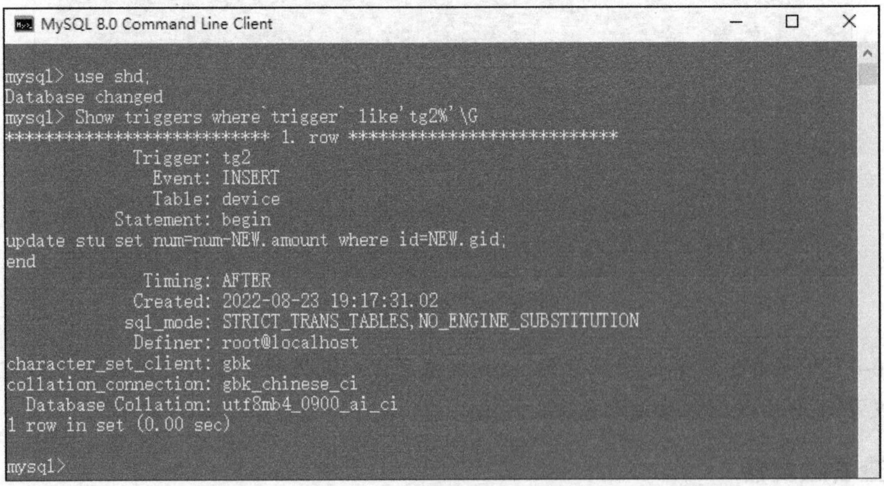

图 6-47　查看触发器 tg2

三、删除触发器

使用 Drop trigger 语句可以删除 MySQL 中定义的触发器，其语法格式如下：

Drop trigger [schema_name.]trigger_name ;

其中，数据库（schema_name）是可选的。如果省略了 schema，将从当前数据库中删除触发程序。trigger_name 表示触发器名。

例 6-42 执行 SQL 语句，删除触发器 tg2。具体 SQL 语句如下：

Drop trigger shd.tg2 ;

使用 Show Triggers 语句查询触发器 tg2，验证删除结果。具体 SQL 语句如下：

Show triggers where`trigger` like 'tg2%' \G

运行结果如图 6-48 所示。

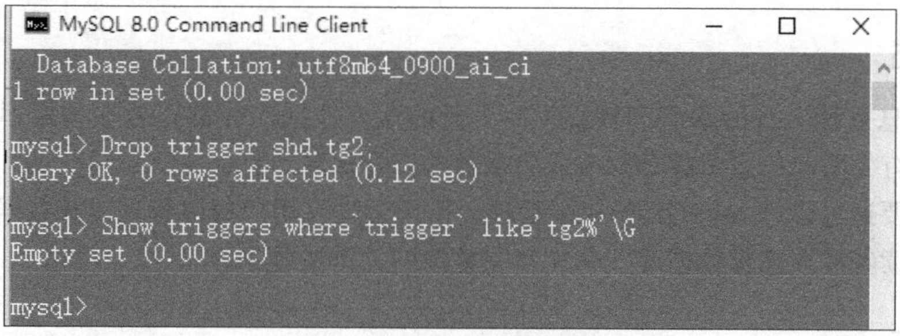

图 6-48 删除触发器并验证结果

从图 6-48 可以看出，触发器 tg2 没有查询到，说明已经被删除了。

任务总结

本任务主要介绍了 MySQL 中触发器的相关操作，主要包括触发器的创建、查看和删除。

实践训练

【实践项目】

请使用可视化图形管理工具 Navicat 完成本项目的所有命令操作。

7 Project 项目七

学生体能健康数据库的安全管理

项目描述

数据是信息系统运行的基础和核心，而大量的重要数据往往都存放在数据库系统中。如何保护数据库，有效防范信息泄露和篡改成为重要的安全保障目标。

本项目主要通过讲解 MySQL 的权限管理、用户管理、用户权限管理以及数据的备份和还原等内容，帮助读者掌握确保数据库安全性和完整性的关键措施。

学习目标

知识目标：

1. 了解 MySQL 的权限系统。
2. 掌握 MySQL 的用户管理和权限管理的方法。
3. 掌握数据备份和数据还原的方法。

能力目标：

1. 能用语句创建用户、修改用户密码、删除用户。
2. 能用语句查看用户及授予、收回用户权限。

素质目标：

引导学生提升自身的道德修养，遵守职业规范。

任务一　理解 MySQL 的权限管理

当在服务器上运行 MySQL 时，数据库管理员（DBA）的职责就是使 MySQL 免遭用户的非法侵入，保证数据库的安全性和完整性。

任务描述

本任务主要介绍 MySQL 的权限表，讲解 MySQL 权限系统的工作原理，防止不合法的使用造成的数据泄露、数据更改和数据破坏。

任务分析

为了确保数据库的安全性，首先需要了解 MySQL 的访问控制系统，熟悉其权限操作，为数据库的安全性保护打下基础。

任务实现

MySQL服务器具有功能强大的访问控制体系，通过MySQL权限来控制用户对数据库的访问。

一、权限表

MySQL安装完成后，会自动含有mysql数据库，该数据库中包含了5个用于管理MySQL权限的表，分别是user、db、tables_priv、columns_priv和procs_priv。

当MySQL服务启动时，首先读取mysql数据库中的权限表，将表中的数据加载到内存。当用户进行数据库存取操作时，MySQL会根据权限表中的内容对用户进行相应的权限控制。

1. user表、db表

user表是顶层的，即是全局的权限。db表是数据库层级的权限。权限表user和db的结构及各字段含义见表7-1。

表7-1 权限表user和db的结构及各字段含义

分类	user表	db表	含义
用户列（范围列）	Host	Host	主机名
		Db	数据库名
	User	User	用户名
数据库/表的权限列	Select_priv	Select_priv	查询记录权限
	Insert_priv	Insert_priv	插入记录权限
	Update_priv	Update_priv	更新记录权限
	Delete_priv	Delete_priv	删除记录权限
	Create_priv	Create_priv	创建数据库中对象的权限
	Drop_priv	Drop_priv	删除数据库中对象的权限
	Reload_priv		重载MySQL服务器的权限
	Shutdown_priv		终止MySQL服务器的权限
	Process_priv		通过Show Processlist命令查看其他用户线程的权限
	File_priv		在服务器上读/写文件的权限
	Grant_priv	Grant_priv	授予MySQL服务器的权限
	References_priv	References_priv	设置完整性约束权限
	Index_priv	Index_priv	创建或删除索引权限
	Alter_priv	Alter_priv	修改表和索引权限
	Show_db_priv		是否拥有所有数据库的查看权限
	Super_priv		是否拥有超级权限
	Create_tmp_table_priv	Create_tmp_table_priv	创建临时表权限
	Lock_tables_priv	Lock_tables_priv	锁定表权限
	Execute_priv	Execute_priv	存储过程和存储函数执行权限
	Repl_slave_priv		从服务器连接到主服务器权限
	Repl_client_priv		查看主服务器和从服务器状态权限
	Create_view_priv	Create_view_priv	创建视图权限
	Show_view_priv	Show_view_priv	查看视图权限
	Create_routine_priv	Create_routine_priv	创建存储过程和存储函数权限

（续）

分类	user 表	db 表	含义
数据库 / 表的权限列	Alter_routine_priv	Alter_routine_priv	修改存储过程和存储函数权限
	Create_user_priv		创建用户权限
	Event_priv	Event_priv	创建、修改、删除事件权限
	Trigger_priv	Trigger_priv	创建、删除触发器权限
	Create_tablespace_priv		创建表空间权限
安全列	ssl_type		用于加密
	ssl_cipher		用于加密
	x509_issuer		标识用户
	x509_subject		标识用户
	plugin		验证用户身份
	authentication_string		存储用户的密码
	password_expired		账号密码的过期时间（单位：天）
	password_last_changed		最近一次密码的修改时间
	password_lifetime		密码的有效时间，0 表示账号密码永不过期
	account_locked		账号是否锁定，0 表示未锁定
资源控制列	max_questions		每小时允许用户执行查询操作的次数
	max_updates		每小时允许用户执行更新操作的次数
	max_connections		每小时允许用户建立连接的次数
	max_user_connections		允许单个用户同时建立连接的次数

2. tables_priv 表、columns_priv 表和 procs_priv 表

tables_priv 是表层级权限。columns_priv 是列层级权限。procs_priv 是定义在存储过程上的权限。它们的结构及各字段含义见表 7-2。

表 7-2 权限表 tables_priv、columns_priv 和 procs_priv 的结构及各字段含义

tables_priv 表	columns_priv 表	procs_priv 表	含义
Host	Host	Host	主机名
Db	Db	Db	数据库名
User	User	User	用户名
Table_name	Table_name		表名
		Routine_name	存储过程 / 存储函数名
		Routine_type	存储过程 / 存储函数的类型
	Column_name		具有操作权限的列名
权限列			
Table_priv			表操作权限
Column_priv	Column_priv		列操作权限
		Prov_priv	存储过程 / 存储函数操作权限
其他列			
Timestamp	Timestamp	Timestamp	更新的时间
Grantor		Grantor	权限设置的用户

二、MySQL 权限系统的工作原理

数据库安全性措施主要涉及用户认证和访问权限两个方面。当 MySQL 允许一个用户执行各种操作时，它将首先核实用户向 MySQL 服务器发送的连接请求，再确认用户的操作请求是否被允许。

MySQL 的访问控制分为连接核实阶段和请求核实阶段。

1. 连接核实阶段

当用户试图连接 MySQL 服务器时，服务器基于用户提供的信息来验证用户身份。如果能够通过身份验证，则服务器接受连接，进入第 2 个阶段等待用户请求；如果不能通过身份验证，服务器就完全拒绝该用户的访问。

2. 请求核实阶段

连接得到许可后，服务器检查用户发出的每个请求，判断用户是否具有足够的权限。用户的权限保存在 user、db、tables_priv、columns_priv 权限表中。

user 表的范围列决定是否允许或拒绝到来的连接，对于允许的连接，user 表授权的权限指出用户的全局权限，适用于服务器上的所有数据库。db 表的范围列决定用户能够从哪个主机存取哪个数据库，权限列决定允许哪个操作，授予的数据库级别的权限适用于数据库和它的表。tables_priv 表授予表级别的权限适用于表和它的所有列。columns_priv 表授予列级的权限只适用于专用列。

任务总结

MySQL 权限系统用于对用户执行的操作进行限制。用户允许连接后，对于用户的每一个操作，MySQL 通过向下层级的顺序检查权限表，判断用户是否有执行该操作的权限。

任务二　用户管理

MySQL 是一个多用户数据库管理系统，通过用户管理，可以保证 MySQL 数据库的安全性。

任务描述

本任务主要进行 MySQL 用户管理，包括查看用户、创建用户、修改用户名、修改用户密码、删除用户等操作。

任务分析

MySQL 数据库中的用户分为 root 用户和普通用户。用户类型不同，具有的权限也会有所区别。其中，root 用户是超级管理员，拥有操作 MySQL 数据库的所有权限；普通用户只能拥有创建该用户时赋予它的权限。

任务实现

一、查看用户

在进行用户账户管理前，可以查看 mysql.user 表，查看当前 MySQL 服务器中有哪些用户。

例 7-1　查看 mysql.user 表的相关信息，如图 7-1 所示。

```
use mysql;
```

select host，user from user；

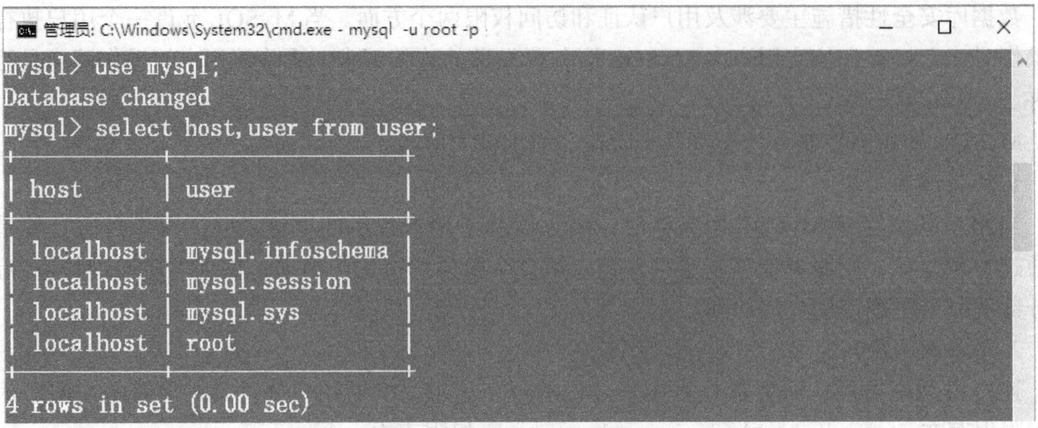

图 7-1　查看本地主机上的所有用户名

二、创建用户

创建用户通过 create user 语句来实现，需要拥有 create user 权限。其语法格式如下：

create user <user_name> [identified by <password>]

[，<user_name> [identified by <password>][，…]]；

各参数说明如下：

1）user_name：指定创建用户账号，其格式为 user_name@host_name。其中，user_name 为用户名，host_name 为主机名。如果在创建的过程中只指定了 user_name，则 host_name 默认为“%”，表示对所有主机开放权限；当 host_name 为 localhost 时，表示本地主机。

2）identified by：指定用户密码，可以省略。

3）password：表示设置用户密码。

例 7-2　在 MySQL 服务器中添加一个新用户，用户名为 tianfu，密码为 1234，不指定明文。运行结果如图 7-2 所示。

create user 'tianfu'@'localhost' identified by '1234'；

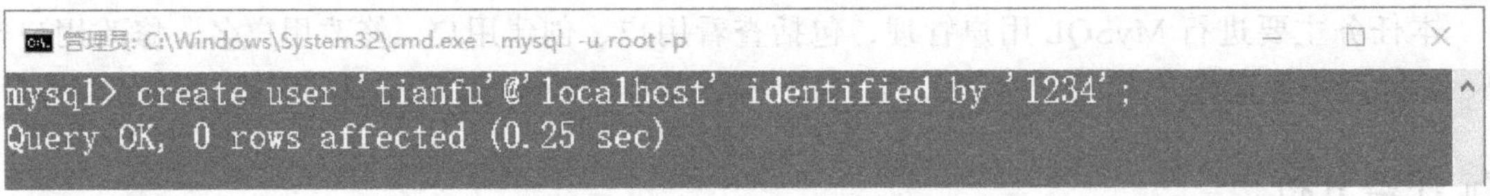

图 7-2　新建 tianfu 用户

三、修改用户名

修改用户名通过 rename user 语句来实现。其语法格式如下：

rename user old_user to new_user [，old_user to new_user]…；

其中，older_user 指系统中已经存在的 MySQL 用户名；new_user 指新的 MySQL 用户账号。

例 7-3　将例 7-2 建立的用户名修改为 tf。运行结果如图 7-3 所示。

use mysql；

rename user 'tianfu'@'localhost' to 'tf '@'localhost'；

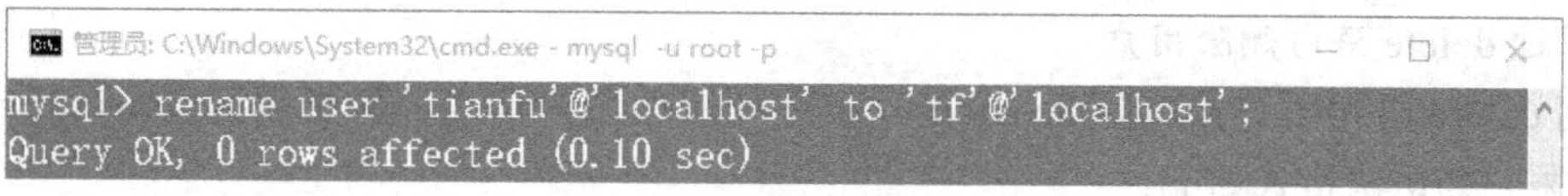

图 7-3 修改用户名

四、修改用户密码

1. 使用 mysqladmin 命令修改密码

语法格式如下：

mysqladmin -u username -h localhost -p password newpassword ;

其中，username 指要修改密码的用户名，此处指定为 root 用户；-h 用于指定对应的主机名，默认值是 localhost；-p 表示输入当前密码；newpassword 指新设置的密码。

例 7-4 修改 root 用户的密码为“1234”。运行结果如图 7-4 所示。

mysqladmin -u root -p password 1234 ;

图 7-4 修改 root 用户的密码

2. 使用 alter 语句修改密码

语法格式如下：

alter user username identified with MYSQL_NATIVE_PASSWORD by newpassword ;

其中，username 指用户名；newpassword 指修改后的密码。

例 7-5 将用户 tf 的密码修改为“123456”。运行结果如图 7-5 所示。

alter user 'tf '@'localhost' identified with MYSQL_NATIVE_PASSWORD by '123456' ;

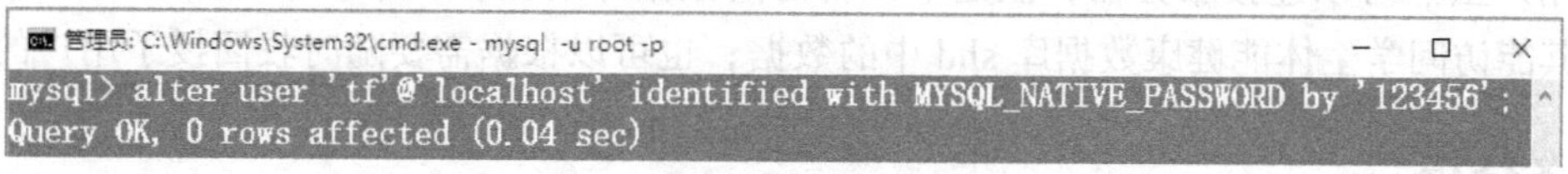

图 7-5 修改用户 tf 的密码

五、删除用户

1. 通过 drop user 语句删除用户

可以同时删除一个或多个 MySQL 用户。语法格式如下：

drop user user_name [，user_name][，…] ;

其中，user_name 用于指定需要删除的用户账号。

例 7-6 删除用户 tf。运行结果如图 7-6 所示。

drop user 'tf '@'localhost' ;

图 7-6 drop user 语句删除用户 tf

2. 通过 delete 语句删除用户

使用 delete 语句可直接删除 mysql.user 表中相应的用户信息，但必须拥有 mysql.user 表的 delete 权限。其语法格式如下：

delete from mysql.user where host='hostname' and user='username';

其中，host 和 user 这两个字段都是 mysql.user 表的主键。因此，需要两个字段的值才能确定一条记录。

例 7-7　删除用户 tf。运行结果如图 7-7 所示。

delete from mysql.user where user = 'tf ' and host = 'localhost' ;

```
管理员: C:\Windows\System32\cmd.exe - mysql  -u root -p
mysql> delete from mysql.user where user='tf' and host='localhost';
Query OK, 1 row affected (0.03 sec)
```

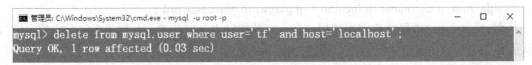

图 7-7　delete 语句删除用户 tf

任务总结

root 用户的权限包括查看用户、创建用户、删除用户、修改普通用户的密码等。普通用户只拥有被赋予的权限。用户登录后，系统将根据用户权限表的内容为其赋予相应的权限。

任务三　用户权限管理

合理的权限管理能够保证数据库的安全性，不合理的权限设置会给数据库带来安全隐患。

任务描述

新用户虽然可以连接服务器，但是不具备访问数据库的实质权限。本任务将给指定用户授权，使其能访问学生体能健康数据库 shd 中的数据；也可以根据需要随时收回授予用户的权限。

任务分析

权限管理主要是对登录到 MySQL 的用户进行权限验证。要对用户权限进行管理，首先应了解 MySQL 提供了哪些权限。MySQL 提供的常用权限见表 7-3。

表 7-3　MySQL 提供的常用权限

权限类型	描　述
select	查询表中的数据
insert	向表中插入数据
update	更新表中的数据
delete	删除表中的数据
show databases	查看用户可见的所有数据库
show view	查看视图
process	查看 MySQL 中的进程信息
execute	执行存储过程或自定义函数

（续）

权限类型	描　述
create	创建数据库、数据表
alter	修改数据库、数据表
drop	删除数据库、数据表或视图
create temporary tables	创建临时表
create view	创建或修改视图
create routine	创建存储过程或自定义函数
alter routine	修改、删除存储过程或自定义函数
index	创建或删除索引
trigger	触发器的所有操作
event	事件的所有操作
references	创建外键
super	超级权限
create user	创建、修改或删除用户
grant option	授予或撤销权限
reload	重新加载权限表到系统内存中
file	读写磁盘文件
lock tables	锁住表，阻止对表的访问 / 操作
shutdown	关闭 MySQL 服务器
replication slave	建立主从复制关系
replication client	访问主服务器或从服务器

任务实现

一、授予权限

授予权限通过 grant 语句来实现。语法格式如下：

grant priv_type[（column_list）][, priv_type[（column_list）]][, …n]
on {table | * | *.* | database.* | database.table}
to user [identified by [password] 'password']
[, user[identified by [password] 'password']] [, …n]
[with grant option] ;

各参数说明如下：

1）priv_type 表示用户的权限类型，具体的权限类型见表 7-3。

2）column_list 表示权限作用于哪些列上，列名与列名之间用逗号隔开。默认作用于整张表。

3）on 子句指出所授权限的范围。

4）database.table 表示用户的权限范围，即只能在指定的数据库和表上使用权限。

5）user 表示用户的账户。

6）password 表示用户的新密码。

7）with grant option 表示在授权时将自己的权限赋予其他用户。

例 7-8　授予用户 tf 对数据库 shd 所有表具有 select、insert、update 和 delete 的权限。运行结果如图 7-8 所示。

grant select，insert，update，delete on shd.* to 'tf '@'localhost' ;

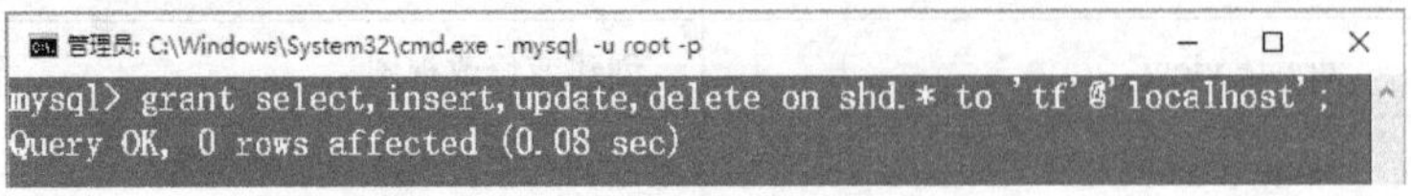

图 7-8　授予权限

查看用户 tf 的权限，如图 7-9 所示。

show grants for 'tf '@'localhost' ;

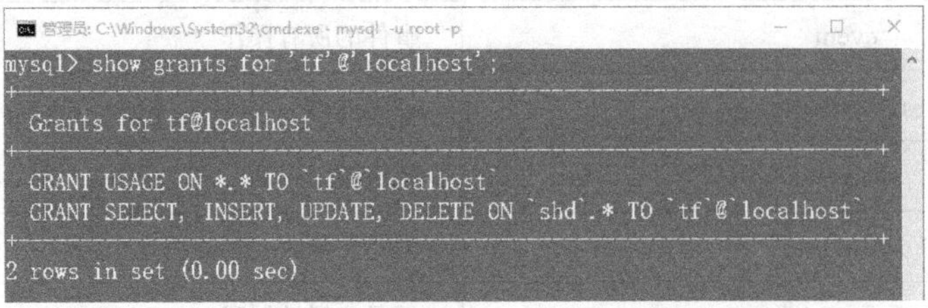

图 7-9　查看用户 tf 的权限

二、收回权限

当不希望将某个用户从系统 user 表中删除，而又需要收回该用户的权限时，可通过 revoke 语句来实现。语法格式如下：

revoke priv_type[（column_list）][, priv_type[（column_list）]][, …n]

on {table | * | *.* | database.* | database.table}

from user[, user] [, …n] ;

各参数说明如下：

1）priv_type 表示用户的权限类型，具体的权限类型见表 7-3。

2）column_list 表示权限作用于哪些列上，列名与列名之间用逗号隔开。默认作用于整张表。

3）on 子句指出收回权限的范围。

4）database.table 表示用户的权限范围，即只能在指定的数据库和表上使用权限。

5）user 表示用户的账户。

例 7-9　收回用户 tf 的所有权限。运行结果如图 7-10 所示。

revoke all privileges，grant option from 'tf '@'localhost' ;

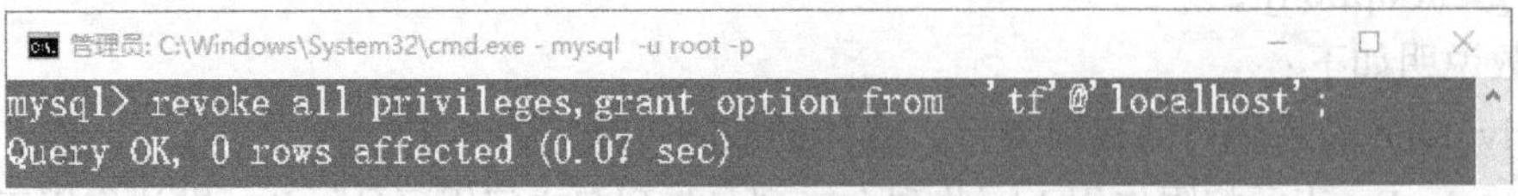

图 7-10　收回权限

任务总结

通过权限管理，用户可以拥有不同的权限。拥有 grant 权限的用户可以为其他用户设置权限。拥有 revoke 权限的用户可以收回自己设置的权限。

任务四　数据的备份和还原

为了保证数据的安全，需要定期对数据进行备份。如果数据库中的数据出现了错误，可以将备份的数据进行还原，从而将数据损失降到最小。

任务描述

本任务将对学生体能健康数据库 shd 进行备份和还原。

任务分析

数据出现损失时，首先需要了解原因，然后再结合掌握的数据备份和还原的方法，进行数据恢复。

数据的导出和导入操作可以将 MySQL 数据库中的数据转换成文本文件、HTML 文件等形式供其他环境使用，也可以将其他形式的数据导入数据表中，实现快速地向数据表中插入大批量数据。

任务实现

数据的备份和还原操作不仅可以避免因发生意外状态而造成的数据损失，而且可以实现数据库的迁移。

一、数据备份

数据备份就是制作数据库结构、对象及数据的副本。

1）根据备份涉及的数据集合范围划分，数据备份分为完全备份、增量备份和差异备份。

① 完全备份：指备份整个数据库，包含用户表、系统表、索引、视图和存储过程等所有数据库对象。完全备份也是任何备份策略中都要求完成的第一种备份类型。

② 增量备份：指备份数据库的部分内容，包含数据库从上一次完全备份或者最近一次增量备份后改变的内容的备份。

③ 差异备份：指对上一次完全备份后发生改变的数据作备份。在进行恢复时，只需要对第一次完全备份和最后一次差异备份进行恢复。

2）根据备份时服务器是否在线划分，数据备份分为热备份、温备份和冷备份。

① 热备份：指在数据库正常运行的情况下进行数据备份。

② 温备份：指进行数据备份时，数据库服务正常运行，但数据只能读不能写。

③ 冷备份：指在数据库已经正常关闭的情况下进行的数据备份，这种情况下提供的备份都是完全备份。

mysqldump 命令是 MySQL 提供的实现数据库备份的工具，存储在 MySQL 安装目录的 bin 文件夹中，它可以将数据导出为 SQL 脚本文件。该文件中包含了多个 create 语句和 insert 语句，执行这些语句可以重新创建数据库、创建表和插入数据，实现数据还原。这也是最常用的备份方法。

mysqldump 命令支持一次备份单个数据库、多个数据库和所有数据库。

1. 备份单个数据库

语法格式如下：

mysqldump -u user -p password dbname[tbname1，tbname2…] >backname.sql

其中，user 表示用户名；password 表示用户密码；dbname 表示需要备份的数据库名称；tbname 表示数据库中需要备份的表名，若缺省，则表示备份整个数据库；backname.sql 表示备份文件的输出名称，实际备份时需要在该文件名前添加备份地址的绝对路径。

例 7-10　备份数据库 shd 中的所有表。运行结果如图 7-11 所示。

mysqldump -u root -p shd>d：\bak\db1.sql

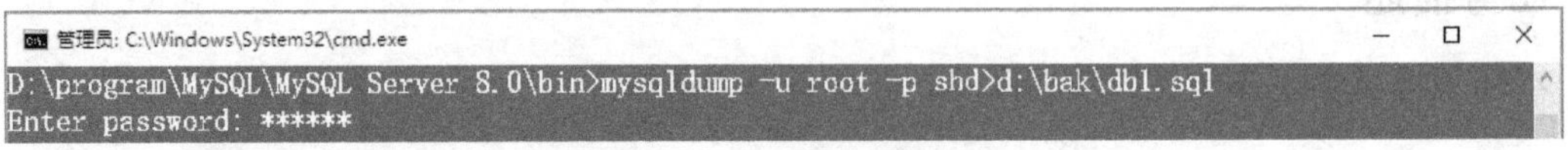

图 7-11　备份数据库 shd

2. 备份多个数据库

语法格式如下：

mysqldump -u user -p password --databases dbname1 dbname2>backname.sql

其中，databases 后面可以跟多个数据库名称，数据库名称之间用空格分隔。

例 7-11　备份数据库 shd 和数据库 mysql。运行结果如图 7-12 所示。

mysqldump -u root -p --databases shd mysql>d：\bak\db2.sql

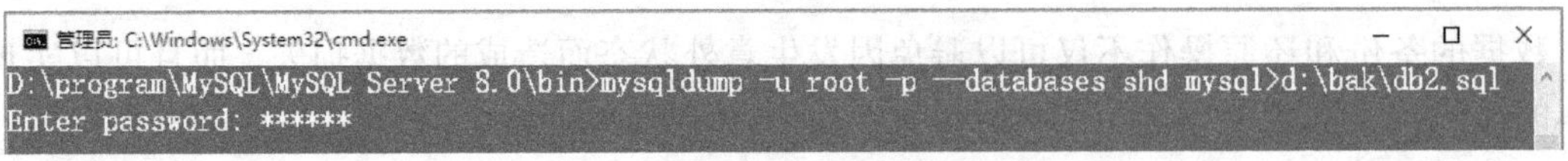

图 7-12　备份数据库 shd 和 mysql

3. 备份所有数据库

语法格式如下：

mysqldump -u user -p password --all -databases>backname.sql

其中，--all -databases 表示备份所有数据库。

例 7-12　备份服务器下的所有数据库。运行结果如图 7-13 所示。

mysqldump -u root -p 123456 --all-databases>d：\bak\db3.sql

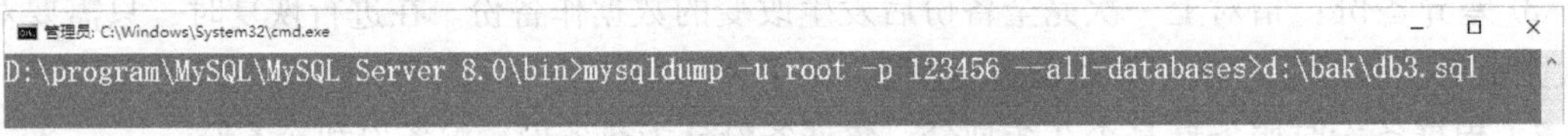

图 7-13　备份服务器下的所有数据库

二、数据还原

数据还原就是将数据库的副本加载到数据库管理系统中，通过 mysql 命令来实现。语法格式如下：

mysql -u user -p password [dbname] <backup.sql

其中，user 表示用户名；password 表示用户密码；dbname 表示要还原的数据库名称；backup.sql 表示要还原的 SQL 脚本文件，如果不在当前路径下，则要指定该文件所在的路径。

例 7-13 将例 7-10 备份的脚本文件 db1.sql 还原成数据库 onlinedb1。运行结果如图 7-14 所示。

mysql -u root -p onlinedb1<d：\bak\db1.sql

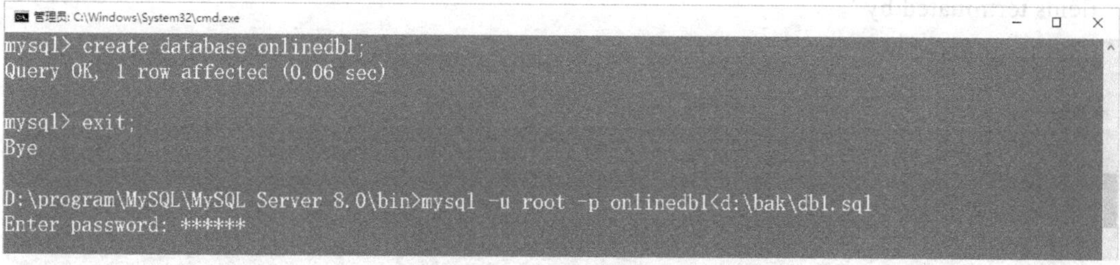

图 7-14 还原备份文件

三、数据导出

数据导出的操作方式有多种，下面使用 select…into outfile 语句来实现。语法格式如下：

select …

into outfile '目标文件名'

[option]；

其中，“目标文件名”用于指定导出数据存放的文本文件名，可以包含路径，该路径不可以随意指定。配置文件 my.ini 中的 secure_file_priv 参数用于限制导出与导入的文件传到哪个目录，可以通过“show variables like '%secure%'”语句查询该参数的信息。如果值为 NULL，则表示不允许进行导出与导入操作；如果值为某一个具体的目录，则表示导出与导入的文本文件只能在该目录中；如果没有值，则表示导出与导入的文本文件可以在任意目录中。修改 my.ini 文件内容需要重新启动 MySQL 服务。

option 有以下 5 种常用选项：

1）fields terminated by 'value'：用于设置字符串为字段的分隔符，默认值为 '\t'。

2）fields [optionally] enclosed by 'value'：用于设置字段的分隔字符，只能为单个字符。

3）fields escaped by 'value'：用于设置转义字符，默认值为 "\"。

4）lines starting by 'value'：用于设置每行数据开头的字符，可以为单个或多个字符，默认情况下不使用任何字符。

5）lines terminated by 'value'：用于设置每行数据结尾的字符，可以为单个或多个字符，默认值为 "\n"。

例 7-14 将 tb_stu 表中的所有男生记录导出到文本文件 stu_male.txt 中。运行结果如图 7-15、图 7-16 所示。

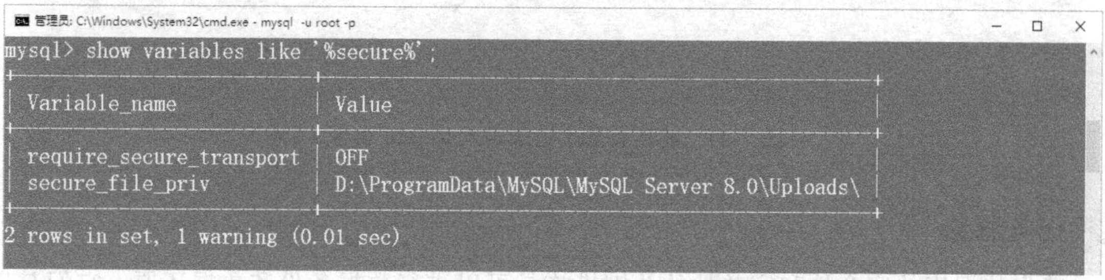

图 7-15 查看 secure_file_priv 参数值

show variables like '% secure%' ;

select * from tb_stu where stu_sex=1

into outfile 'd：/programdata/mysql/mysql server 8.0/uploads/stu_male.txt'

fields terminated by '，'

lines terminated by '\r\n' ;

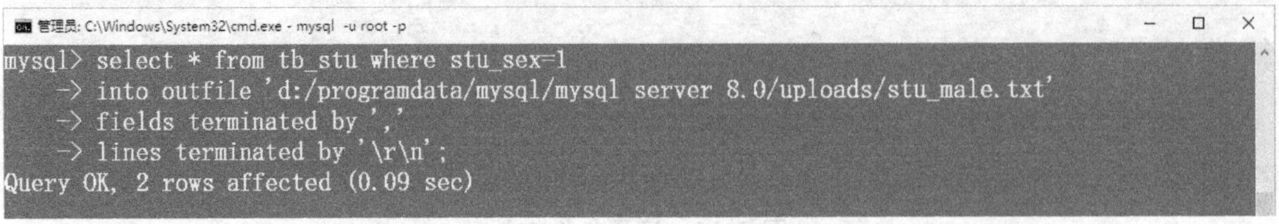

图 7-16　导出 tb_stu 表中的所有男生记录

四、数据导入

数据导入的操作方式也有多种，下面使用 load data infile 语句来实现。语法格式如下：

load data[local] infile ' 文本文件名 '

into table 表名

[option]

[ignore n lines] ;

其中，local 表示从指定客户主机读取文件，如果省略，则文件必须位于服务器上；option 的常用选项与 select…into outfile 语句中 option 的常用选项完全相同；ignore n lines 表示忽略文件的前 n 行记录。

例 7-15　先删除 tb_stu 表中的所有男生记录，再使用 load 语句将文本文件 stu_male.txt 中的数据导入 tb_stu 表中。运行结果如图 7-17 所示。

delete from tb_stu where stu_sex=1 ;

Load data infile 'd：/programdata/mysql/mysql server 8.0/uploads/stu_male.txt'

into table tb_stu

fields terminated by '，'

lines terminated by '\r\n' ;

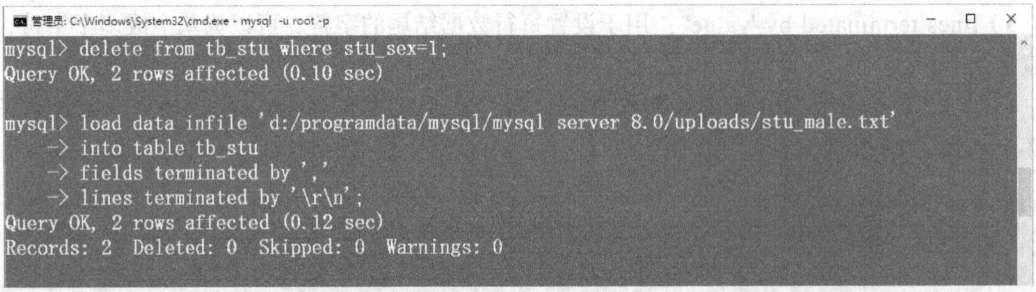

图 7-17　将所有男生记录导入 tb_stu 表中

任务总结

确保数据库的安全性和完整性的关键措施是可以进行数据备份和数据还原，它们是以 MySQL 数据库的形式使用数据。而数据的导出和导入操作可以实现以不同文件形式将数据从

MySQL 数据表中输出，或者输入 MySQL 数据表中。

任务五　使用 Navicat 可视化图形管理工具实现安全管理

实际工作中，使用可视化图形管理工具可以简单快捷地实现数据库的安全管理。

任务描述

本任务将介绍使用 Navicat 可视化图形管理工具进行用户管理、数据备份和还原、表的导出和导入的方法。

任务分析

使用可视化图形管理工具 Navicat 代替 SQL 语句，在 MySQL 服务器中管理用户，进行学生体能健康数据库 shd 的备份与还原。

任务实现

一、创建用户

单击工具栏上的“用户”按钮，然后单击右侧窗格上方的“新建用户”按钮，或用鼠标右击窗格的空白处，在弹出的快捷菜单中选择“新建用户”命令，即可创建用户。

例 7-16　在 MySQL 服务器中添加一个新用户，用户名为 zhike，密码为 zk1234，主机名为 localhost。结果如图 7-18 所示。

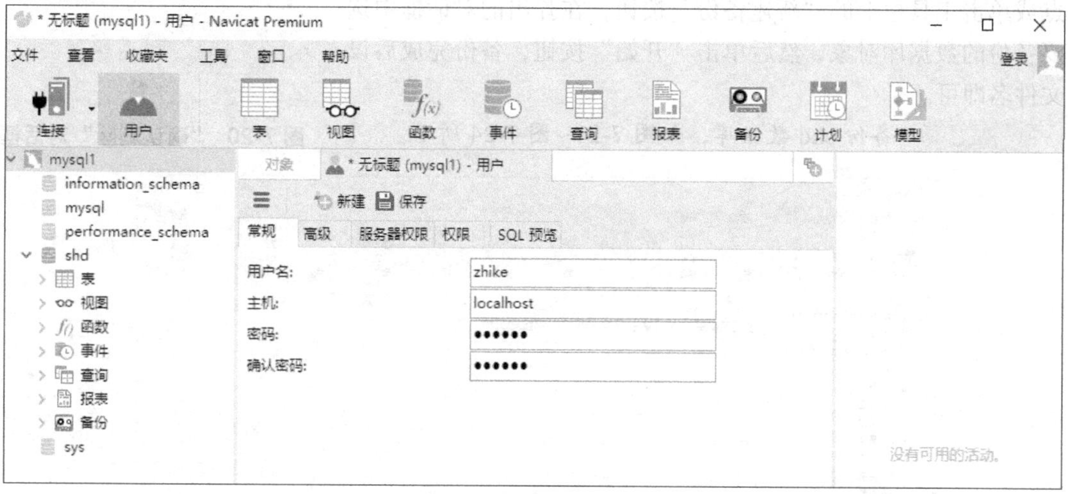

图 7-18　创建用户

可以切换到“高级”“服务器权限”“权限”选项卡，设置该用户的权限、安全连接和限制服务器资源等。

二、删除用户

打开显示用户的窗格，单击窗格上方的“删除用户”按钮，或用鼠标右击要删除的用户，在弹出的快捷菜单中选择“删除用户”命令，然后在弹出的对话框中单击“删除”按钮，即可删除用户。

例 7-17　在 MySQL 服务器中删除用户 zhike，如图 7-19、图 7-20 所示。

图 7-19　删除用户

三、数据备份

双击需要备份的数据库，使其处于打开状态，单击“备份”节点或单击工具栏上的“新建备份”按钮，在弹出的对话框中选择要备份的数据库对象，然后单击“开始”按钮，备份完成后设置文件名即可。

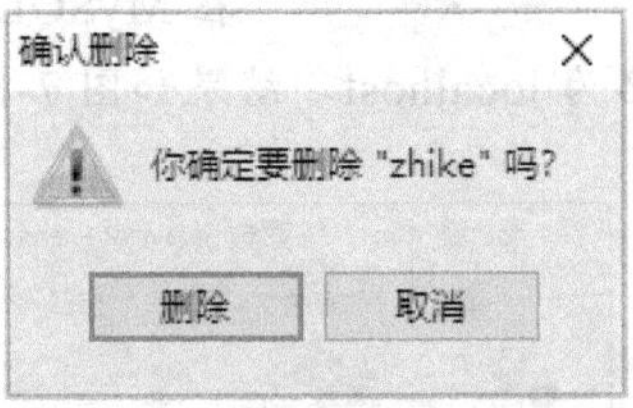

图 7-20　“确认删除”对话框

例 7-18　备份 shd 数据库，如图 7-21~ 图 7-24 所示。

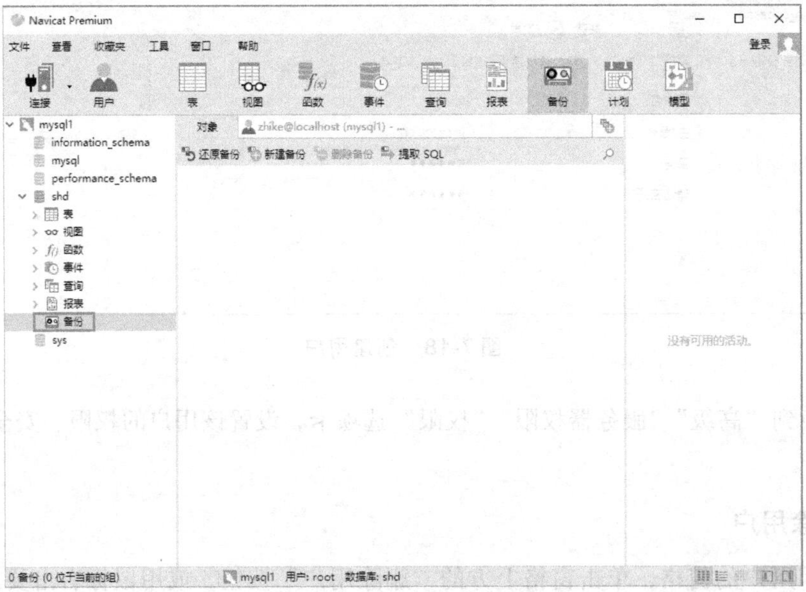

图 7-21　开始备份界面

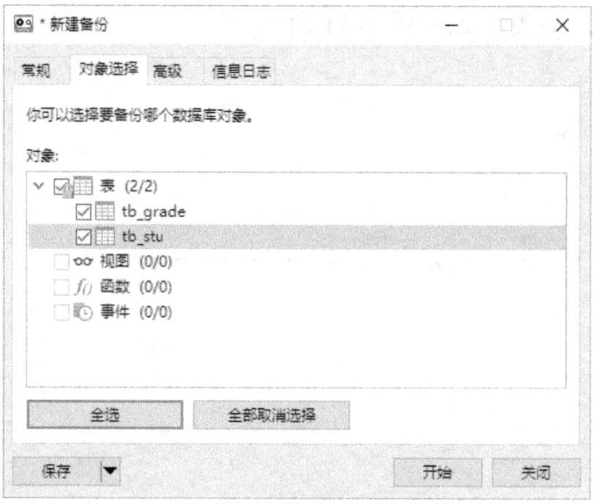

图 7-22　“新建备份”窗口

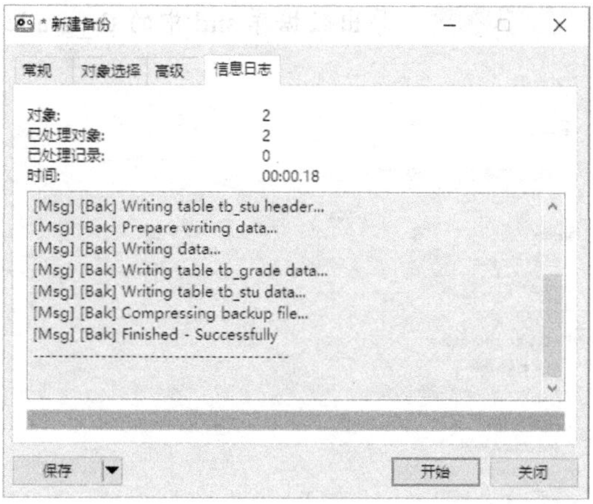

图 7-23　开始进行备份

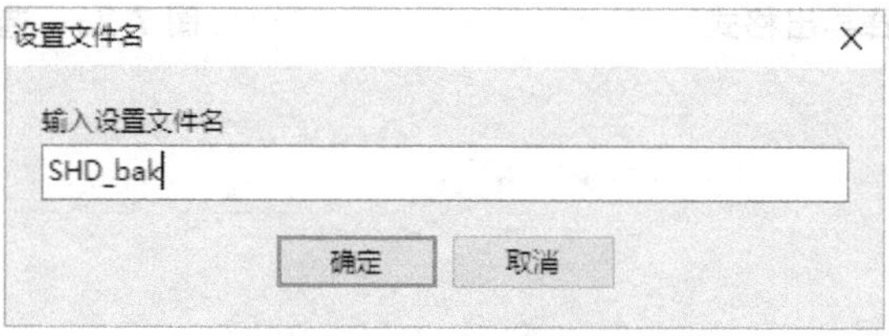

图 7-24　设置文件名

四、数据还原

双击需要还原的数据库，使其处于打开状态（若数据库不存在，则需新建一个数据库，并使其处于打开状态），单击工具栏上的“还原备份”按钮，或用鼠标右击右方窗格，在弹出的快捷菜单中选择“还原备份”命令，开始还原即可。

例 7-19　将例 7-18 备份的文件还原，如图 7-25、图 7-26 所示。

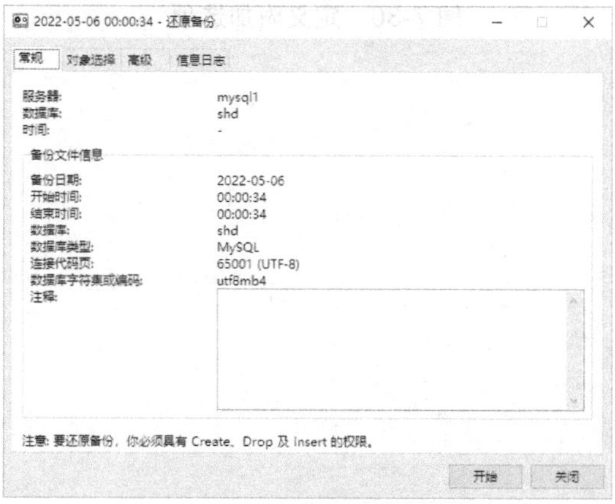

图 7-25　“还原备份”窗口

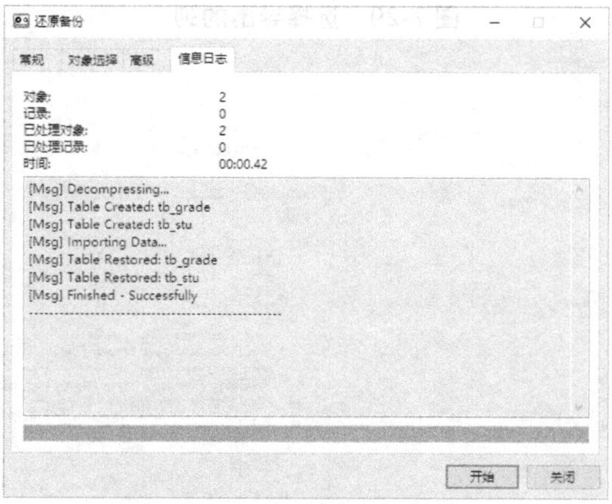

图 7-26　数据还原时的信息日志

五、表的导出

右击要导出的表，在弹出的快捷菜单中选择“导出向导”命令，按照向导提示导出即可。

例 7-20　导出数据库 shd 中的 tb_grade 表，如图 7-27~ 图 7-31 所示。

图 7-27　选择导出格式

图 7-28　选择导出文件

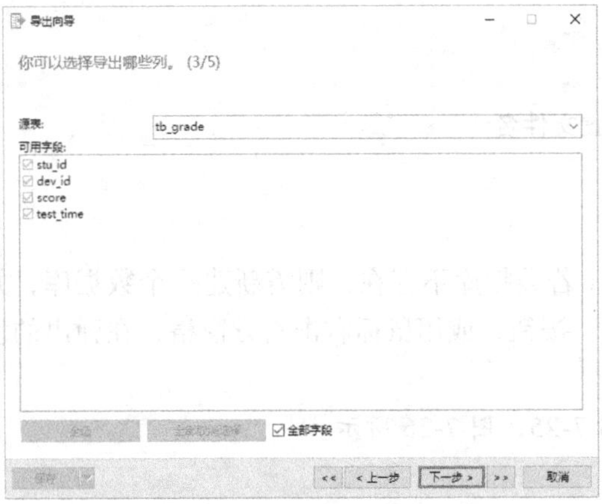

图 7-29　选择导出的列

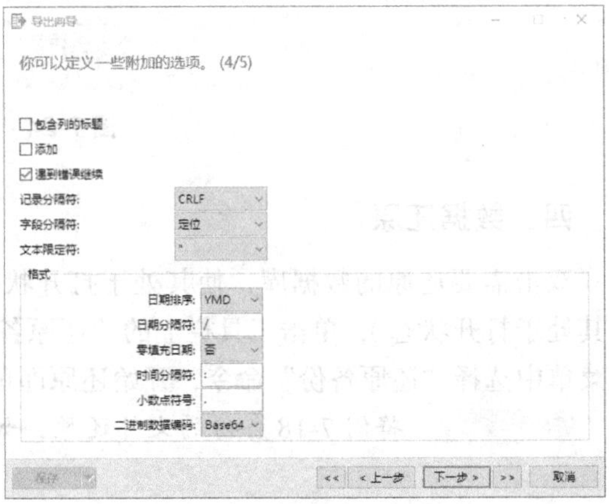

图 7-30　定义附加选项

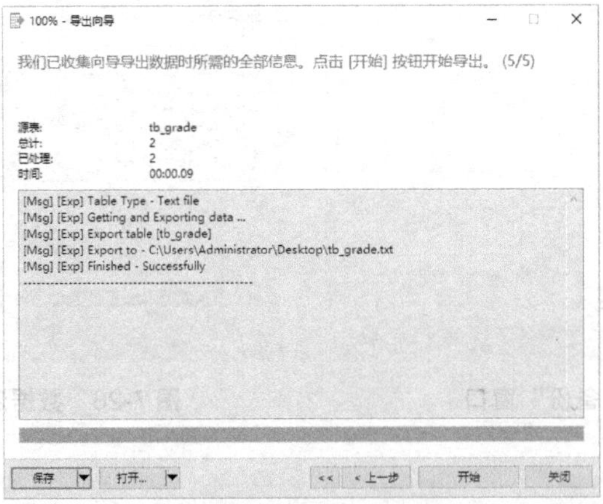

图 7-31　开始导出

六、表的导入

双击要导入的表所在的数据库，使其处于打开状态，用鼠标右击右侧窗格的空白处，在弹出的快捷菜单中选择“导入向导”命令，按照向导提示导入即可。

例 7-21　将 tb_grade 表导入数据库 shd 中，如图 7-32~ 图 7-39 所示。

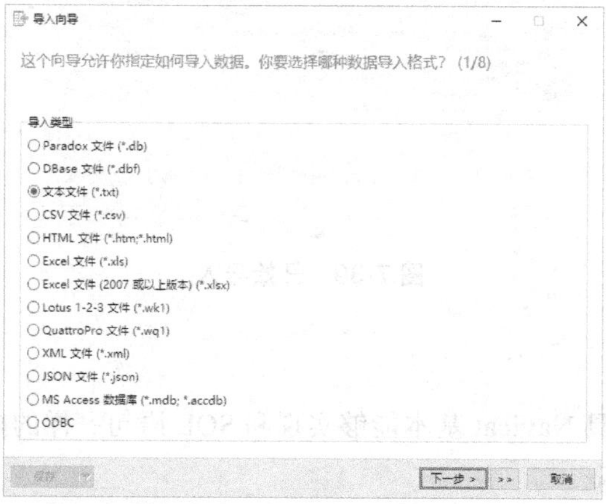

图 7-32　选择导入格式

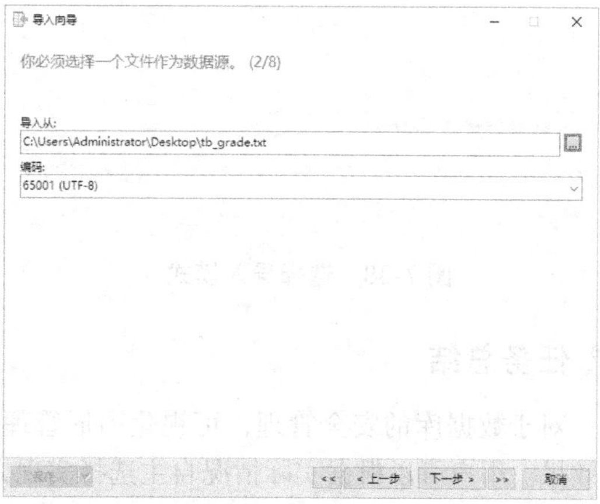

图 7-33　选择数据源

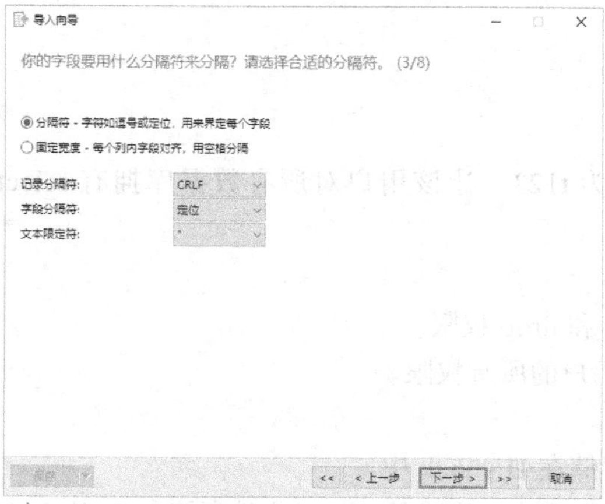

图 7-34　选择分隔符

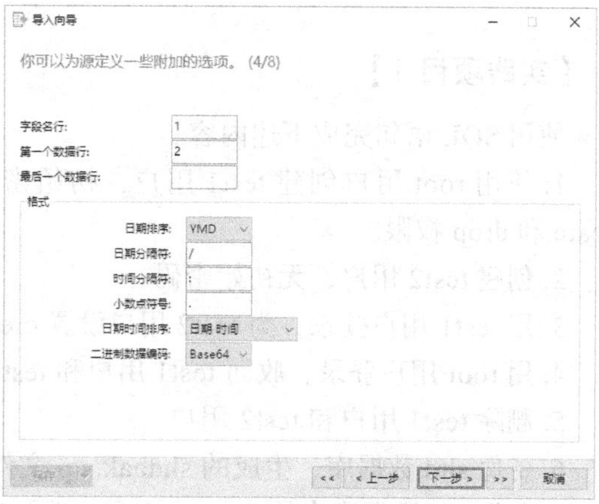

图 7-35　定义附加选项

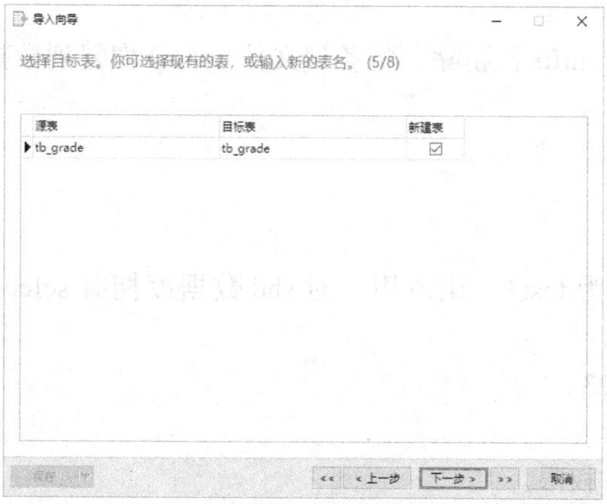

图 7-36　选择目标表

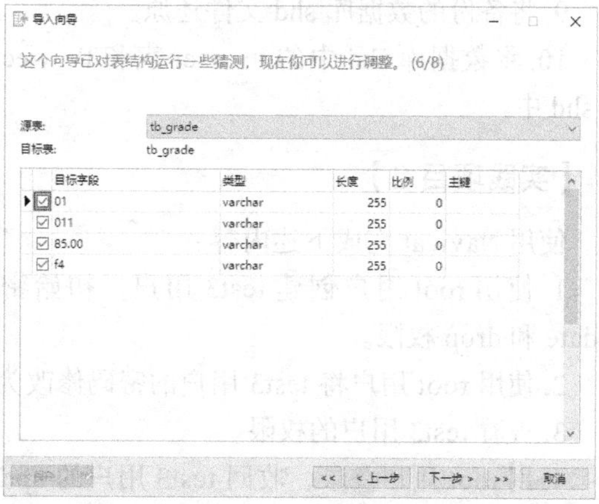

图 7-37　调整表结构

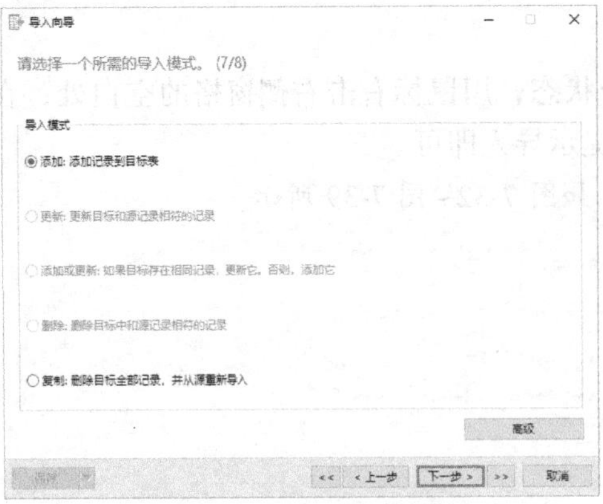

图 7-38　选择导入模式

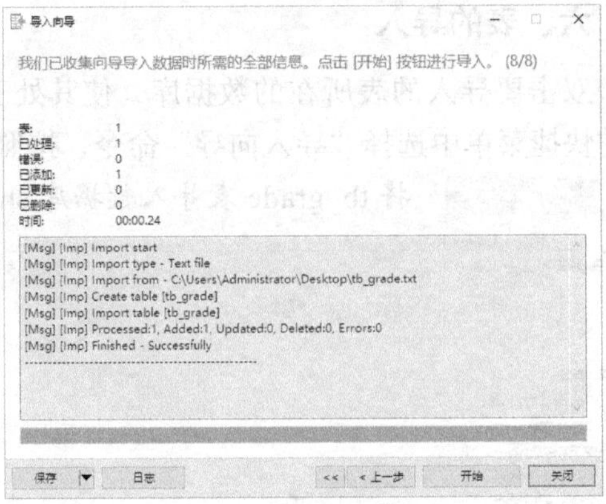

图 7-39　开始导入

任务总结

对于数据库的安全管理，可视化图形管理工具 Navicat 基本能够实现和 SQL 语句一样的操作效果。用户可以根据实际情况自主选择实现方式。

实践训练

【实践项目 1】

使用 SQL 语句完成下述内容：

1. 使用 root 用户创建 test1 用户，初始密码为 t123。让该用户对所有数据库拥有 select、create 和 drop 权限。
2. 创建 test2 用户，无初始密码。
3. 用 test1 用户登录，为 test2 用户设置 create 和 drop 权限。
4. 用 root 用户登录，收回 test1 用户和 test2 用户的所有权限。
5. 删除 test1 用户和 test2 用户。
6. 备份 shd 数据库，生成的 shdbak.sql 文件存储在 D：\bak 中。
7. 备份 shd 数据库中的 tb_user 表和 tb_wechar_info 表，生成的 uw.sql 文件存储在 D：\bak 中。
8. 备份两个数据库，具体数据库自定。
9. 将备份的数据库 shd 文件还原。
10. 将数据库 shd 中的 tb_user 表和 tb_wechar_info 表删除，将备份文件 uw.sql 恢复到数据库 shd 中。

【实践项目 2】

使用 Navicat 完成下述内容：

1. 使用 root 用户创建 test3 用户，初始密码为 test3。让该用户对 shd 数据库拥有 select、update 和 drop 权限。
2. 使用 root 用户将 test3 用户的密码修改为 123。
3. 查看 test3 用户的权限。
4. 用 root 用户登录，收回 test3 用户的 update 权限。
5. 删除 test3 用户。
6. 对数据库 shd 进行备份，并完成相应的还原操作。

项目八 Project 8

多种方式实现可视化操作学生体能健康数据库

项目描述

学生体测系统采用 B/S 架构进行系统设计，使用 Java Web 开发方式进行开发。系统设计主要包括设计系统用例、系统流程、系统前端页面和后台管理系统等。

学习目标

知识目标：

1. 掌握开发平台的搭建。
2. 掌握 Java Web 服务器的配置。
3. 掌握 Java 连接 MySQL 数据库的操作。

能力目标：

1. 能使用 Eclipse 部署 Java Web 项目。
2. 初步具有调试前端和后台代码的能力。
3. 具有配置 Tomcat 的能力。

素质目标：

1. 培养学生系统开发和全局思考的素养。
2. 培养学生良好的职业素质和团队协作的能力。

任务一 学生体测系统的设计

任务描述

本任务主要对学生体测系统进行设计。依据体测系统的需求情况，先设计系统的功能和操作流程，再设计系统的前端页面和后台的管理系统。

任务分析

Java Web 系统开发需要经过需求分析、功能分析、系统设计、数据设计、编码、实现、测试和发布等阶段。体测数据的上报，需要设备将数据上报服务器，在本项目中将通过页面模拟设备进行数据的上报与提交，然后服务器根据上报数据的类型进行分类存储，最后实现体测数据的查询。

任务实现

本任务主要介绍体测系统的设计开发过程。在 Java Web 系统开发过程中，功能分析和系统设计尤为重要。

一、需求分析阶段

体测系统是由系统前端页面和后台管理系统两部分组成的。其系统前端是一个模拟设备数据上报平台，模拟所有设备的上报，主要包括用户登录、数据上报、数据查询等需求。

二、功能分析阶段

功能分析阶段主要是根据需求分析来确定系统的功能模块，如图 8-1 所示。

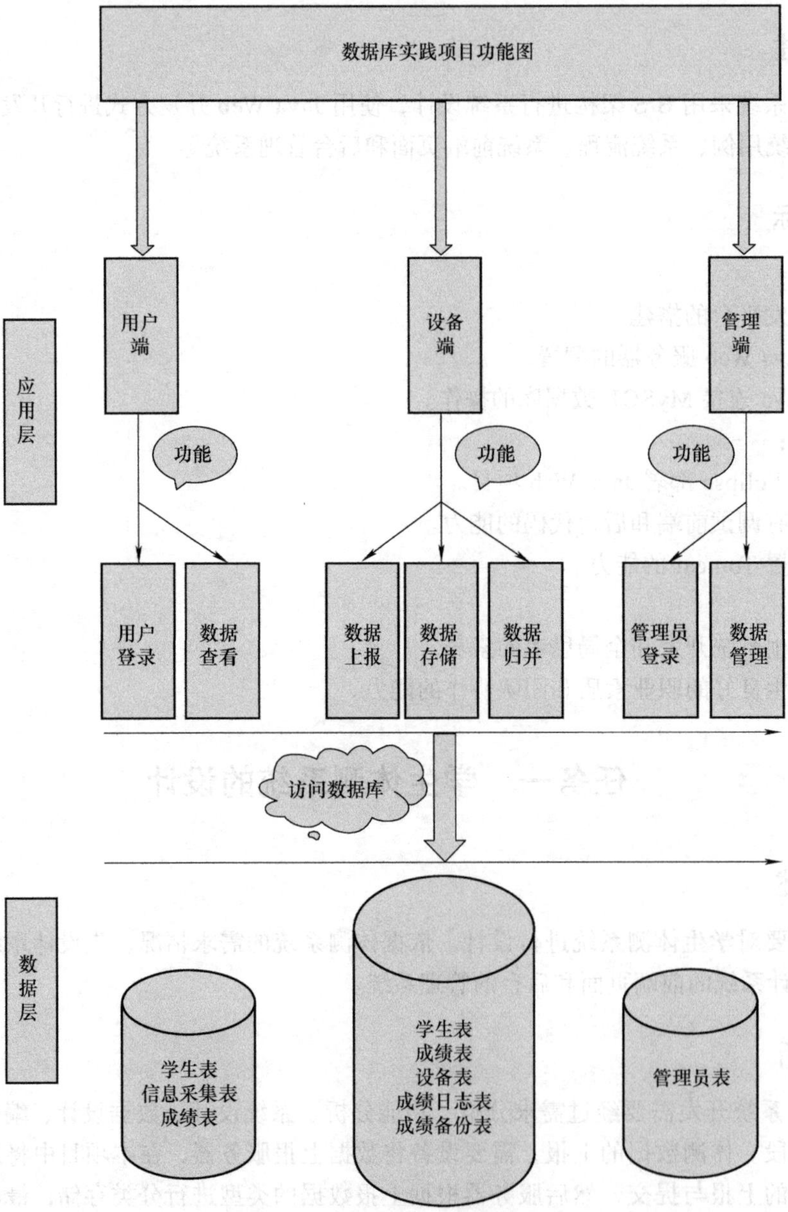

图 8-1　体测系统功能模块

在体测系统中，用户可以通过姓名、学号进行登录，选择对应的测试项目模拟数据上报。普通用户也可以通过平台查看数据。超级管理员除了拥有普通用户的权限外，还能对数据进行浏览、删除等操作；可以对用户表进行更新用户、浏览所有用户、删除指定用户等操作。

三、绘制用例图

可以通过 UML、Visio 等工具绘制用例图，这里使用在线版本 UML 进行设计。通过系统分析可知，体测系统包含学生、管理员等用户角色，下面对这两个角色进行用例分析。

学生用户能够通过学号、姓名登录普通用户平台，进行平台的登录、数据的模拟上报、数据查看等操作，其用例图如图 8-2 所示。

管理员拥有体测系统的全部功能，还可以对所有用户进行统一管理，包括新增用户、修改用户、删除用户以及查看所有用户等，其用例图如图 8-3 所示。

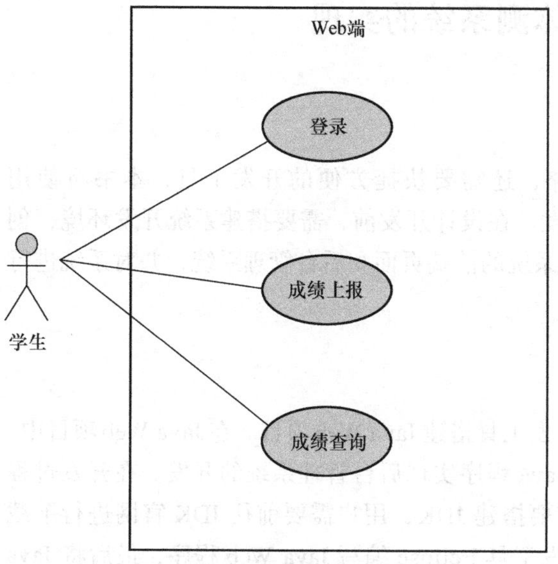

图 8-2　学生用例图

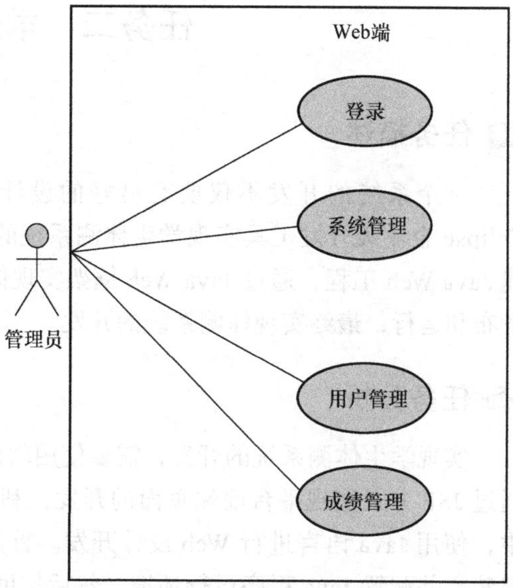

图 8-3　管理员用例图

四、数据库设计

根据系统设计，使用 MySQL 数据库来存储体测系统中的数据。具体的数据表在项目一中已经介绍，这里不再赘述。

五、系统开发模式设计

MVC（Mode-View-Controller）模式是 Java Web 项目开发模式之一。MVC 模式是一种软件架构模式，把软件系统分为 Mode（模型）、View（视图）、Controller（控制器）3 个基本部分。其中，控制器主要负责页面请求转发，对接口请求进行响应；视图部分由界面设计人员编写程序功能；模型部分由设计人员进行代码编写，实现业务流程。系统开发模式设计的结构图如图 8-4 所示。

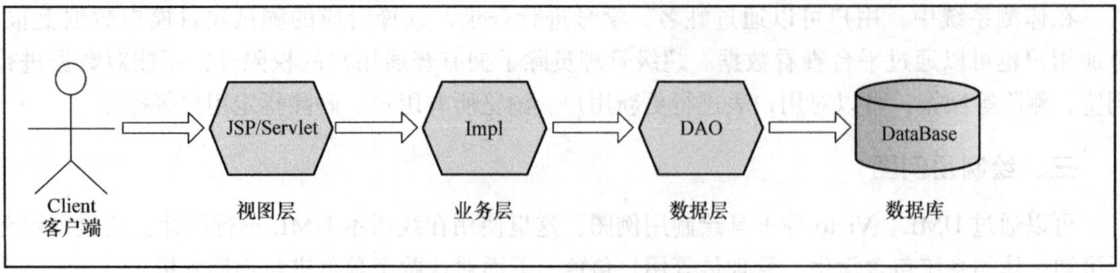

图 8-4 系统开发模式设计的结构图

任务总结

本任务主要对学生体测系统进行设计，包括需求分析、功能分析、用例图的绘制、数据库设计和系统开发模式设计等内容。

任务二 学生体测系统的实现

任务描述

一个系统的开发不仅要有良好的设计思路，还需要快捷方便的开发工具，本书将使用 Eclipse 企业级开发工具实现学生体测系统的开发。在设计开发前，需要搭建系统开发环境，创建 Java Web 工程，通过 Java Web 框架实现体测系统的前端页面和后台管理系统，并对系统进行发布和运行，最终实现体测系统的开发。

任务分析

实现学生体测系统的开发，需要使用软件开发工具搭建Java Web项目。在Java Web项目中，通过 JSP 方式实现平台前端页面的开发，利用 Java 程序实现后台管理系统的开发。在开发过程中，使用 Java 语言进行 Web 设计开发。首先需要搭建 JDK，用户需要前往 JDK 官网进行下载安装，并配置 Java 程序运行环境，然后借助开发工具 Eclipse 编写 Java Web 程序，最后将 Java Web 项目发布到 Tomcat 服务器上，供用户访问。

任务实现

一、搭建系统开发环境

1. 下载并安装 JDK

Java 程序运行时需要编译平台，JDK 是 Java 语言的软件开发工具包，用户需要下载并安装，再配置 JDK 环境变量。

2. 下载并安装 Tomcat

Tomcat 是 Java Web 页面解析运行的服务器软件。在 Java Web 项目中，JSP 页面文件经过 Tomcat 服务器解析后，客户端才能通过 Web 浏览器访问 WebServer 项目中的页面。请用户从官网下载 Tomcat，然后再安装配置 Tomcat 服务器。

3. 开发平台的搭建

Eclipse 集成开发工具是比较流行的一种开发工具。在完整的 Eclipse 中自带 JRE、数据库、应用服务器等工具。

4. 管理外部 Tomcat 服务器

Eclipse 中的内置服务器是不能完成所有 Java Web 项目操作的，但是可以对外部的应用服务器进行管理。在 Eclipse 的菜单栏中选择“Preferences”命令，其中的“Tomcat home directory”表示 Tomcat 的主目录，“Tomcat base directory”表示 Tomcat 的基础目录，“Tomcat temp directory”表示 Tomcat 的临时参数目录。请根据自定义安装的 Tomcat 服务器所在目录进行配置。在配置路径上面有两个选项：“Enable”选项表示启动外部 Tomcat 配置；“Disable”选项表示不启动外部 Tomcat 配置。默认是不启动状态，这里需要选择“Enable”选项，启动外部 Tomcat 配置。

二、前端页面的实现

1. 创建体测系统 sptWeb

在 Eclipse 的菜单栏中单击“File”/“New”/“Dynamic Web Project”选项，弹出创建 Web 项目窗口，如图 8-5 所示。

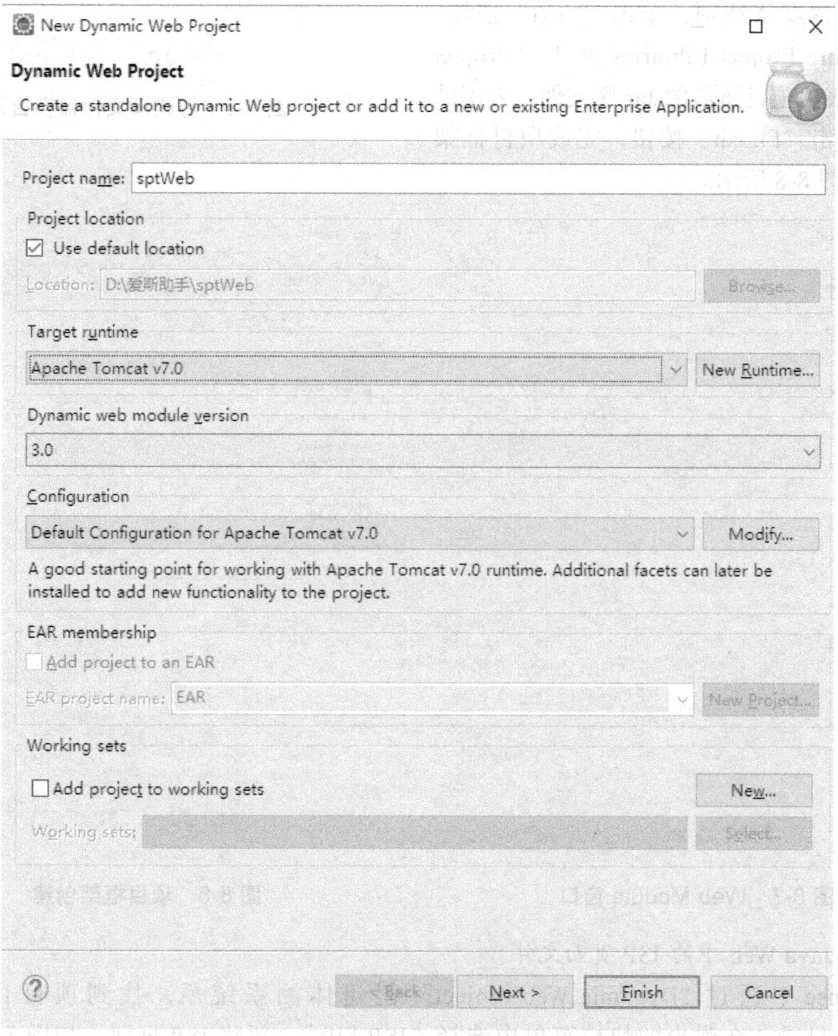

图 8-5 创建 Web 项目窗口

在“Project name”中填写项目名称，这里填写“sptWeb”。“Project location”表示项目默认存放路径。Configuration 为项目配置选项，包括 Java 和 JSTL 版本信息配置。

填写完项目名称后单击“Next”按钮，进入 Source folders 窗口，如图 8-6 所示，表示项目中的 Java 源代码文件保存目录。该窗口主要为 Java 和 .Java 文件，编辑器一般默认为 src 目录。这里保持默认选项，单击“Next”按钮，进入 Web Module 窗口，如图 8-7 所示，该窗口主要为 Web 相关程序的存放位置，这些文件包括 JSP 程序、HTML 程序，以及固定的 WEB-INF 目录等。“Context root”选项表示发布项目后使用的访问路径，这里会默认为项目名称。在“Content directory”中填写“WebContent”，配置 Web 相关程序存放路径。继续保持默认选项，单击“Next”按钮，进入 Configure Project Libraries 窗口，“Project Libraries”表示项目所需的 Jar 库文件，采用默认配置，单击“Finish”按钮，完成项目框架的创建，如图 8-8 所示。

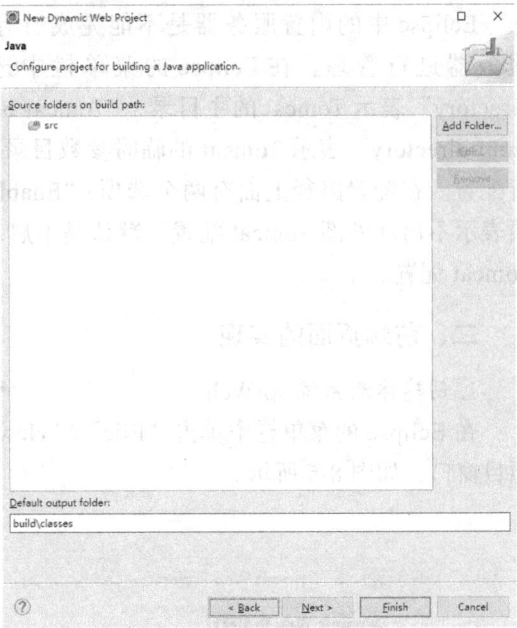

图 8-6　源代码文件保存目录

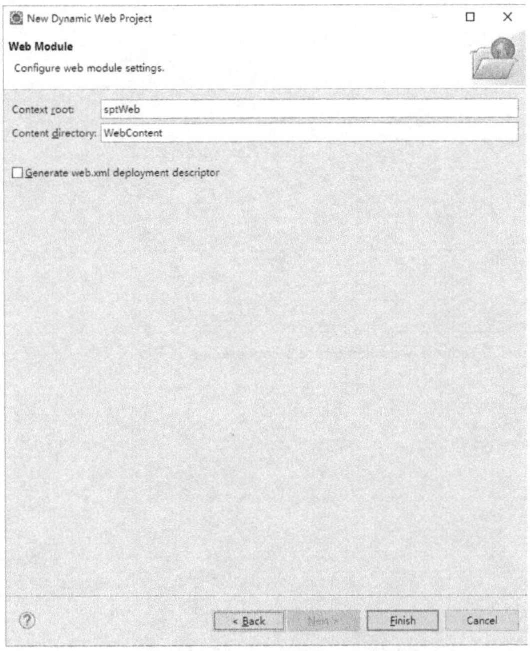

图 8-7　Web Module 窗口

图 8-8　项目框架创建

2. 创建 Java Web 中的 JSP 页面文件

在 Eclipse 中通过“Dynamic Web Project”创建体测系统后，找到项目目录，右击 WebContent 目录，在弹出的快捷菜单中选择“JSP File”，新建 JSP 页面，如图 8-9 所示。在“File name”中填写 JSP 名称，单击“Finish”按钮，完成第一个 JSP 页面的创建。

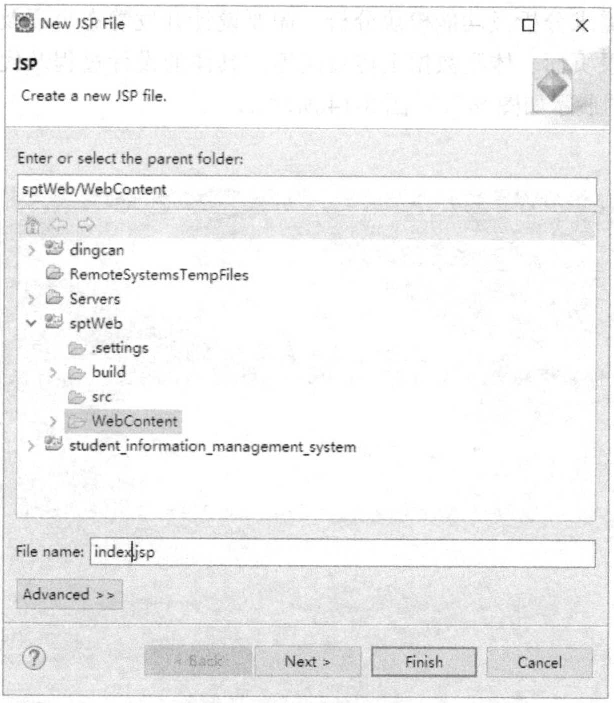

图 8-9　新建 JSP 页面

JSP 页面文件标签如图 8-10 所示，要设计静态页面标签，需要在 <body> 和 </body> 之间加入其他元素标签。

图 8-10　JSP 页面文件标签

根据体测系统的需求分析及功能模块分析，需要设计开发静态页面及动态页面，包括用户登录页面、管理员登录页面、体测数据上传页面等。具体的设计过程及代码实现过程这里不做详细介绍，部分页面的展示如图 8-11 ~ 图 8-14 所示。

图 8-11　用户、管理员登录页面

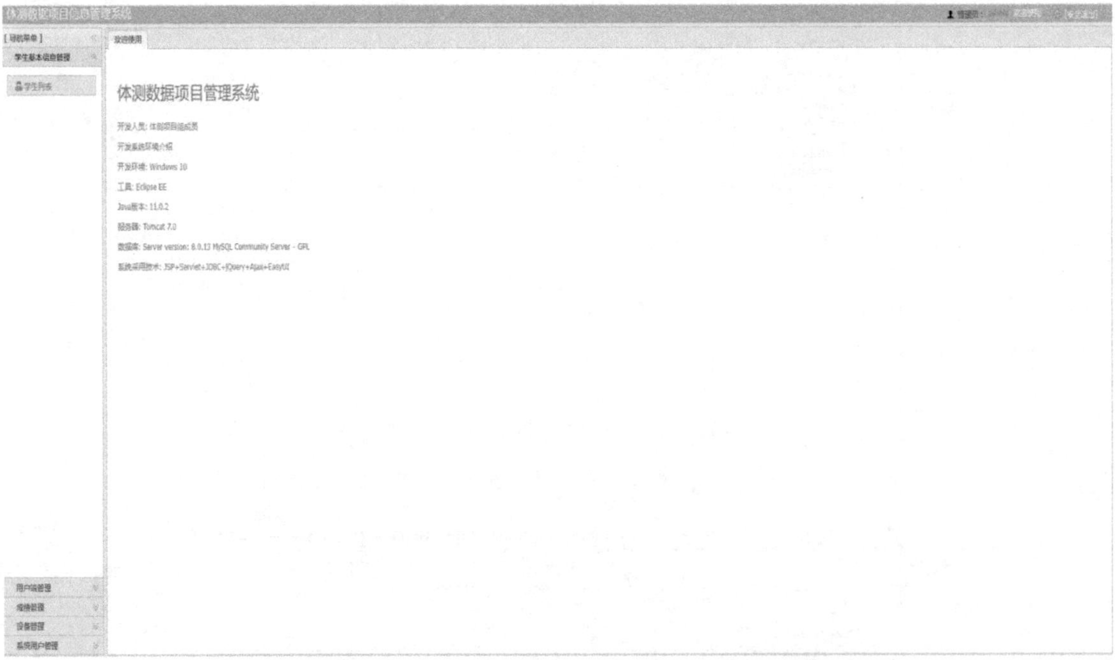

图 8-12　首页

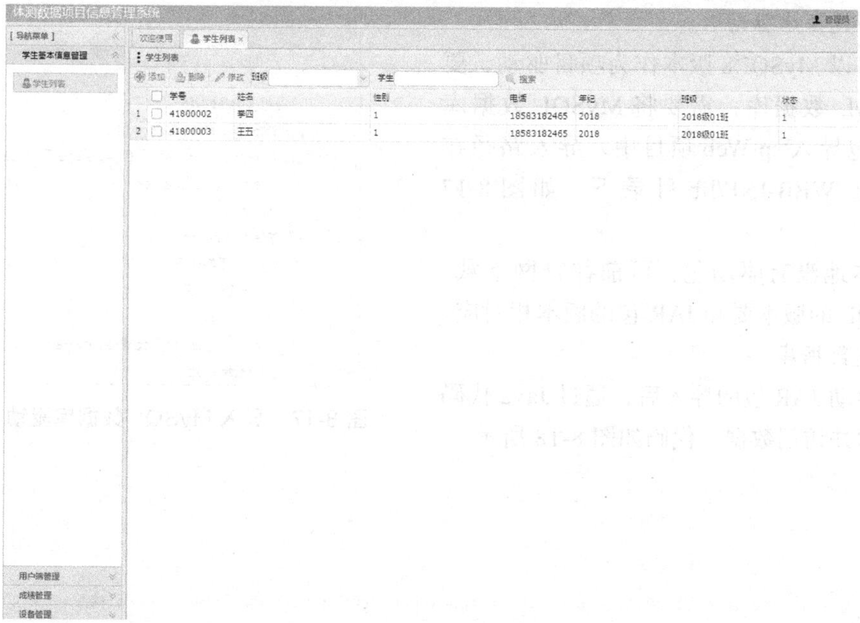

图 8-13　学生信息页面

三、后台管理系统的实现

1. 创建包

体测系统后台程序存放在 src 目录下，在该目录下创建 Dao、Servlet、Bean 等包，分别存放数据库访问、业务访问、实体类等信息。

首页，需要创建 Package 路径。如图 8-15 所示，右击 src 目录，选择“New” / “Package”选项。

创建包时需要输入包的路径名，后续不同模块的代码将存放在指定包的路径文件中。创建包的窗口如图 8-16 所示。

图 8-14　添加学生信息页面

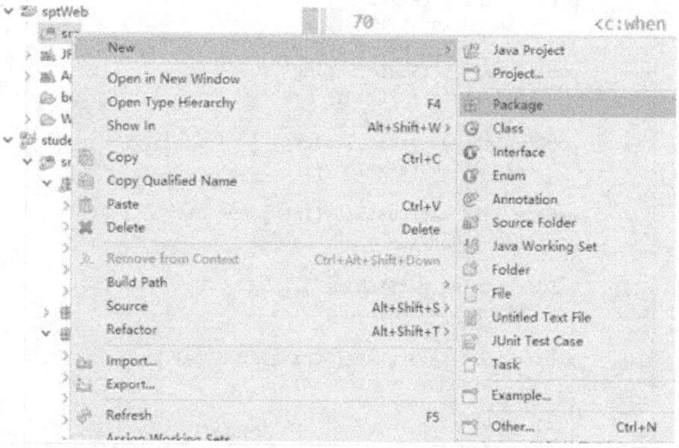

图 8-15　“Package”选项

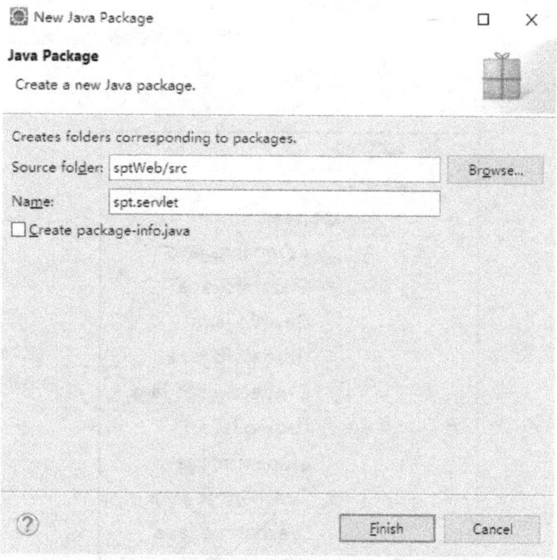

图 8-16　创建包的窗口

2. 添加数据库驱动

本项目以 MySQL8 版本作为项目驱动，要连接 MySQL 数据库，需要将 MySQL 数据库驱动 JAR 包导入 sptWeb 项目中，导入路径在 WebContent /WEB-INF/lib 目录下，如图 8-17 所示。

如果本地没有驱动包，可前往官网下载，注意 MySQL 的版本要和 JAR 包的版本相对应。

3. 连接数据库

完成驱动 JAR 包的导入后，通过 Java 代码连接数据库并访问数据，代码如图 8-18 所示。

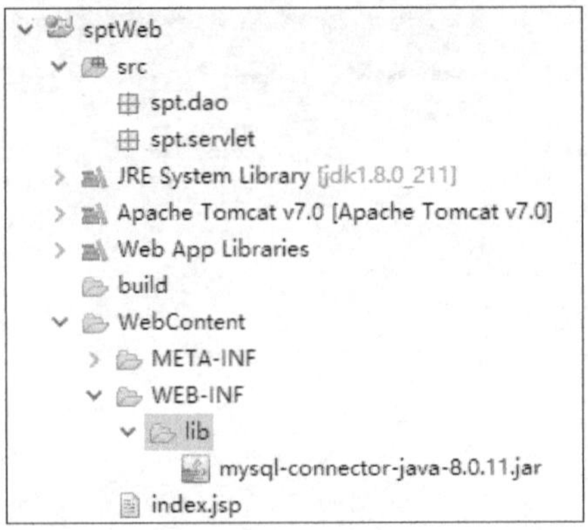

图 8-17　导入 MySQL 数据库驱动 JAR 包

```
#
#Database configuration information
#
Url=jdbc:mysql://127.0.0.1:3306/spt?useUnicode=true&characterEncoding=utf8&useSSL=false&serverTimezone=GMT
UserName=root
UserPassword=martin823
DriverName=com.mysql.cj.jdbc.Driver

```

图 8-18　数据库连接代码

4. 创建项目实体类

业务实体类如图 8-19 所示。

这里以 Student 表为例，创建学生实体类，如图 8-20 所示。

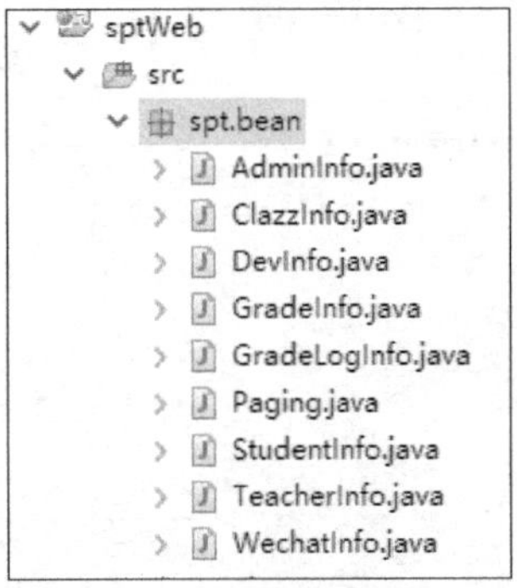

图 8-19　业务实体类

```
public class StudentInfo {

    private Integer stuGrade;
    private String stuId;
    private Integer stuStatus;
    private String stuName;
    private Integer stuSex;// default
    private String stuClassName;
    private String stuPhone;

    public Integer getStuGrade() {
        return stuGrade;
    }
    public void setStuGrade(Integer stuGrade) {
        this.stuGrade = stuGrade;
    }
    public String getStuId() {
        return stuId;
    }
    public void setStuId(String stuId) {
        this.stuId = stuId;
    }
    public Integer getStuStatus() {
        return stuStatus;
    }
    public void setStuStatus(Integer stuStatus) {
        this.stuStatus = stuStatus;
    }
    public String getStuName() {
        return stuName;
    }
    public void setStuName(String stuName) {
        this.stuName = stuName;
    }

```

图 8-20　学生实体类设计

5. 访问数据层，对数据进行操作

添加数据到数据表，部分代码如图 8-21 所示。

```java
public boolean addStudent(StudentInfo studentInfo) {

    String sql = null;
    if (!StringUtil.isEmpty(studentInfo.toString())) {
        sql = "insert into tb_stu(stu_id,stu_name,stu_sex,stu_phone,stu_status,stu_grade,stu_class_name) values('"
                + studentInfo.getStuId() + "','" + studentInfo.getStuName() + "','" + studentInfo.getStuSex() + "' , '"
                + studentInfo.getStuPhone() + "' , '" + studentInfo.getStuStatus() + "' , '" + studentInfo.getStuGrade()
                + "' , '" + studentInfo.getStuClassName() + "')";
    }

    return update(sql);
}
```

图 8-21　新增学生信息代码

数据查询的部分代码如图 8-22 所示。

```java
public StudentInfo getUserInfo(String name, String password) {
    String sql = "select stu_id,stu_grade,stu_name,password,sex,stu_class_name,stu_phone from tb_stu where stu_name='" + name
            + "'  and stu_id='" + password + "'";

    try (ResultSet resultSet = query(sql)) {
        if (resultSet.next()) {
            StudentInfo studentInfo = new StudentInfo();
            studentInfo.setStuStatus(resultSet.getInt("stuStatus"));
            studentInfo.setStuGrade(resultSet.getInt("stuGrade"));
            studentInfo.setStuClassName(resultSet.getString("stuClassName"));
            studentInfo.setStuSex(resultSet.getInt("sex"));
            studentInfo.setStuPhone(resultSet.getString("stuPhone"));
            studentInfo.setStuId(resultSet.getString("stuId"));
            studentInfo.setStuName(resultSet.getString("stuName"));

            return studentInfo;
        }
    } catch (SQLException e) {
        e.printStackTrace();
    }
    return null;
}
```

图 8-22　查询学生信息代码

删除数据的部分代码如图 8-23 所示。

```java
public boolean deleteStudent(String ids) {

    String sql = "delete from tb_stu where id in ( " + ids + " )";
    return update(sql);
}
```

图 8-23　删除学生信息代码

6. 发布项目

在 Eclipse 菜单栏中选择“Run”/“Run As”/“Run on Server”选项，如图 8-24 所示。

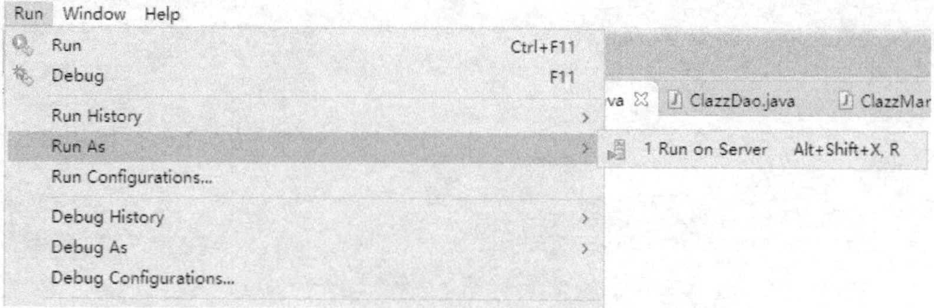

图 8-24　发布项目

在弹出的“Run On Server”窗口中选择配置的 Tomcat 服务器版本，单击“Next”按钮，如图 8-25 所示。在弹出的“Add and Remove”窗口中选择启动项目，单击“Finish”按钮，如图 8-26 所示。

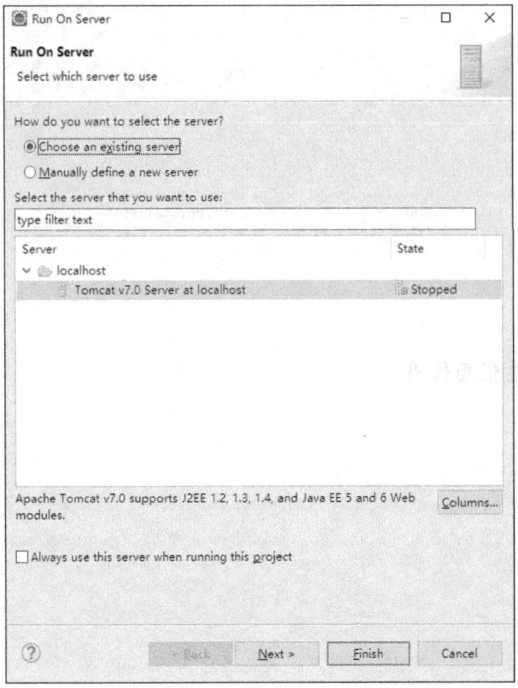

图 8-25　选择 Tomcat 服务器

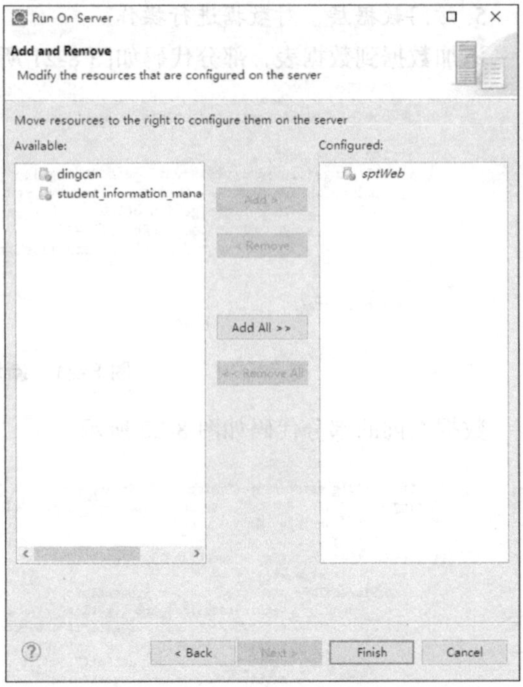

图 8-26　选择启动项目

Tomcat 服务器启动后，将在控制台弹出以下信息：

```
信息: Server startup in 582 ms
```

此时表示项目启动成功。

项目成功启动后，在浏览器输入 “http: //localhost: 8080/ 项目名 /index.jsp”（localhost 表示本地服务器），即可看到体测系统登录页面，如图 8-27 所示。

图 8-27　体测系统登录页面

任务总结

本任务主要通过 Java 系统开发，实现体测系统的前端页面及后台管理系统的开发。首先搭建 Java 开发环境及代码编辑工具，完成整个系统的开发环节，然后通过 Eclipse 工具实现项目的部署、发布、访问等流程，建立 Web 系统实现前后台数据的交互。

实践训练

【实践项目 1】

设计一个基于 B/S 架构的学生问卷系统，画出其功能模块，并绘制流程图、架构图。

【实践项目 2】

搭建一个基于 B/S 架构的 Web 问卷开发平台，实现 Web 服务器的正常访问。

参 考 文 献

[1] 武洪萍，孟秀锦，孙灿 . MySQL 数据库原理及应用：微课版 [M]. 2 版 . 北京：人民邮电出版社，2019.

[2] 胡巧儿，李慧清，许欢 . MySQL 数据库原理与应用项目化教程：微课版 [M]. 北京：电子工业出版社，2021.

[3] 李锡辉，王樱 . MySQL 数据库技术与项目应用教程 [M]. 北京：人民邮电出版社，2018.

[4] 李辉，等 . 数据库系统原理及 MySQL 应用教程 [M]. 2 版 . 北京：机械工业出版社，2019.

[5] 冯凯 . “MySQL 数据库”课程教学中常见问题探析 [J]. 无线互联科技，2021，18（24）：158-159.

[6] 赵学作 . MySQL 8.0 的安装与调试 [J]. 网络安全和信息化，2020（2）：95-97.

[7] 雷军 .Tomcat+mysql 搭建简单毕业证书查询系统 [J]. 科技视界，2012（25）：185，38.

[8] 李世川 . Java 连接 MySQL 解决方案 [J]. 网络与信息，2011，25（6）：31.

[9] 胡莉萍 .Tomcat+JSP+MySQL 整合配置初探 [J]. 中国科技信息，2010（5）：102-103.

[10] 徐慧君 . 基于 JSP 平台的信息发布系统的设计与实现 [D]. 北京：北京工业大学，2004.